单片机实用系统设计

——基于 Proteus 和 Keil C51 仿真平台

宁志刚　编著

科 学 出 版 社

北　京

内 容 简 介

本书从培养研发人员的工程应用能力和工程设计能力出发，以帮助研发人员尽快掌握单片机开发方法和提高单片机开发技能为主线，重点介绍Proteus和Keil C51单片机系统仿真设计方法，力图使研发人员掌握单片机实用系统计算机仿真设计方法。本书提供了大量实用性较强的案例，介绍了单片机实用系统工作原理、系统框图、软件设计流程图、Proteus仿真原理图及C51程序代码，将相关知识点贯穿其中。本书实例丰富、内容精练、图文并茂、层次分明、可读性强、参考价值较大，将实用性和趣味性融为一体。书中所有案例都在Proteus仿真平台上调试通过，可以直接运行，能用于或移植到实际工程项目中。所有的应用案例都提供了详细的Proteus仿真原理图和程序代码。程序注释十分详细，便于阅读理解。

本书可作为工程技术人员进行单片机系统开发的参考书，也可作为单片机教学的参考书。书中大量实用案例可作为案例教学素材和教学演示素材。

图书在版编目(CIP)数据

单片机实用系统设计：基于 Proteus 和 Keil C51 仿真平台 / 宁志刚编著.
—北京：科学出版社，2018.9

ISBN 978-7-03-058516-5

Ⅰ. ①单… Ⅱ. ①宁… Ⅲ. ①单片微型计算机-系统设计-高等学校-教材 Ⅳ. ①TP368.1

中国版本图书馆 CIP 数据核字(2018)第 184386 号

责任编辑：余 江 于海云 / 责任校对：郭瑞芝
责任印制：张 伟 / 封面设计：迷底书装

科学出版社 出版
北京东黄城根北街 16 号
邮政编码：100717
http://www.sciencep.com
北京厚诚则铭印刷科技有限公司 印刷
科学出版社发行 各地新华书店经销
*
2018 年 9 月第 一 版 开本：787×1092 1/16
2022 年 1 月第四次印刷 印张：15 1/4
字数：360 000

定价：69.00 元

（如有印装质量问题，我社负责调换）

前　言

单片机以体积小、性价比高、功能强、集成度高、抗干扰能力强、低功耗、易扩展、价格低廉等优点，被广泛应用于工业控制、智能仪表、通信、家电等领域。单片机实用系统设计方法是许多研发人员需要掌握的设计方法。本书介绍大量的实际开发案例，这些案例是按照单片机软硬件设计、Proteus 和 Keil C51 平台仿真、万能板或 PCB 实物制作三大模块设计方法进行设计的。读者通过阅读这些案例，再进行一些相应的实践活动，就能领会实用单片机系统设计方法的要点，从而快速掌握单片机开发技术和开发技巧，快速应用所学的知识开发实用单片机系统。

本书采用 C51 编程实现。C 语言是世界公认的高效简洁而又贴近硬件的编程语言。汇编语言因其编译效率高，在相当长一段时间范围内是单片机开发的主要工具。但是，汇编语言可读性和可移植性差，使采用该种语言开发的产品在维护和升级方面存在极大的困难，从而导致整个系统的可靠性和可维护性比较差。C 语言可移植性好，编程调试灵活方便，便于模块化开发，便于开发产品的升级和维护。所以，采用 C 语言进行嵌入式单片机系统开发，有着汇编语言无法比拟的优势。

本书采用 Proteus 和 Keil C51 仿真平台将单片机软硬件设计与实际案例设计有机地融为一体，使设计调试过程不受时间和地点的限制。设计实用单片机系统时，先进行虚拟仿真，再进行实际电路的制作和调试。利用 Proteus 和 Keil C51 平台仿真，可直观地观察 Proteus 硬件电路和 C51 程序运行效果，方便进行单片机软硬件系统调试与修改，从而提高单片机软硬件设计能力和调试能力。这种仿真设计方法，能有效减少实验材料的消耗，缩短单片机应用系统研发周期，提高单片机实用系统的开发效率，降低产品开发成本。

本书突出实践，强化仿真，实用性强，以工程开发为主线，采用大量单片机实用案例，力求理论和实践相结合，着重培养综合运用所学知识解决工程实际问题的能力。本书提供所有案例的 Proteus 仿真实例和 C51 程序代码。书中的所有案例是作者和南华大学通信 2014 级学生开发的。所有案例是在 Keil C51 uVision4 集成开发环境中实现的。对于 Proteus 仿真，除了基于单片机的红外通信系统设计采用 Proteus 8.0，其他案例都采用 Proteus 7.7。

本书可作为高等院校电子信息工程、通信工程、自动化、电气控制类专业单片机课程设计、毕业设计的参考书或大学生电子设计竞赛、嵌入式系统设计竞赛、挑战杯大学生课外学术科技作品竞赛、飞思卡尔智能车比赛等课外科技活动的参考书，也可作为工程技术人员进行单片机系统设计与开发的参考书，还可作为单片机教学的参考书。

本书的出版得到 2017 年湖南省教学改革课题“独立学院电气信息类应用型人才创新创业核心素养培养研究与实践”(湘教通[2017]452 号，序号 650)的资助。

由于作者水平有限，书中疏漏之处在所难免，敬请广大读者指正或提出修改意见，读者可通过电子邮箱 373062228@qq.com 直接与作者联系。

提示：打开网址 www.ecsponline.com，在页面最上方注册或通过 QQ、微信等方式快速登录，在页面搜索框输入书名，找到图书后进入图书详情页，在“资源下载”栏目中下载本书配套源程序。

宁志刚

2018 年 5 月于南华大学

目　录

第 1 章　概　　述

1.1　单片机简介

单片机是单片微型计算机(Single Chip Microcomputer，SCM)的简称，它在一块芯片上集成了中央处理器(CPU)、数据存储器 RAM、程序存储器 ROM、定时器/计数器和多种输入/输出(I/O)接口等部件，片内各功能部件通过内部总线相互连接起来的微型计算机，一般称为微控制器(Micro Controller Unit，MCU)。

单片机的特点如下。

(1) 性价比高。

(2) 控制功能强。

(3) 高集成度、高可靠性。

(4) 低电压、低功耗。

(5) 体积小。

(6) 易扩展。

单片机的应用领域如下。

(1) 智能仪器仪表：数字示波器、数字万用表、智能 RLC 测量仪、智能转换表。

(2) 工业控制方面：主要用于数据采集、测控技术，如电机控制、工业机器人、电镀生产线等。单片机软件编程的目的就是控制处理器芯片的各个引脚在不同时间输出不同的电平(高电平或低电平)，进而控制与单片机各个引脚相连接外围电路的电气状态。

(3) 民用电子产品：数码相机、MP3 播放器、洗衣机、电冰箱、空调、电视机、微波炉、IC 卡、大型显示屏、汽车电子设备。

(4) 军事武器装备：飞机、军舰、坦克、导弹、航天飞机、宇宙飞船、电子干扰系统。

(5) 通信方面：调制解调器、程控变换技术、手机。

单片机的发展过程如下。

(1) 单片机初级阶段(1974～1976 年)：单片机结构简单，控制功能比较单一，例如，美国仙童(Fairchild)在世界上首次研发了 F8 系列单片机(4 位机)。

(2) 低性能阶段(1976～1978 年)：采用专门的结构设计，内部资源不够丰富，以 Intel 公司的 MCS-48 系列为代表，集成了 8 位 CPU、并行 I/O 口、8 位定时/计数器、RAM、ROM，无串行 I/O 口，中断系统比较简单。

(3) 高性能阶段(1978～1983 年)：以 Intel 公司的 MCS-51 系列为代表，采用 16 位外部并行地址总线，能对外部 64KB 的程序存储器和数据存储器空间进行寻址；还有 8 位数据总线及相应的控制总线。三类总线形成完整的并行三总线结构。具有多机通信功能的串行 I/O 口、多级中断系统、16 位定时/计数器。片内的 RAM 和 ROM 容量增大，寻址范围可达到 64KB。片内设置了位处理器和特殊功能寄存器(Special Function Register，SFR)。

(4) 高速发展阶段(1983 至今)：8 位超高性能单片机发展及 16 位、32 位、64 位单片机推出与发展阶段，如 ARM 中 STM 32 系列。

单片机系列具体如下。

(1) 复杂指令集计算机(CISC)体系结构单片机：Intel MCS-51 系列为目前应用最广泛的单片机，由 Intel 公司首先推出。Intel 公司以专利互换和专利出售方式将 80C51 内核授权给其他多家集成电路制造商，如 Philips、NEC、Atmel、AMD、华邦公司等。各厂商对处理器的功能进行了完善和扩展。这类单片机统称 MCS-51 系列单片机，简称 51 系列单片机，具体包括：①Intel 公司生产的 80C31、80C32、80C51、80C52、87C51、87C52；②Atmel 公司生产的 89C51、89C52、89C2051；③Philips、华邦、Dallas、STC、Siemens 等公司生产的处理器；④Atmel 公司生产的 AT89 系列和 STC89 系列单片机、华邦公司生产的 W77/W78 系列单片机。

(2) 精简指令集计算机(RISC)体系结构单片机：Microchip PIC 系列、Atmel AVR 系列、凌阳 SPEC 系列。

单片机程序烧录方法具体如下。

(1) 离线编程。编程时将单片机从电路板上取下来，安装到专用的编程器上进行编程，如 AT89C51。

(2) 在线编程(ISP)。

①STC89 系列单片机支持串口下载程序，软件可到深圳市宏晶科技有限公司的网页(www.stcmcu.com)上免费下载。STC89 系列单片机程序下载界面如图 1.1 所示。下载程序的方法有两种：a. 将单片机 RS-232 串口与 PC 的 COM 端口相连，直接采用串行电缆下载；b. 采用 USB 转串口下载。

②采用专门的下载器或下载线将要烧录的用户程序/数据文件(*.hex)固化到单片机中，如 AT89S51 和 AT89S52。

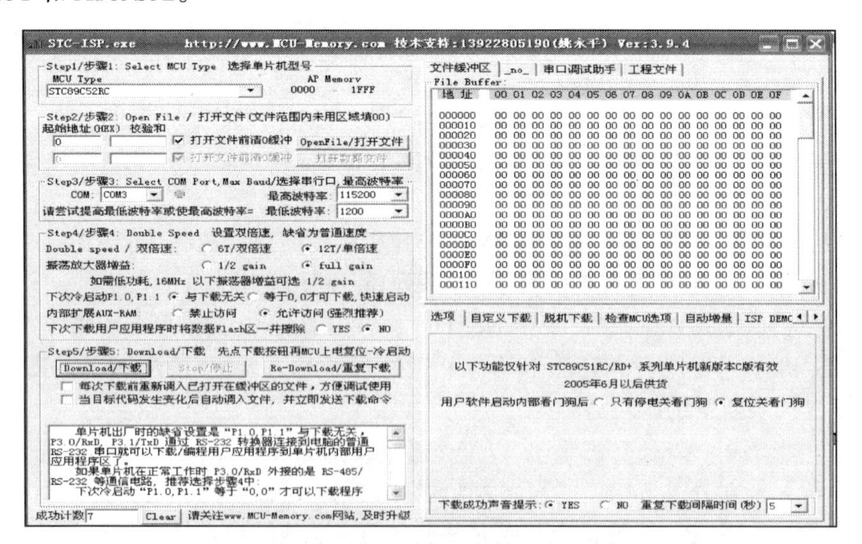

图 1.1 STC89 系列单片机程序下载界面

单片机学习方法具体如下。

(1) 熟悉单片机内部和外部资源。

①掌握单片机最小系统能够运行的必需组成单元：电源、晶振和复位电路。

②掌握单片机 I/O 口控制方法：输入检测高电平和低电平、输出控制高电平和低电平。

③定时器编程：重点掌握最常用的工作模式 1 和工作模式 2 编程方法。

④中断：掌握外部中断、定时器中断、串行口中断实现方法。

⑤串口通信：掌握单片机之间通信、单片机与计算机之间通信实现方法。

(2) 掌握单片机 C51 指令系统：单片机 C 语言具有编程和调试方便、生成的代码编译效率高、模块化编程、可移植性好、便于项目化维护和管理、可直接操作单片机硬件等特点。

(3) 熟悉掌握常用开发软件使用方法：采用 Proteus 构建实际电路和仿真，采用 Keil C51 进行源程序的编译和调试，单片机程序固化软件的使用。

(4) 坚持手脑并用原则：多看，多想，多实践。先看别人编写的程序，再学习修改别人的程序，并进行类似程序的仿写，最后自己设计程序流程图，编写程序代码。

1.2 Keil C51 开发系统

Keil C51 是美国 Keil Software 公司出品的 51 系列兼容单片机 C 语言软件开发系统，它提供了丰富的库函数和功能强大的集成开发调试工具。与汇编语言相比，C 语言在功能、结构性、可读性、可维护性上有明显的优势，因而易学易用。Keil 则为其提供了包括 C 编译器、宏汇编、连接器、库管理和功能强大的仿真调试器在内的完整开发方案，通过一个集成开发环境(uVision)将这些组成部分组合在一起。编译后生成的汇编代码通过 Keil C51 生成目标代码，生成效率非常高。多数语句生成的汇编代码很紧凑，容易理解，有利于大型项目的开发。

单片机的应用系统开发的传统方法是借助于开发系统——仿真机或开发机，系统具有配套的软件开发平台。Keil Software 公司的 Keil 编译器是 MCS-51 单片机开发中应用十分广泛的编译和调试软件。采用该编译器可以编译 C 源程序、汇编源程序、连接和重定位目标文件与库文件、创建 HEX 文件及调试目标程序。Keil 编译器包括以下几个组成部分。

(1) Windows 应用程序 uVision4：把项目管理、源代码编译和程序调试集成到功能强大的开发环境中。

(2) C51 交叉编译器：编译 C 源代码并产生可重定位的目标文件。

(3) A51 宏汇编器：MCS-51 汇编源代码并产生可重定位的目标文件。

(4) BL51 连接/重定位器：组合由 C51 和 A51 产生的可重定位的目标文件，生成绝对目标文件。

(5) LIB51 库管理器：组合目标文件，生成可以被连接器使用的库文件。

(6) OH51 目标文件到 HEX 格式的转换器：从绝对目标文件创建.hex 格式的文件。

(7) RXT-51 实时操作系统(Real-Time Operating System，RTOS)：简化了复杂的、对时间要求敏感的软件项目。

Keil C51 uVision4 集成开发环境是基于 80C51 内核的软件开发平台，支持工程建立、程序的编译与链接、软件仿真、硬件仿真、目标代码的生成等功能。Keil C51 编译器在产生代码的准确性和效率方面达到了较高的水平。与大多数集成开发环境类似，Keil C51 集成开发环境也是用工程的方法来管理文件。在一个工程文件中，源程序(C51 程序、汇编程序)、头文件等都可以进行统一管理。

采用 Keil 开发工具开发项目的过程与其他软件开发项目的过程基本相同，具体如下：创建 C 语言或汇编语言的源程序，编译或汇编源文件，纠正源文件中的错误，由编译器和汇编器生成目标文件，目标文件外加库链接为可执行文件，测试连接的应用程序。

在 Keil C51 开发系统中创建工程，添加源文件。在 Options for Target 中选择 Output，勾选 Create HEX Fi 项，设置晶振频率，编译运行就会生成.hex 文件。设置窗口如图 1.2 所示。

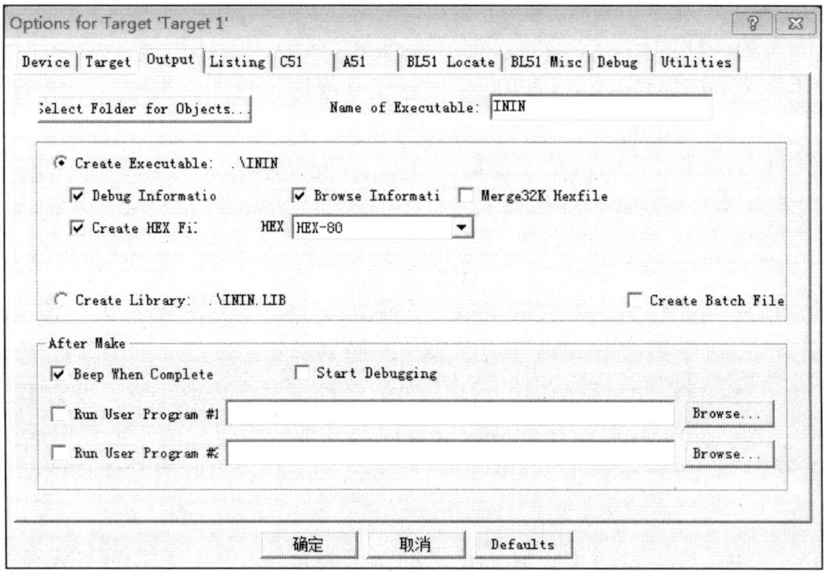

Options for Target 'Target 1'
Device
Target
Output
Listing
C51
A51
BL51 Locate
BL51 Misc
Debug
Utilities
Select Folder for Objects...
Name of Executable:
ININ
Create Executable: .\ININ
Debug Informatio
Browse Informati
Merge32K Hexfile
Create HEX Fi
HEX
HEX-80
Create Library: .\ININ.LIB
Create Batch File
After Make
Beep When Complete
Start Debugging
Run User Program #1
Run User Program #2
Browse...
Browse...
确定
取消
Defaults

图 1.2　工程项目设置

编译运行成功如图 1.3 所示。

assembling STARTUP.A51...
compiling Text1.C...
linking...
Program Size: data=10.0 xdata=0 code=282
creating hex file from "ININ"...
"ININ" - 0 Error(s), 0 Warning(s).
Build
Command
Find in Files
Output Window

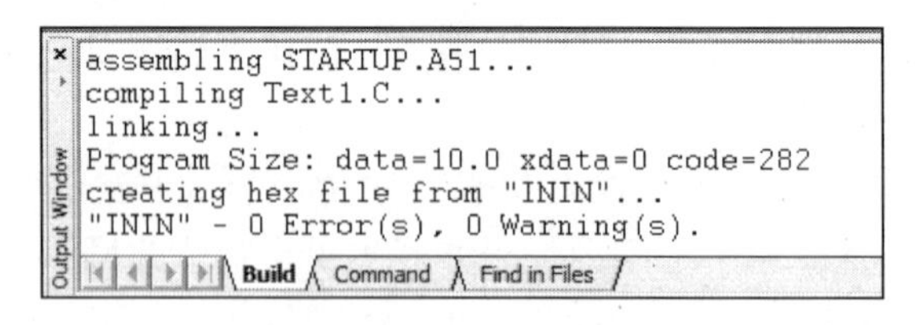

图 1.3　编译运行成功

采用 uVision4 调试程序时，可选用全速运行、单步执行和设置断点三种程序运行方式。在源程序调试过程中，可观察变量、寄存器等当前状态。uVision4 提供了友好的人机交互界面，调试窗口如图 1.4 所示。编译环境包括多个窗口，主要有 C51 源程序窗口、观察窗口(Watch Window)、存储器窗口(Memory Window)、反汇编窗口(Disassembly Window)、寄存器窗口(Register Window)等。在程序运行过程中，通过观察窗口可查看程序变量的变化取值。程序运行结束后，可查看程序变量的最终取值。存储器窗口能显示各种存储区的内容。在存储器窗口 Address 后的文本框内输入“字母：数字”，可显示相应存储单元的值。其中，字母可以是 C、D、I 和 X，这几个字母分别代表程序存储空间、直接寻址的片内存储空间、间接寻址的片内存储空间和扩展的片外存储空间。数字表示显示区域的起始地址。反汇编窗口利用源程序和汇编程序的混合代码显示目标应用程序。在该窗口当中，可以在线汇编，利用该窗口跟踪已执行的代码，在该窗口按汇编代码方式单步执行。寄存器窗口可查看工作寄存器 r_0～r_7、累加器 a、寄存器 b、堆栈指针 sp、程序计数器 PC、数据指针 dptr、程序状态字 psw 的具体取值、程序运行时间 sec 等。

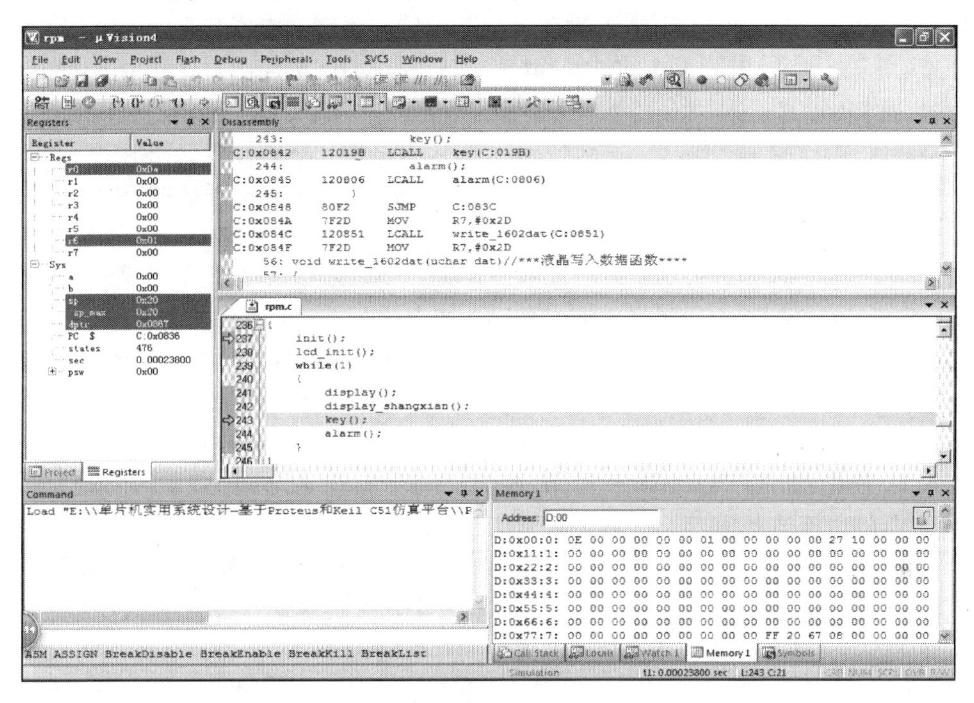

图 1.4　调试窗口

1.3　Proteus 仿真工具

Proteus 软件是英国 Lab Center Electronics 公司出版的 EDA 工具软件。它是目前比较好的仿真单片机及外围器件的工具。它不仅可以仿真、分析单片器系统和其他数字电路，还能仿真、分析(SPICE)各种模拟器件和集成电路。它目前已受到单片机爱好者、从事单片机教学的教师、致力于单片机开发应用的科技工作者的青睐。Proteus 软件从原理图布图、代码调试到单片机与外围电路协同仿真、一键切换到 PCB 设计，真正实现了从概念到产品的完整设计。它是目前世界上唯一将电路仿真软件、PCB 设计软件和虚拟模型仿真软件三合一的设计平台。Proteus 开发平台支持 8051、HC11、PIC10/12/16/18/24/30/DsPIC33、AVR、ARM、8086、MSP430、Cortex 和 DSP 等处理器，支持 IAR、Keil 和 MATLAB 等多种编译软件。

Proteus 软件主要由 ARES 和 ISIS 两个程序组成。前者主要用于 PCB 自动或人工布线及电路仿真，后者主要采用原理布图的方法绘制电路并进行相应的仿真。除了上述基本应用，Proteus 革命性的功能为电路仿真是互动的。针对微处理器的应用，可以直接在基于原理图的虚拟原型上编程，并实现软件代码级调试，还可以直接实时动态地模拟按钮、键盘的输入，以及 LED、液晶显示的输出，同时配合虚拟工具(如示波器、逻辑分析仪等)进行相应的测量和观测。Proteus 软件在硬件仿真系统中具有全速仿真、单步仿真、暂停仿真等调试功能。基于 Proteus 的单片机控制系统设计极大地简化了设计工作。

Proteus ISIS 与其他单片机仿真软件不同的是，它不仅能仿真单片机 CPU 的工作情况，也能仿真单片机外围电路或没有单片机参与的其他电路的工作情况。因此，在仿真和程序调试时，关心的不再是某些语句执行时单片机寄存器和存储器内容的改变，而是从工程的角度直接看程序运行及电路工作的过程和结果。当原理图调试成功后，利用 Proteus ARES 软件容易获得 PCB 图，为后续的 PCB 制作提供方便。采用 Proteus 软件进行仿真，先从元件库里取出元件，在绘图区放好，根据要求设置元件属性，然后连线，完成电气原理图的绘制。对于不在基本库里的元件可以自制，也可以再加入库。Proteus 软件的功能具体如下。

1) 智能原理图设计

(1) 丰富的器件库：超过 27000 种元器件，可方便地创建新元件。

(2) 智能的器件搜索：通过模糊搜索可以快速定位所需要的器件。

(3) 智能化的连线功能：自动连线功能使连接导线简单快捷，大大缩短绘图时间。

(4) 支持总线结构：使用总线器件和总线布线使电路设计简明清晰。

(5) 可输出高质量图纸：通过个性化设置，可以生成印刷质量的 BMP 图纸，可以方便地供 Word、Power Point 等多种文档使用。

2) 完善的电路仿真功能

(1) ProSPICE 混合仿真：基于工业标准 SPICE3F5，实现数字/模拟电路的混合仿真。

(2) 多样的激励源：包括直流、正弦、脉冲、分段线性脉冲、音频(.wav)、指数信号、单频 FM、数字时钟和码流，还支持文件形式的信号输入。

(3) 丰富的虚拟仪器：13 种虚拟仪器，面板操作逼真，如示波器、逻辑分析仪、信号发生器、直流电压/电流表、交流电压/电流表、数字图案发生器、频率计/计数器、逻辑探头、虚拟终端、SPI 调试器、I^2C 调试器等。

(4) 生动的仿真显示：用色点显示引脚的数字电平，导线以不同颜色表示其对地电压大小。结合动态器件(如电机、显示器件、按钮)的使用，可以使仿真更加直观、生动。

(5) 高级图形仿真功能(ASF)：基于图标的分析可以精确分析电路的多项指标，包括工作点、瞬态特性、频率特性、传输特性、噪声、失真、傅里叶频谱分析等，还可以进行一致性分析。

3) 单片机协同仿真功能

(1) 支持主流的 CPU 类型。

(2) 支持通用外设模型。

(3) 实时仿真。

(4) 编译及调试。

4) 实用的 PCB 设计平台

(1) 原理图到 PCB 的快速通道。

(2) 先进的自动布局/布线功能。

(3) 完整的 PCB 设计功能。

(4) 多种输出格式的支持。

5) 资源丰富

(1) Proteus 可提供的仿真元器件资源。

(2) Proteus 可提供的仿真仪表资源。

(3) 除了现实存在的仪器，Proteus 还提供了一个图形显示功能，可以将线路上变化的信号以图形的方式实时地显示出来，其作用与示波器相似，但功能更多。

(4) Proteus 具有的调试方法提供了丰富的测试信号，可用于电路的测试。这些测试信号包括模拟信号和数字信号。

6) 电路仿真

(1) 在 Proteus 绘制好原理图后，调入已编译好的目标代码文件*.hex，可以在 Proteus 的原理图中看到模拟的实物运行状态和过程。

(2) Proteus 是单片机课堂教学的先进助手。

(3) Proteus 不仅可将许多单片机实例功能形象化，也可将许多单片机实例运行过程形象化。前者可在相当程度上得到实物演示实验的效果，后者则可获得实物演示实验难以达到的效果。

(4) Proteus 的元器件、连接线路和传统的单片机实验硬件高度对应。这在相当程度上替代了传统的单片机实验教学的功能，如元器件选择、电路连接、电路检测、电路修改、软件调试、运行结果等。

源程序在 Keil C51 开发环境中编译成功后，生成.hex 文件，单片机加载.hex 文件设置如图 1.5 所示。

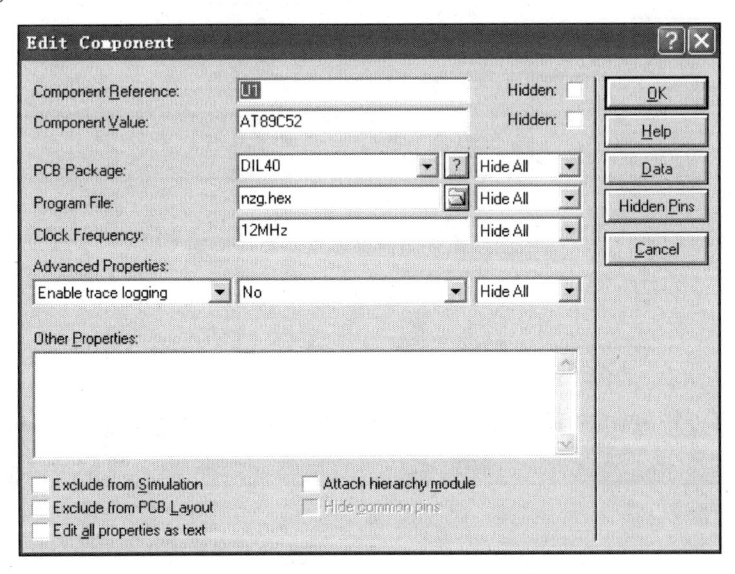

图 1.5 单片机加载.hex 文件设置

第 2 章　基于单片机的多功能信号发生器设计

2.1　设 计 目 标

设计并制作多功能信号发生器，可产生正弦波、方波、三角波、阶梯波和锯齿波；可对信号频率、幅度和步进频率进行控制；能显示产生的信号波形名称和信号的频率；产生的信号频率范围为 10～1000Hz；幅度变化范围为 0～5V。

2.2　设 计 内 容

多功能信号发生器系统框图如图 2.1 所示。通过独立按键控制 STC89C52 单片机产生相应的波形数据，由 DAC0832 把数字量转换成模拟量，波形数据通过 D/A 转换变换成模拟波形信号。DAC0832 输出的是电流信号，采用运算放大器 OP07 将电流信号转换成电压信号。模拟信号经过信号放大处理后，输出实际的波形。生成的波形信号名称、信号频率和当前步进频率采用 LCD1602 显示。独立按键用作波形切换、信号频率和步进频率的调节。利用延时控制实际波形离散点的输出时间。频率调节通过调节离散数字量的步长值和延时时间实现，幅值调节通过调节电位器实现。

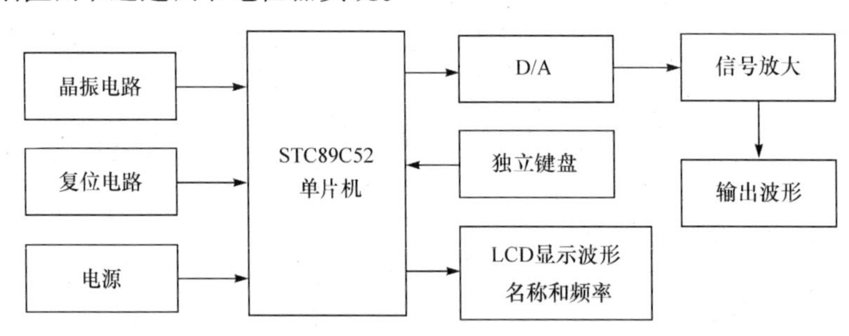

图 2.1　多功能信号发生器系统框图

2.3　软 件 设 计

多功能信号发生器主程序流程图如图 2.2 所示。先进行初始化赋值，再对 LCD 显示进行初始化处理，显示初始化数据。开启中断，通过外部中断 0 实现相应按键功能，然后调用波形产生子程序。

本设计通过控制生成波形对应的离散数字量个数，以及这些离散数字量转化为模拟幅值的速度，对信号的频率进行控制。产生的信号波形由离散数字量通过 D/A 转换得到，一个完整的信号波形由一个信号周期对应的离散点 D/A 转换的幅值组合而成。本设计产生任何一种波形，D/A 转换最大数字量都设为 255，生成的波形信号的最大幅值都相同。根据通信原理相关理论，调制载波的频率大小等于码元速度大小，载波频率越高，调制到载波的码元速度越快。对于生成的同一种信号波形，最大幅值相同，波形频率越高，波形传播速度越快，波形周期越小，单位时间内幅值变化量越大，对应的数字量变化值越大。由此可得，同一种信号波形的频率越高，对应的数字量步长值 t 越大。根据数字量步长值 t，可确定一个周期内所有离散采样值的数字量。这些离散采样值的数字量经过 D/A 转换后，就可得到对应采样序列的幅值(模拟量)。对于同一种波形信号，D/A 转换最大数字量相同，信号频率越高，对应的数字量步长值 t 越大，产生一个波形所需离散数字量的个数越少，D/A 转换的次数越少，得到的离散采样序列的个数越少。产生一个离散数字量对应采样序列的幅值所需的时间(采样间隔)，就是相应的程序代码运行时间。由香农采样定理可知，采样间隔不大于 $1/(2f_m)$，f_m 为生成信号的最高频率。根据这一特性，可确定生成信号最高频率。同一种波形信号的频率越高，所需 D/A 转换离散数字量的个数越少，单片机 CPU 的计算量越少，生成一个周期波形的程序运行时间越短，即生成信号波形的周期越小。生成信号波形的周期就是生成一个周期信号波形对应的程序代码运行时间。所以，通过控制离散数字量的步长值 t，辅以延时函数，可控制生成信号波形的频率。

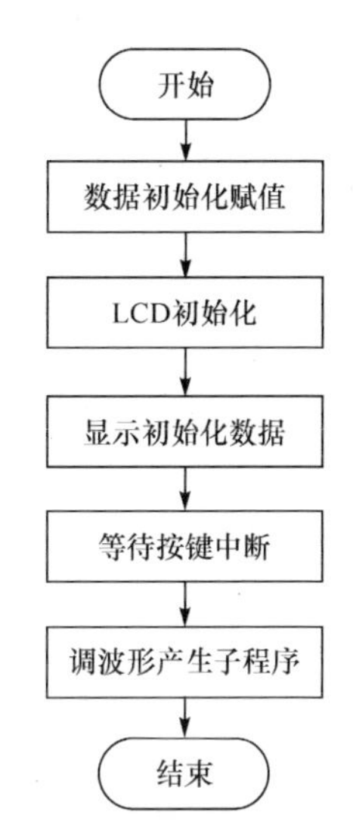

图 2.2　主程序流程图

本设计通过控制基本频率和步进频率，来控制实际生成信号的频率。同一种信号的频率越高，对应的数字量步长值 t 越大。对于较大的信号频率，步进频率取值要大一些，对应的数字量步进值 Δt 较大；反之，步进频率取值要小一点，对应的数字量步进值 Δt 较小。这样可使不同信号频率对应的 $\Delta t/t$ 比值近似相等，有利于信号波形的生成和切换。

键盘扫描流程图如图 2.3 所示。先进行消抖动处理，判断是否有按键按下。当有按键按下时，判断是哪个按键按下。设计了 4 个按键，第 1 个按键用于波形切换，第 2 个按键用于切换调节属性(信号频率或步进频率)，第 3 个按键用于对属性进行递增处理，第 4 个按键用于对属性进行递减处理。

1) 正弦波产生

正弦波产生流程图如图 2.4 所示。先判断 waveform 的值，如果为 0，则运行正弦波产生程序，否则退出。通过递增计数的方式确定离散数字量 i 值，通过查表方式确定离散数字量 D/A 转换后的幅值，从而实现正弦波的产生。通过控制离散数字量的步长值 t，辅以延时函数，控制正弦波的频率。

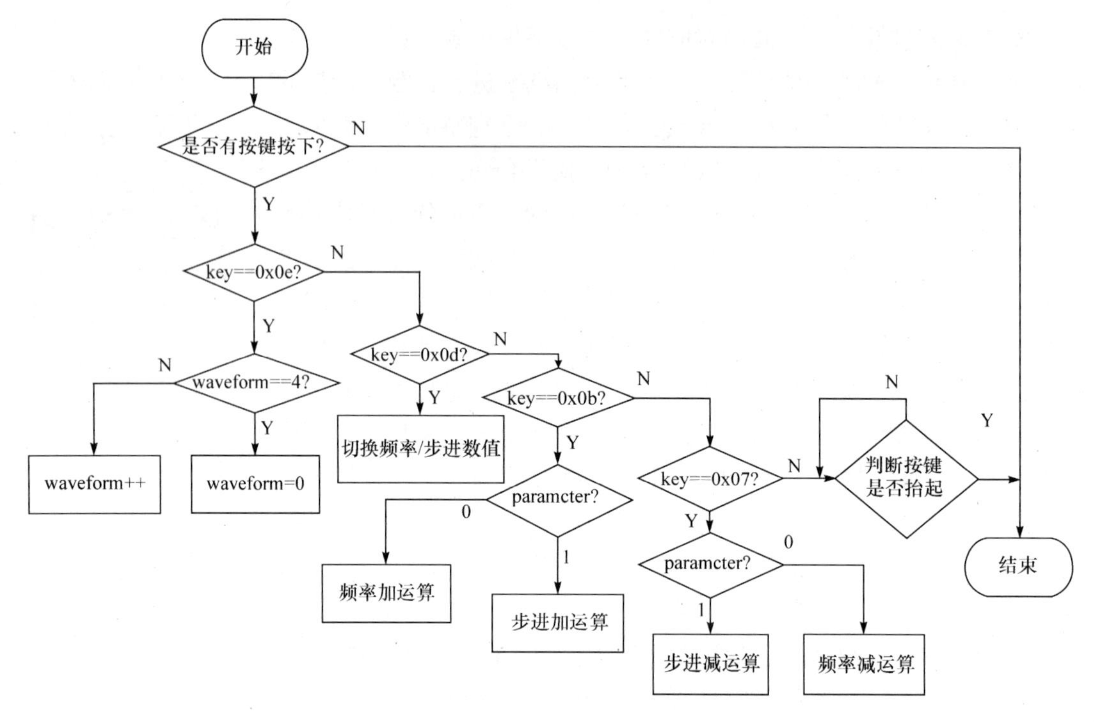

图 2.3 键盘扫描流程图

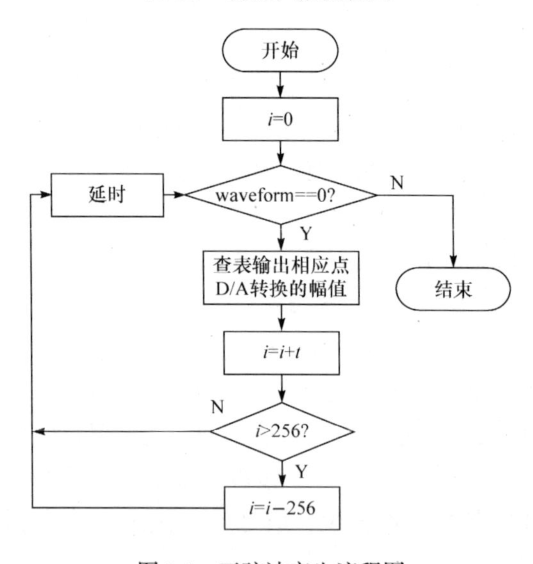

图 2.4 正弦波产生流程图

2) 方波产生

方波产生流程图如图 2.5 所示。先判断 waveform 的值，如果为 1，则运行方波产生程序，否则退出。通过递增计数的方式确定离散数字量 i 值，当离散数字量 i 值小于 128 时输出高电平；当离散数字量 i 大于 128 时输出低电平，从而产生方波。通过控制离散数字量的步长值 t，辅以延时函数，控制方波的频率。

3) 三角波产生

三角波产生流程图如图 2.6 所示。先判断 waveform 的值，如果为 2，则运行三角波产生程序，否则退出。通过递增计数的方式确定离散数字量 i 值，定义一个升降标志控制离散数字量 i 递增或递减，并将离散数字量 i 值对应信号幅值输出，从而产生三角波。通过控制离散数字量的步长值 t，辅以延时函数，控制三角波的频率。

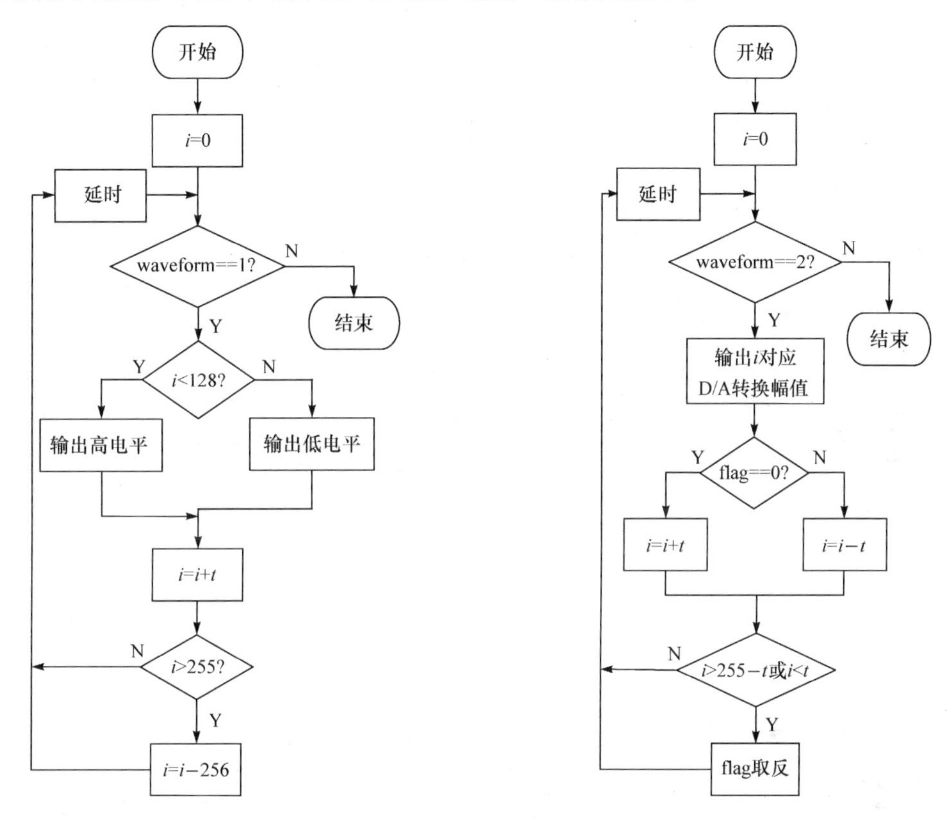

图 2.5　方波产生流程图　　　　图 2.6　三角波产生流程图

4) 阶梯波产生

阶梯波产生流程图如图 2.7 所示。先判断 waveform 的值，如果为 3，则运行阶梯波产生程序，否则退出。通过递增计数的方式确定离散数字量 i 值，输出不同离散数字量 i 值 D/A 转换的幅值，从而产生阶梯波。通过控制离散数字量的步长值 t，辅以延时函数，控制阶梯波的频率。

5) 锯齿波产生

锯齿波产生流程图如图 2.8 所示。先判断 waveform 的值，如果为 4，则运行锯齿波产生程序，否则退出。通过递增计数的方式确定离散数字量 i 值，输出离散数字量 i 值 D/A 转换的幅值。当离散数字量 i 值达到最大值时，重新赋初值，从而产生锯齿波。通过控制离散数字量的步长值 t，辅以延时函数，控制锯齿波的频率。

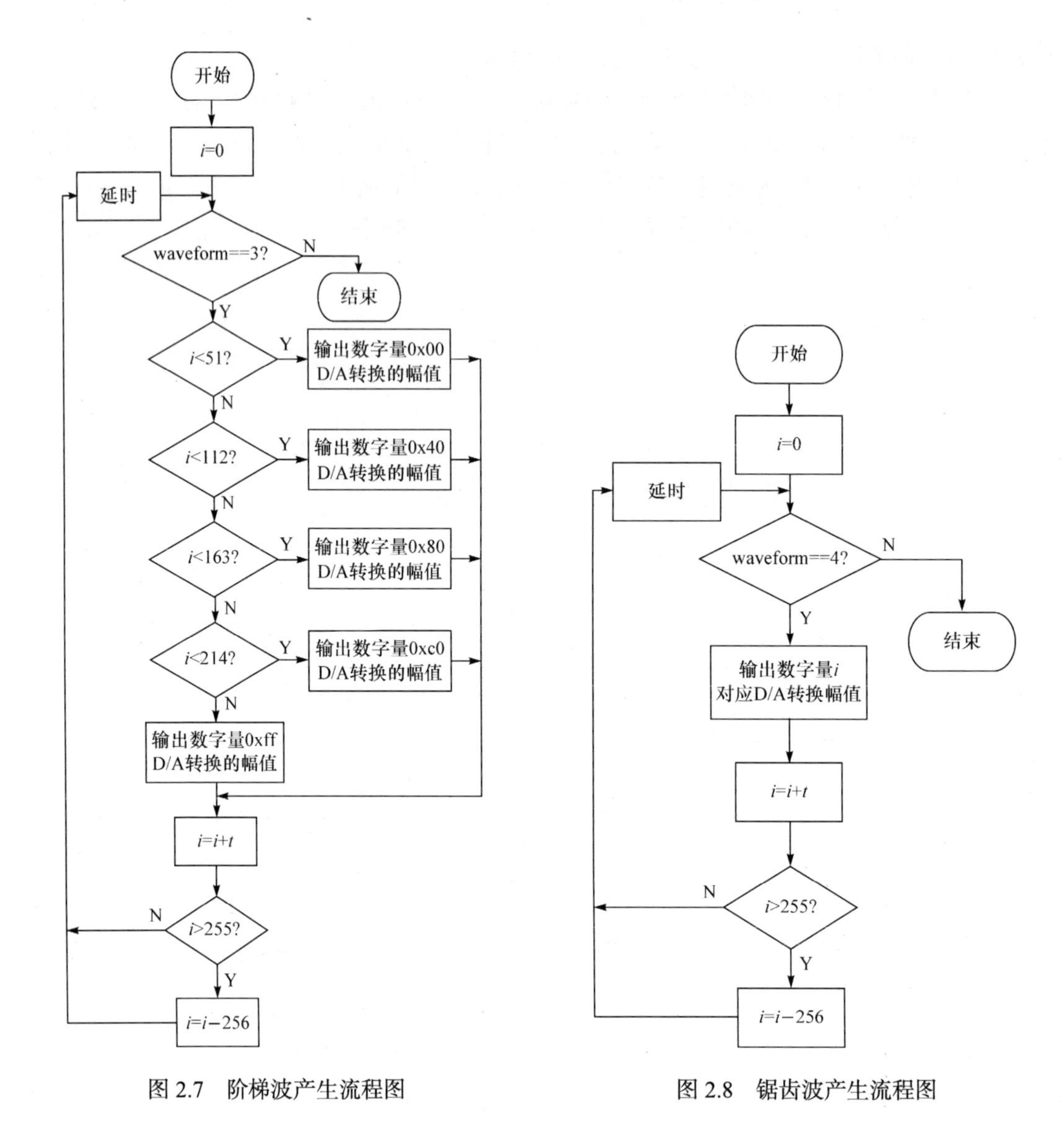

图 2.7　阶梯波产生流程图

图 2.8　锯齿波产生流程图

2.4　Proteus 仿真

多功能信号发生器 Proteus 仿真原理图如图 2.9 所示，仿真图由图 2.9(a)和图 2.9(b)组成。

图 2.9(a)是示波器和电源模块。运放芯片 OP07 需要±12V 双电压供电，±12V 双电压通过 24V 电源转换得到。采用两个相同的 470μF 电解电容和 1kΩ 电阻将 24V 电源电压转变为两个 12V 电压，中间接地，即产生±12V 电压。单片机处理器芯片等需要 5V 电压，需将 12V 电压转换成 5V 电压，采用 7805 稳压器进行转换。图 2.9(b)中，时钟电路的晶振为 12MHz，电容 C1、C2 的容量均为 30pF。复位电路模块采用上电自动复位和按键复位两种方式。当复位电路按键没有按下时，复位方式为上电自动复位。上电瞬间 RC 电路自动

充电，RST 引脚端出现正脉冲，只要 RST 端保持两个机器周期以上的高电平，就能使单片机进行复位。当复位电路按键按下时，复位方式为按键复位。将常开按键与上电复位电路并联，按下按键一段时间后，就能使 RST 引脚端变为高电平，从而使单片机复位。键盘模块电路采用独立式键盘，设计了波形切换、属性切换、递增和递减 4 个按键，电路的上拉电阻选为 10kΩ。电路由外部中断 0 触发键盘扫描和波形显示等模块的工作，触发信号为脉冲触发方式(下降沿触发)。当没有按键按下时，按键相应的输入电路为高电平，经 3 个与门作用后，外部中断 0 对应的 P3.2 引脚为高电平。当有按键按下时，P3.2 引脚为低电平，即产生脉冲触发信号的下降沿。D2 为信号频率指示灯，D1 为步进频率指示灯。D/A 转换模块选用 DAC0832。DAC0832 是 8 分辨率的 D/A 转换芯片，集成电路内有两级输入寄存器，由 8 位输入锁存器、8 位 DAC 寄存器、8 位 D/A 转换器及转换控制电路四部分构成。8 位输入锁存器用于存放主机送来的数字量，使输入数字得到缓冲和锁存，并加以控制。DAC0832 芯片具备双缓冲、单缓冲和直通三种输入方式，以适用各种电路的需要(如多路 D/A 异步输入、同步转换等)。DAC0832 输出的是电流信号，一般要求输出电压信号，需经外接的运算放大器将电流信号转换成电压信号，采用运算放大器 OP07 进行转换。OP07 具有非常低的输入失调电压(最大为 25μV)，在很多应用场合不需要额外的调零措施。OP07 具有输入偏置电流低(±2nA)和开环增益高(300V/mV)等特点，具有低失调、高开环增益等特性。通过调节图 2.9(b)中的滑动变阻器 RV1，可调节输出信号的幅值。采用 LCD1602 液晶显示模块，该模块能同时显示 32(16×2，16 列 2 行)个字符。它是一种专门用来显示字母、数字、符号等的点阵型液晶模块。它由若干个 5×7 或 5×11 等点阵字符位组成，每个点阵字符位都可以显示一个字符，每位之间有一个点距的间隔，每行之间也有间隔，起到了字符间距和行间距的作用。P0 口将要显示的数据送给 LCD1602 液晶显示模块的 8 位双向数据端 D0～D7。P0 口内部没有接上拉电阻，不能输出高电平，所以要外接上拉电阻，仿真时选用 RESPACK-8 排阻。RESPACK-8 的阻值是可以设置的，选用要根据实际需要而定，一般选用 10kΩ。

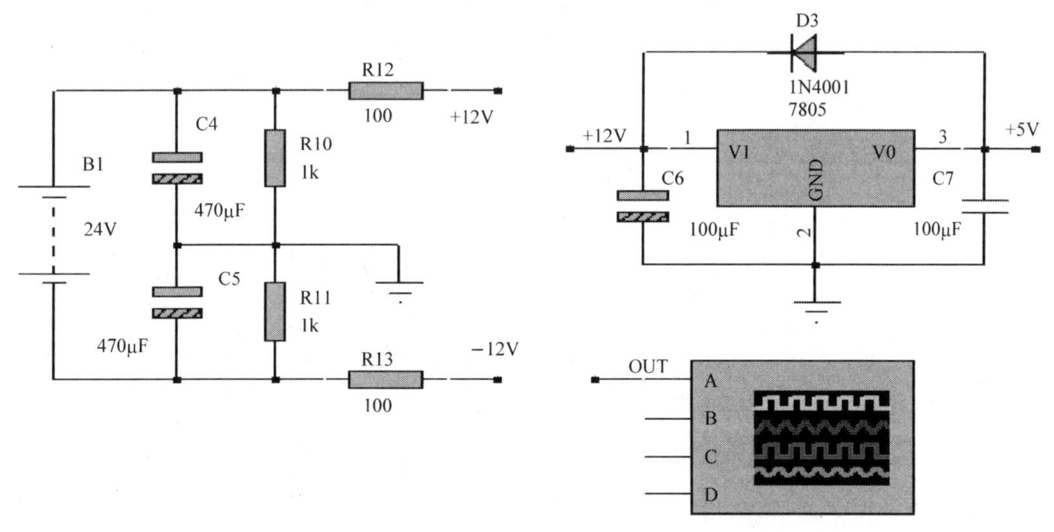

(a)

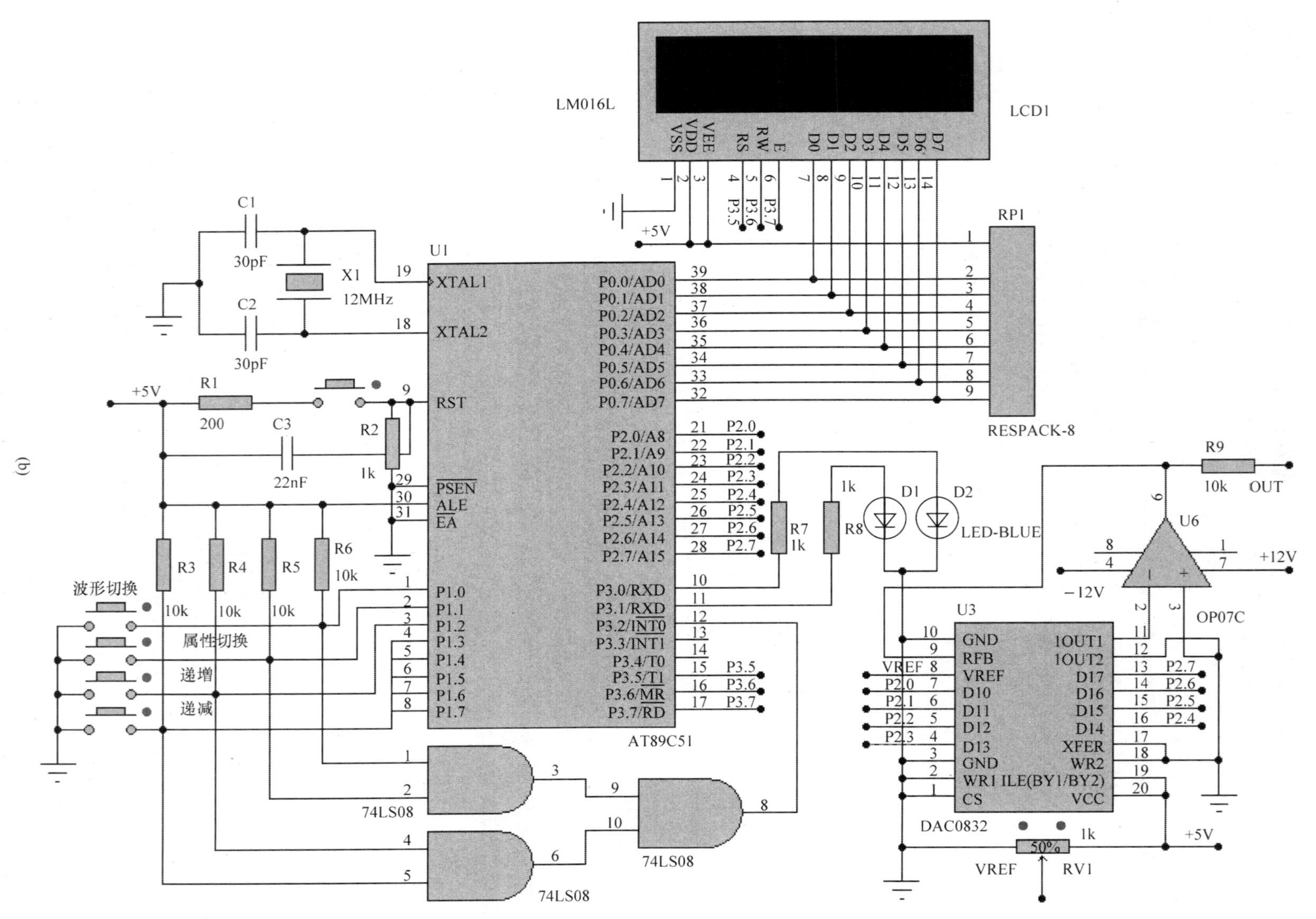

(b)

图 2.9 多功能信号发生器 Proteus 仿真原理图

多功能信号发生器仿真系统示波器显示的波形及 LCD 显示的产生波形名称、信号频率和步进频率如图 2.10 所示，图中 5 个波形分别是方波、三角波、阶梯波、锯齿波和正弦波。

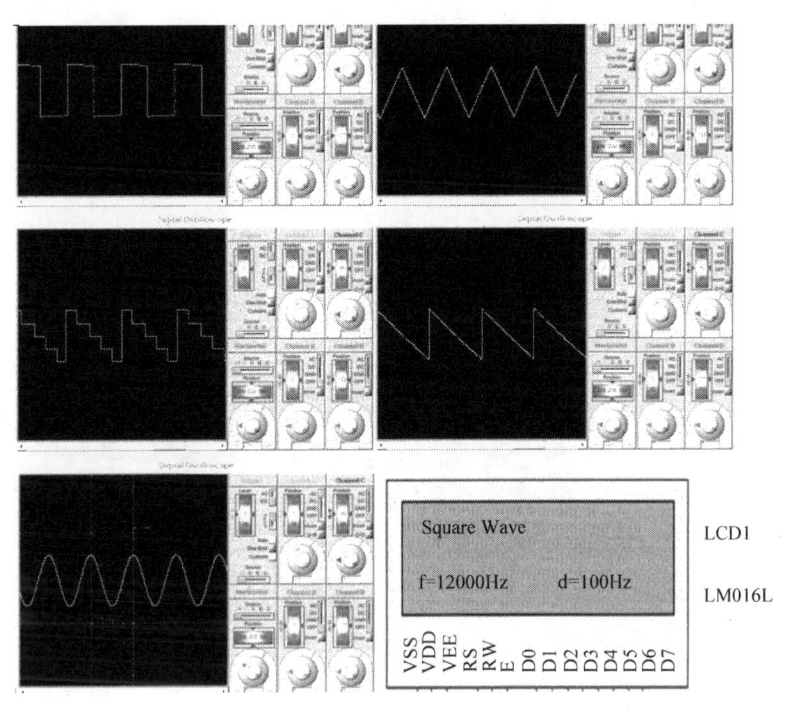

图 2.10　示波器波形及 LCD 显示信息

2.5　实 物 制 作

PCB 图如图 2.11 所示，由图 2.11(a)和图 2.11(b)组成。

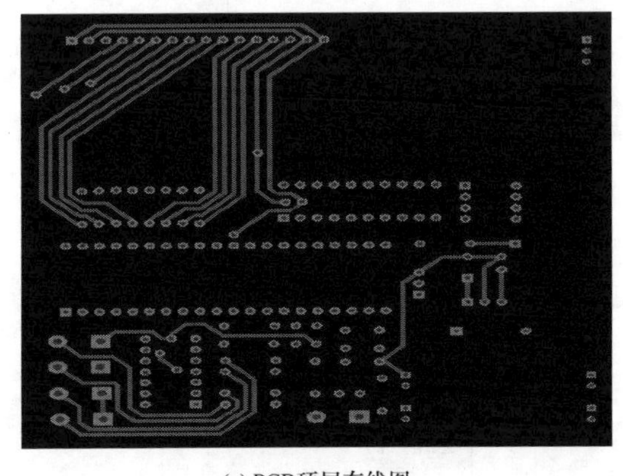

(a) PCB顶层布线图

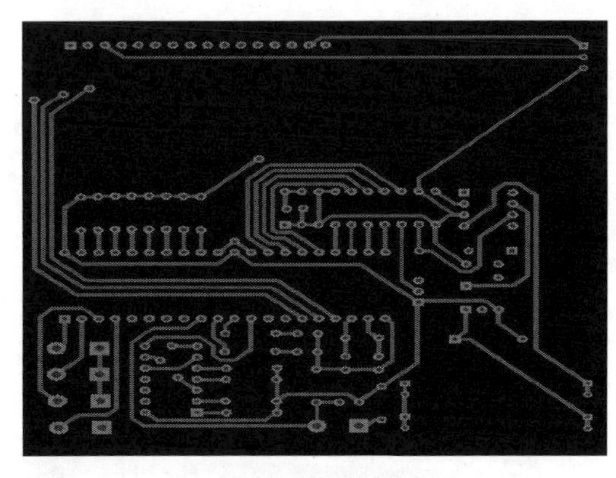

(b) PCB底层布线图

图 2.11　PCB 图

多功能信号发生器原理图如图 2.12 所示，由图 2.12(a)和图 2.12(b)组成。

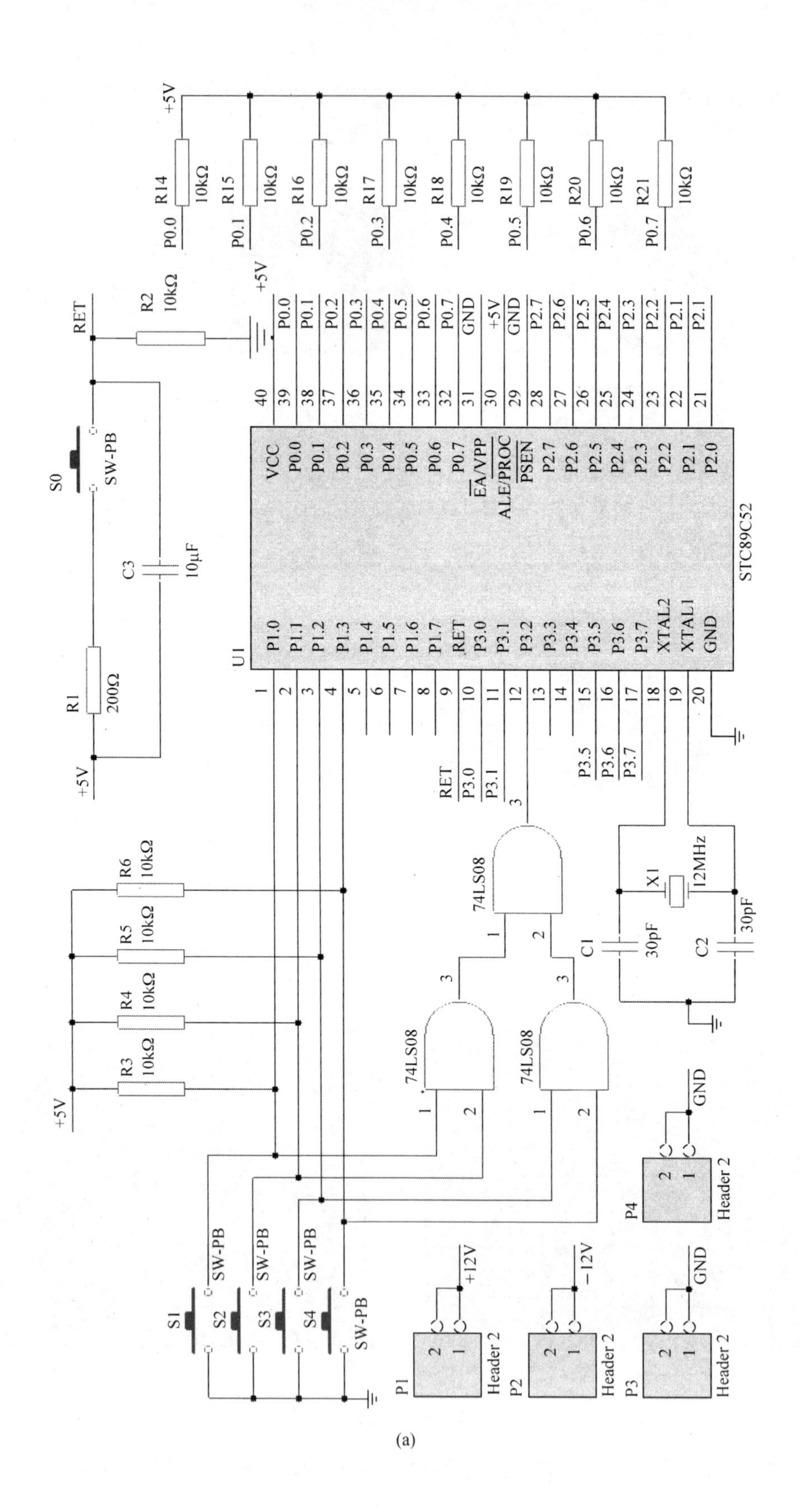

+5V
R14
10kΩ
R15
10kΩ
R16
10kΩ
R17
10kΩ
R18
10kΩ
R19
10kΩ
R20
10kΩ
R21
10kΩ
P0.0
P0.1
P0.2
P0.3
P0.4
P0.5
P0.6
P0.7
RET
R2
10kΩ
S0
SW-PB
C3
10μF
R1
200Ω
U1
STC89C52
VCC
EA/VPP
ALE/PROC
PSEN
XTAL2
XTAL1
GND
74LS08
X1
12MHz
C1
30pF
C2
30pF
R3
R4
R5
R6
S1
S2
S3
S4
P1
P2
P3
P4
Header 2
+12V
−12V

(a)

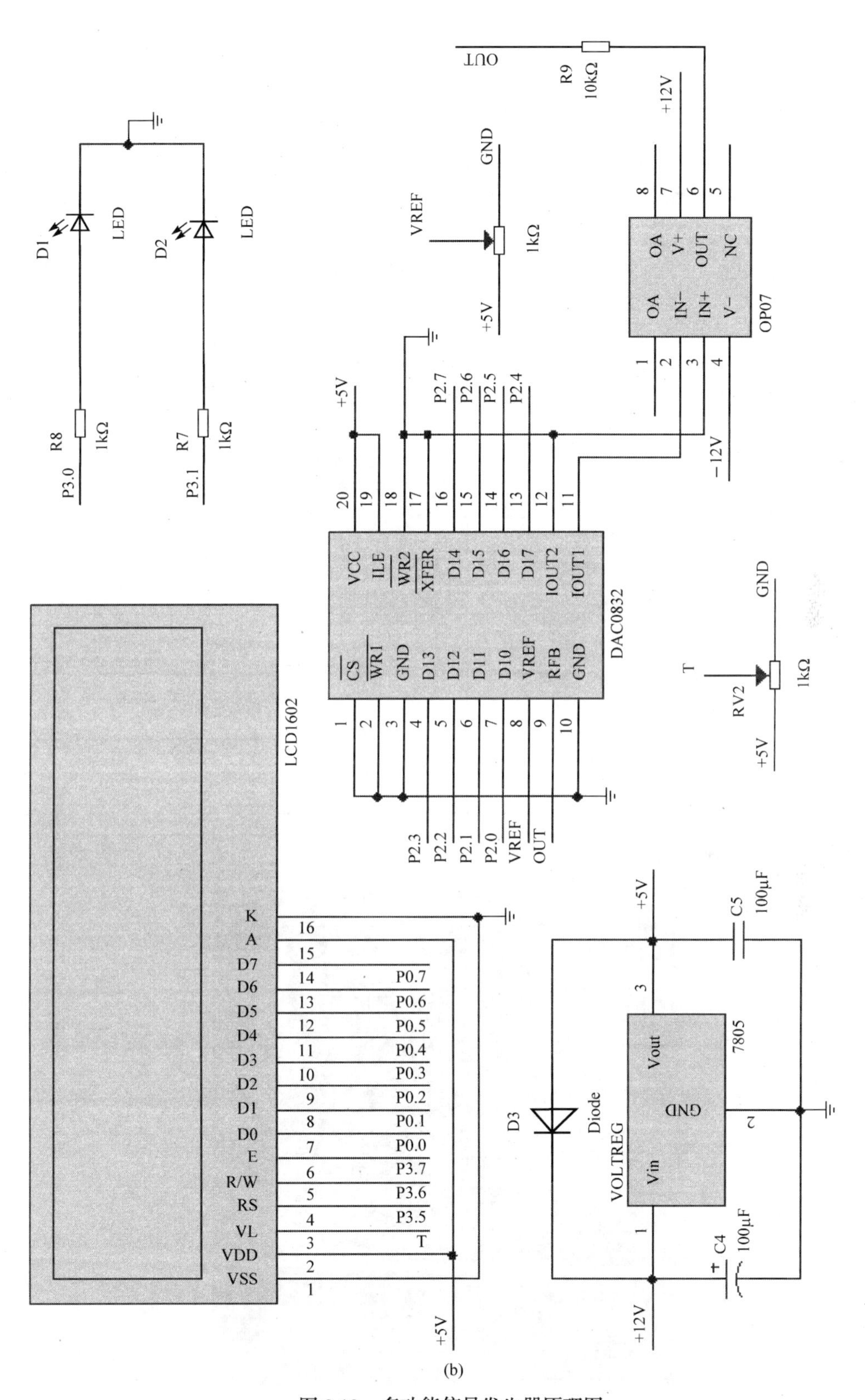

图 2.12　多功能信号发生器原理图

元器件清单如表 2.1 所示。

表 2.1　元器件清单

序号	元器件名称	参数	数量
1	电阻	200Ω	1
2	电阻	1kΩ	4
3	电阻	10kΩ	14
4	电阻	100Ω	2
5	可变电阻	1kΩ	2
6	电容	30pF	2
7	电容	10μF	1
8	电容	100μF	2
9	STC89C52		1
10	74LS08		1
11	DAC0832		1
12	7805 稳压器		1
13	OP07 运算放大器		1
14	LED		2
15	1N4001 二极管		1
16	LCD1602		1
17	晶振	12MHz	1

实物图如图 2.13 所示。

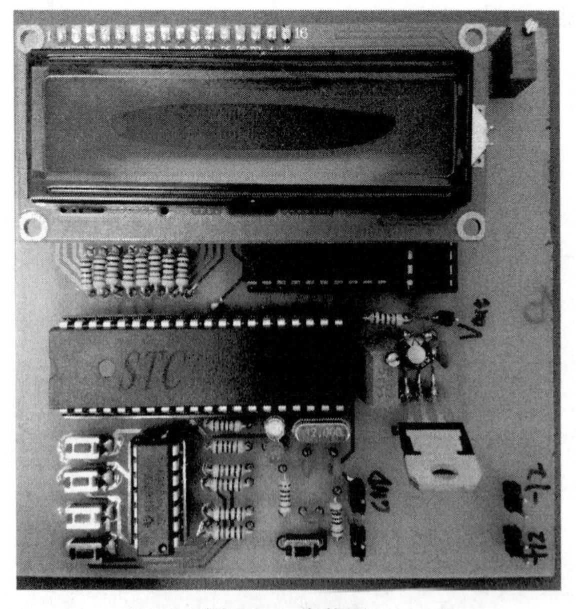

图 2.13　实物图

实物测试波形如下。

实物通电后，输出端连接示波器端口 1，测量输出信号波形的峰-峰值和频率。方波的实际测量波形(实测波形)如图 2.14 所示，通过按键将频率调至 200Hz，观察示波器上的波形和参数可知，波形频率的平均值为 202.7Hz，误差为 1.35%。误差为信号频率平均值与信号频率的绝对误差跟信号频率的百分比。

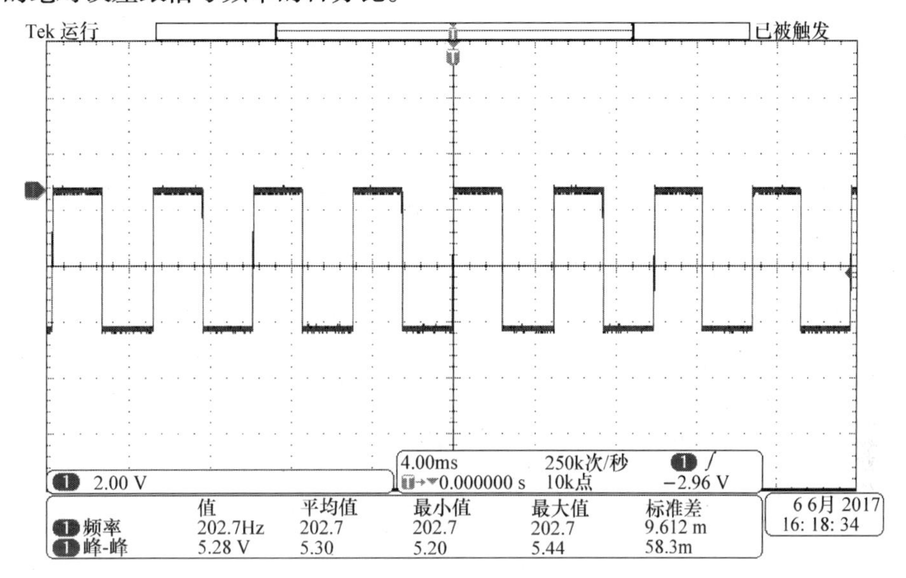

图 2.14　200Hz 方波实测波形

通过按键切换波形，测量 25Hz 三角波波形，25Hz 三角波的实际测量波形如图 2.15 所示，实际测量波形的平均频率为 24.83Hz，误差为 0.68%。

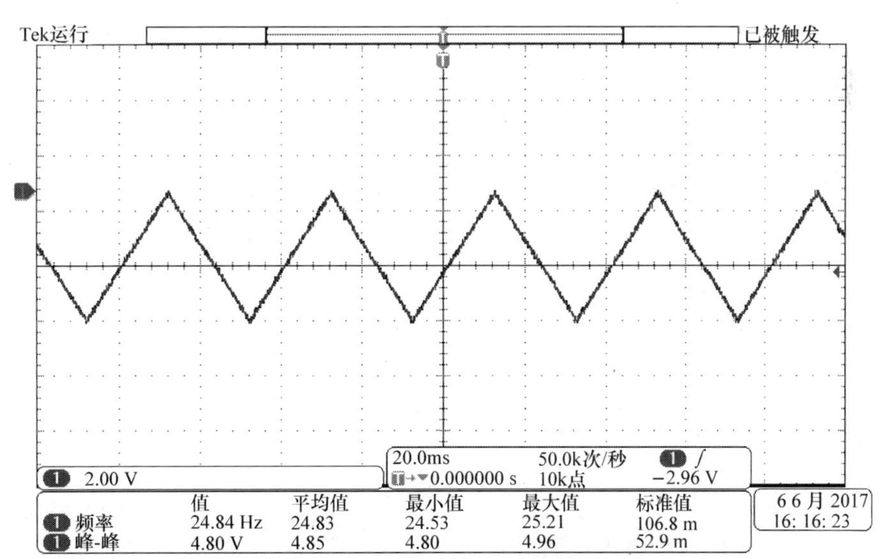

图 2.15　25Hz 三角波实测波形

50Hz 阶梯波的实际测量波形如图 2.16 所示，实际测量波形的平均频率为 47.98Hz。

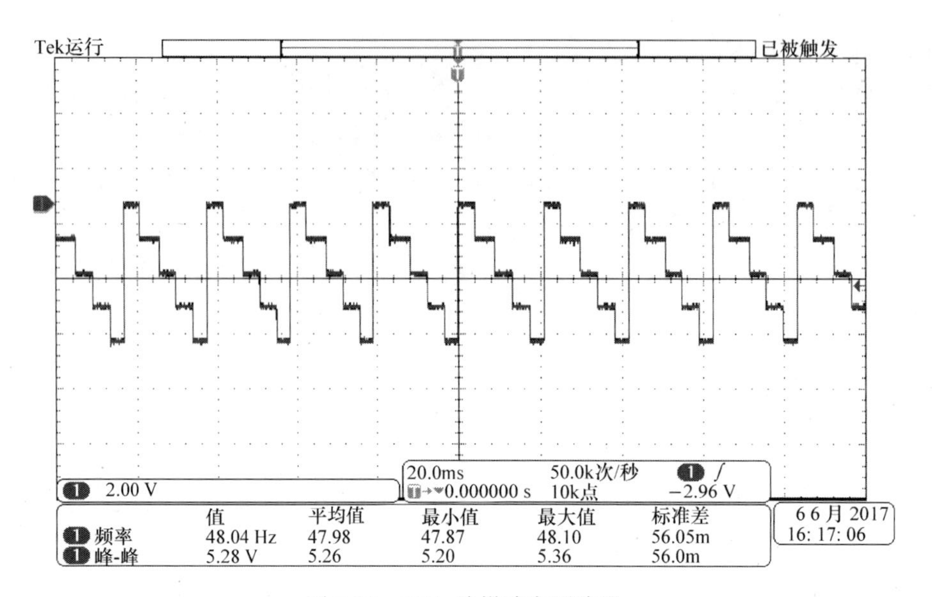

图 2.16　50Hz 阶梯波实测波形

50Hz 锯齿波的实际测量波形如图 2.17 所示，实际测量波形的平均频率为 49.41Hz，误差为 1.18%。

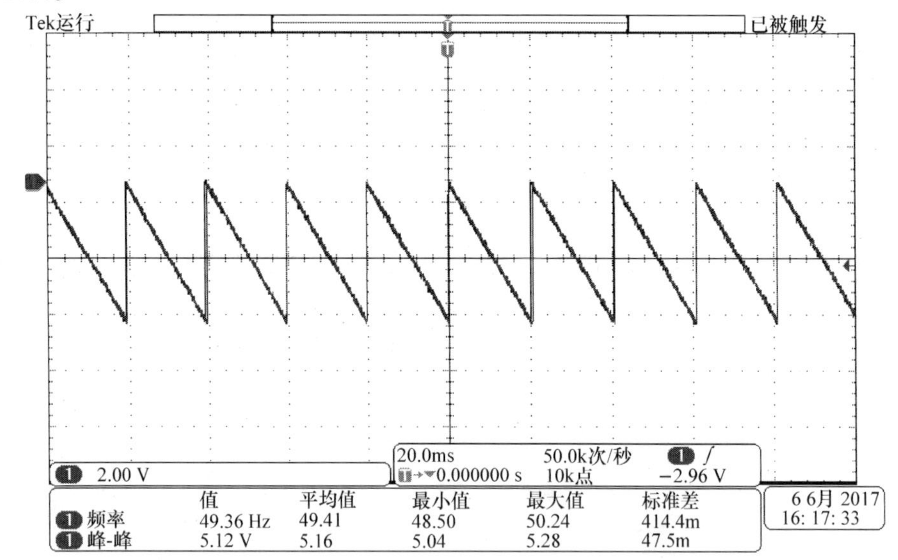

图 2.17　50Hz 锯齿波实测波形

200Hz 正弦波的实际测量波形如图 2.18 所示，实际测量波形的频率平均值为 200.3Hz，误差为 0.15%。

程序设计延时是根据方波进行设计的，方波和正弦波的频率误差较小，其他波形的误差相对较大。产生波形的程序语句执行时间不相同，产生不同波形的延时也不一样，所以可通过修改实现算法来减少实际波形的频率误差。上述测试波形峰-峰值在 5V 左右。调节电位器，改变正弦波电压的峰-峰值，峰-峰值从 5.28V 下降到 3.44V，实际测量波形如图 2.19 所示。波形清晰，无明显失真。

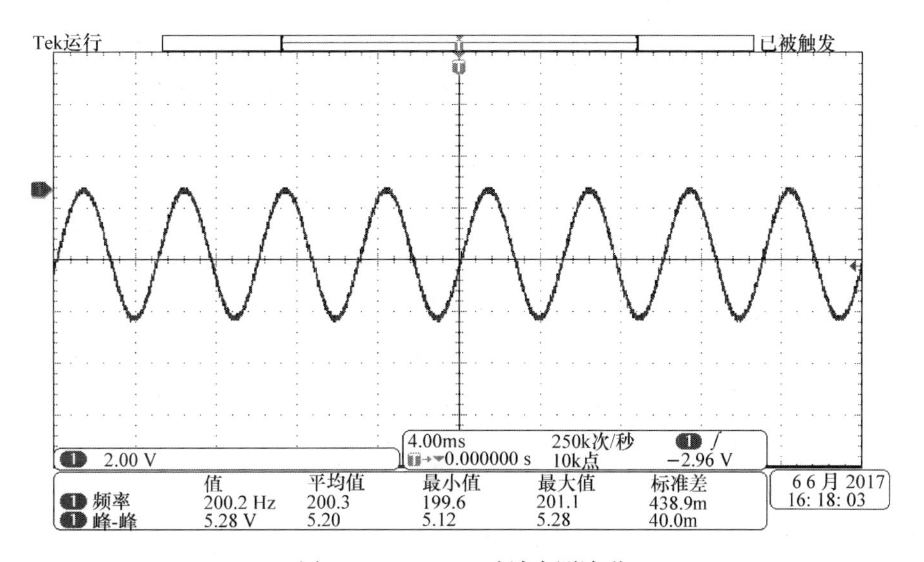

图 2.18　200Hz 正弦波实测波形

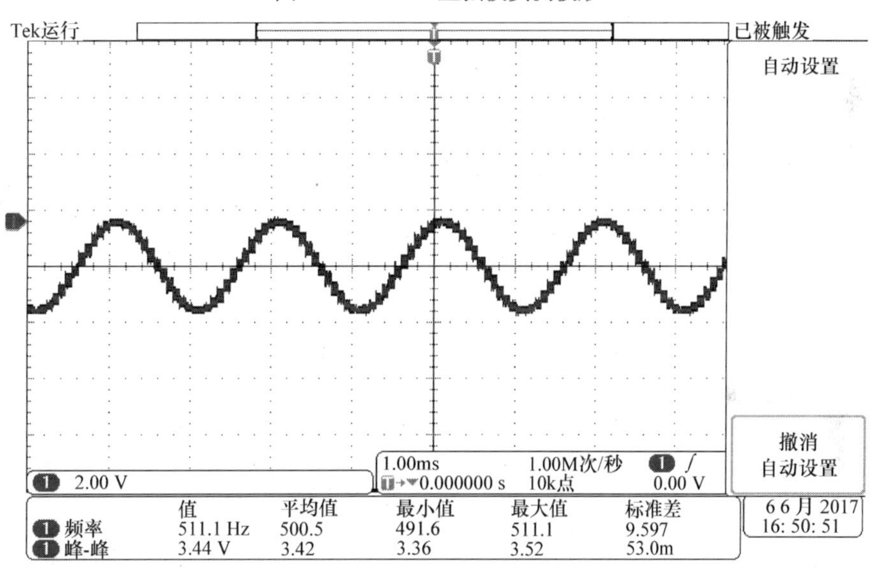

图 2.19　幅值调节正弦波实测波形

根据测量结果可知，设计的多功能波形发生器产生的波形基本符合设计要求，可以生成各种所需波形，测量误差小，达到了预期效果。

2.6 源 程 序

```
#include<reg51.h>
#include<intrins.h>
#include<stdio.h>
#define uchar unsigned char
#define uint unsigned int
```

```
uchar waveform;                          //0、1、2、3、4 分别代表五种波形
uchar parameter;                         //0 表示信号频率，1 表示步进频率
uint frequency;                          //波形频率
uint step=10;                            //步进频率
uint delay0_flag=1;
uint delay1_flag=0;
uint f;
void delay(uchar m)                      //延时函数
{
   uchar i,j;
      for(i=0;i<m;i++)
        for(j=0;j<114;j++);
}
void delay1(uchar m)
{
   uchar i,j;
      for(i=0;i<m;i++)
        for(j=0;j<4;j++);
}
/*********************LCD 相关函数及引脚配置*********************/
uchar code  lcd_hang1[]={"Sine Wave" "Square Wave" "Triangle Wave" "Ladder Wave"
"Sawtooth Wave "};
uchar idata lcd_hang2[16]={"f=   Hz d=  Hz"};
sbit lcden=P3^7;
sbit lcdrw=P3^6;
sbit lcdrs=P3^5;
void lcd_write_cmd(uchar com)           //LCD 写指令
{
     lcdrs=0;                            //对 RS 写 0，写信号命令格式
     P0=com;
     delay(5);
     lcden=1;
     delay(5);
     lcden=0;
}
void lcd_write_data(uchar date)         //LCD 写数据
{
     lcdrs=1;
     P0=date;
     delay(5);
     lcden=1;
     delay(5);
     lcden=0;
```

```
}
void lcd_init()                     //LCD 初始化
{
    lcden=0;                        //lcden 是液晶的使能端，低电平有效
    lcd_write_cmd(0x38);            //显示模式设置，16×2 显示，5×7 点阵，8 位数据接口
    lcd_write_cmd(0x0c);
    lcd_write_cmd(0x06);
    lcd_write_cmd(0x01);
}
void lcd_display(uchar addr,uchar *temp)          //LCD 显示
{
    uchar num;
    lcd_write_cmd(addr);
    delay(1);
    for(num=0;num<16;num++)
    {
        lcd_write_data(temp[num]);
        delay(1);
    }
}
/************************LCD 函数结束***********************/
void display(uint frequency_unit,uint step_unit)          //动态数据显示
{
    if(frequency_unit>100)      //原设计初始步进频率 100Hz,由于实际芯片运算速度等因素
                                  限制，可改为 50Hz
    {
        frequency_unit=frequency_unit/2;
        step_unit=step_unit/2;
    }
    if(waveform==2)             //三角波周期是其他波形周期的 2 倍
    {
        frequency_unit=frequency_unit/2;
        step_unit=step_unit/2;
    }
    lcd_hang2[5]=frequency_unit%10+0x30;        //信号频率个位(0x30 表示数字 0)
    frequency_unit/=10; lcd_hang2[4]=frequency_unit%10+0x30; //信号频率十位
    frequency_unit/=10; lcd_hang2[3]=frequency_unit%10+0x30; //信号频率百位
    frequency_unit/=10; lcd_hang2[2]=frequency_unit%10+0x30; //信号频率千位
    lcd_hang2[13]=step_unit%10+0x30;                         //步进频率个位
    step_unit/=10; lcd_hang2[12]=step_unit%10+0x30;          //步进频率十位
    step_unit/=10; lcd_hang2[11]=step_unit%10+0x30;          //步进频率百位
    lcd_display(0x80,&lcd_hang1[waveform*16]);               //显示第 1 行
    lcd_display(0xc0,lcd_hang2);                             //显示第 2 行
```

```
}
/********************按键控制相关功能函数**********************/
#define keys P1
sbit frequency_led=P3^0;          //信号频率指示灯
sbit step_led=P3^1;               //步进频率指示灯
void keyscan()                    //键盘扫描及控制函数
{    uchar key;
     keys=0xff;
     key=keys&0x0f;
     if(key!=0x0f)
     {    delay(1);
          keys=0xff;
          key=keys&0x0f;
          if(key!=0x0f)
          {
               if(key==0x0e)              //选择波形
               {
                    if(waveform==4) waveform=0;
                    else waveform=waveform+1;
               }
               else if(key==0x0d)         //选择调节波形频率 0 还是步进频率 1
               {
                    parameter=~parameter;
                    if(parameter==0)
                    {
                         frequency_led=1;
                         step_led=0;
                    }
                    else
                    {
                         frequency_led=0;
                         step_led=1;
                    }
               }
               else if(key==0x0b)              //加法运算
               {
                    if(parameter==0)           //调节频率
                    {
     if(((frequency<100)&(frequency+step>=100))|((frequency==100)&(step<100)))
                         {
                              frequency=100;
                              step=100;
                         }
```

```
                    else if(frequency+step>9900) frequency=frequency;
                    else frequency=frequency+step;
                }
                else                                    //调节步进频率
                {
                    if(step<=90) step=step+10;
                    else
if(((frequency<100)&(step+10>100))|((frequency>100)&(step+100>900)))step=step;
                    else step=step+100;
                }
            }
            else if(key==0x07)              //减法运算
            {
                if(parameter==0)                //调节频率
                {
                    if((frequency>100)&(frequency-step<=100))
                    {
                        frequency=100;
                        step=10;
                    }
                    else if(frequency-step<10) frequency=10;
                    else if(frequency<=step) frequency=frequency;
                    else if((frequency<100)&(frequency>step))
                    frequency=frequency-10;
                    else frequency=frequency-step;
                }
                else                                    //调节步进频率
                {
                    if((step>100)&(frequency>100)) step=step-100;
                    else if((step>10)&(frequency<=100)) step=step-10;
                    else step=step;
                }
            }
            while((keys&0x0f)!=0x0f);           //判断按键抬起
        }
    }
}
/*************************波形产生部分**********************/
#define DAC0832 P2
uint i=0;                                       //输出当前值
bit flag=0;                                     //三角波上升、下降标志
/************************正弦波表**************************/
uchar code sine_tab[256]={
```

```
0x80,0x83,0x86,0x89,0x8d,0x90,0x93,0x96,0x99,0x9c,0x9f,0xa2,0xa5,0xa8,0xab,
0xae,0xb1,0xb4,0xb7,0xba,0xbc,0xbf,0xc2,0xc5,0xc7,0xca,0xcc,0xcf,0xd1,0xd4,
0xd6,0xd8,0xda,0xdd,0xdf,0xe1,0xe3,0xe5,0xe7,0xe9,0xea,0xec,0xee,0xef,0xf1,
0xf2,0xf4,0xf5,0xf6,0xf7,0xf8,0xf9,0xfa,0xfb,0xfc,0xfd,0xfd,0xfe,0xff,0xff,
0xff,0xff,0xff,0xff,0xff,0xff,0xff,0xff,0xff,0xff,0xfe,0xfd,0xfd,0xfc,0xfb,
0xfa,0xf9,0xf8,0xf7,0xf6,0xf5,0xf4,0xf2,0xf1,0xef,0xee,0xec,0xea,0xe9,0xe7,
0xe5,0xe3,0xe1,0xde,0xdd,0xda,0xd8,0xd6,0xd4,0xd1,0xcf,0xcc,0xca,0xc7,0xc5,
0xc2,0xbf,0xbc,0xba,0xb7,0xb4,0xb1,0xae,0xab,0xa8,0xa5,0xa2,0x9f,0x9c,0x99,
0x96,0x93,0x90,0x8d,0x89,0x86,0x83,0x80,0x80,0x7c,0x79,0x76,0x72,0x6f,0x6c,
0x69,0x66,0x63,0x60,0x5d,0x5a,0x57,0x55,0x51,0x4e,0x4c,0x48,0x45,0x43,0x40,
0x3d,0x3a,0x38,0x35,0x33,0x30,0x2e,0x2b,0x29,0x27,0x25,0x22,0x20,0x1e,0x1c,
0x1a,0x18,0x16,0x15,0x13,0x11,0x10,0x0e,0x0d,0x0b,0x0a,0x09,0x08,0x07,0x06,
0x05,0x04,0x03,0x02,0x02,0x01,0x00,0x00,0x00,0x00,0x00,0x00,0x00,0x00,0x00,
0x00,0x00,0x00,0x01,0x02,0x02,0x03,0x04,0x05,0x06,0x07,0x08,0x09,0x0a,0x0b,
0x0d,0x0e,0x10,0x11,0x13,0x15,0x16,0x18,0x1a,0x1c,0x1e,0x20,0x22,0x25,0x27,
0x29,0x2b,0x2e,0x30,0x33,0x35,0x38,0x3a,0x3d,0x40,0x43,0x45,0x48,0x4c,0x4e,
0x51,0x55,0x57,0x5a,0x5d,0x60,0x63,0x66,0x69,0x6c,0x6f,0x72,0x76,0x79,0x7c,
0x80};
void sine(uint t)        //生成正弦波
{
    while(waveform==0)
    {
        DAC0832=sine_tab[i];
        i=i+t;
        if(i>256)
        {
            i=i-256;
        }
        delay(delay0_flag);
        delay1(delay1_flag);
    }
}
void square(uint t)      //生成方波
{
    while(waveform==1)
    {
        if(i<128)
            DAC0832=0xff;
        else
            DAC0832=0x00;
        i=i+t;
        if(i>255)
        {
```

```
                i=i-256;
                }
            delay(delay0_flag);
            delay1(delay1_flag);
        }
}
void triangle(uint t)    //生成三角波
{
        while(waveform==2)
        {
            DAC0832=i;
            if(flag==0)
                i=i+t;
            else
                i=i-t;
            if((i>255-t)|(i<t))
            {
                flag=~flag;
            }
            delay(delay0_flag);
            delay1(delay1_flag);
        }
}
void ladder(uint t)      //生成阶梯波
{
        while(waveform==3)
        {
            if(i<51)
                DAC0832=0x00;
            else if(i<112)
                DAC0832=0x40;
            else if(i<163)
                DAC0832=0x80;
            else if(i<214)
                DAC0832=0xc0;
            else
                DAC0832=0xff;
            i=i+t;
            if(i>255)
            {
                i=i-256;
            }
            delay(delay0_flag);
```

```
            delay1(delay1_flag);
        }
}
void sawtooth(uint t)                            //生成锯齿波
{
        while(waveform==4)
        {
            DAC0832=i;
            i=i+t;
            if(i>255)
            {
                i=i-256;
            }
            delay(delay0_flag);
            delay1(delay1_flag);
        }
}
/***********************主函数****************************/
void main()
{
        frequency_led=1;
        step_led=0;
        waveform=0;
        step=10;
        frequency=10;
        lcd_init();                              //初始化 LCD
        delay(10);
        display(frequency,step);                 //显示数据
        EA=1;EX0=1;IT0=1                         //外部中断 0 设置
        while(1)
        {
            sine(f);
            square(f);
            triangle(f);
            ladder(f);
            sawtooth(f);
        }
}
/*******************外部中断 0 函数*********************/
void f_int0() interrupt 0
{
        keyscan();                               //键盘扫描
        display(frequency,step);                 //显示动态数据
```

```
    if(frequency>100)
    {
        f=frequency/100;
        delay0_flag=0;
        delay1_flag=1;
    }
    else
    {
        f=frequency/10;
        delay0_flag=1;
        delay1_flag=0;
    }
}
```

第 3 章　基于单片机的红外通信系统设计

3.1　设 计 目 标

设计并制作红外通信系统，实现系统功能为：以单片机为处理器，通过红外通信实现温度和字符数据无线传输，传输距离不低于 5m。

3.2　设 计 内 容

本设计是以 AT89S52 单片机为核心的红外通信系统，分为红外发射机和红外接收机。可以通过红外通信实现温度和字符无线传输。上电时，发射机读取温度传感器 DS18B20 采集的温度，采用 12864 液晶显示屏显示温度信息，通过红外发射模块发射出去。红外接收模块接收温度信息，这些温度信息在接收机的 12864 液晶显示屏上进行显示。通过按键切换，可变换为字符发送模式。发送字符时，发射机通过矩阵键盘输入字符，采用 12864 液晶显示屏显示字符信息。红外接收模块接收到输入字符信息，这些字符信息在接收机的 12864 液晶显示屏上进行显示。发射机和接收机的原理框图如图 3.1 和图 3.2 所示。

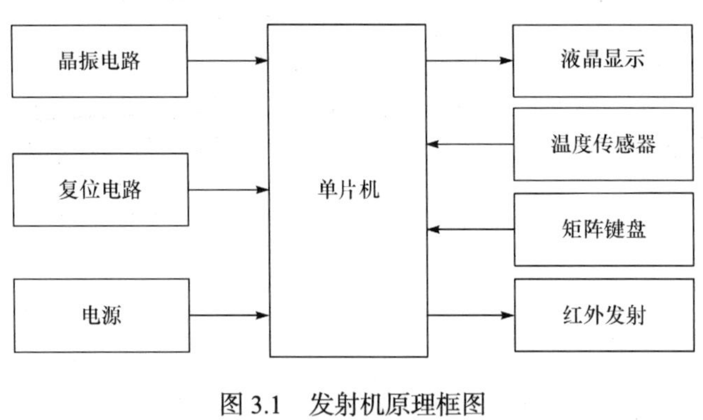

图 3.1　发射机原理框图

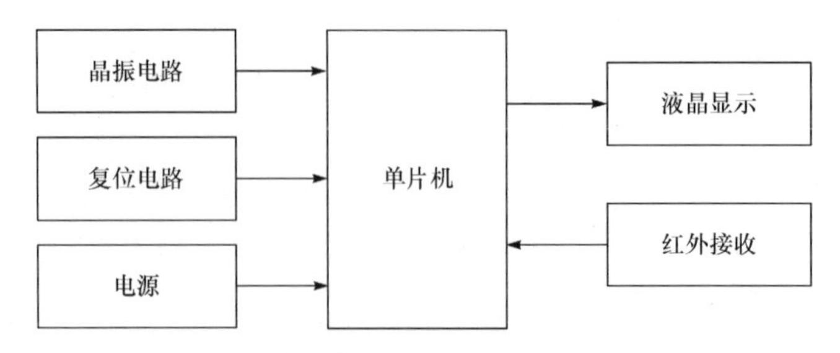

图 3.2　接收机原理框图

红外发光管发射的红外光波长为 960nm 左右，相应的适合红外光传输的信号频率为

38kHz。若采用分立元件搭建的红外收发电路，需对 38kHz 信号数据进行编解码。红外发射部分和红外接收部分程序是基于 38kHz 信号红外通信协议设计的。红外通信发射端信号编码采用 PPM(脉冲位置调制)方式，红外编码由前导码、16 位用户地址码(地址码高 8 位、地址码低 8 位)和 16 位数据码(8 位数据码、8 位数据码反码)组成，如图 3.3 所示。

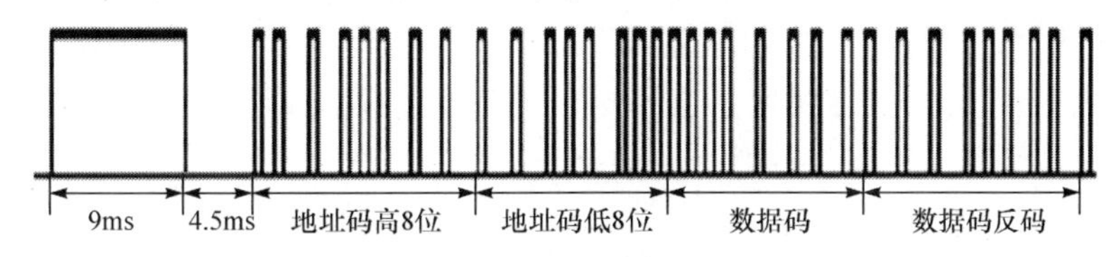

图 3.3　红外编码脉冲图

前导码是红外编码的起始部分，由一个 9ms 宽的高电平(起始码)和一个 4.5ms 宽的低电平(结果码)组成。16 位用户地址码由地址码高 8 位和地址码低 8 位组成。数据码反码是数据码取反后的编码，可用于对红外通信接收数据进行校验和纠错。

二进制 0 和 1 采用不同占空比的单极性归零波形表示，如图 3.4 所示。二进制 0 对应的波形高电平和低电平各占 0.56ms；二进制 1 对应的波形高电平占 0.56ms，低电平占 1.68(0.56×3)ms。

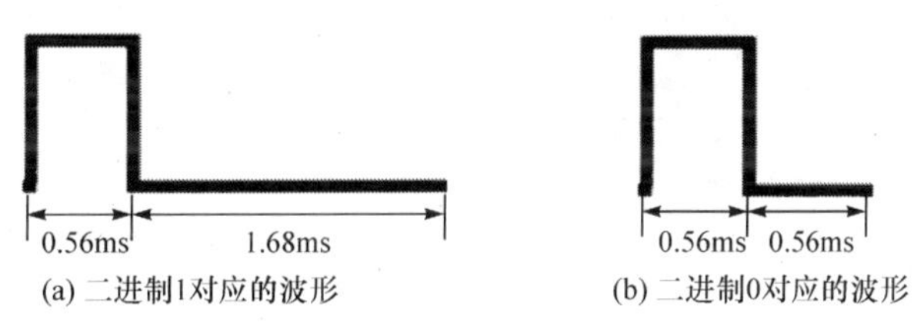

(a) 二进制1对应的波形　　(b) 二进制0对应的波形

图 3.4　二进制 0 和 1 对应的波形

将二进制波形与频率为 38kHz 的载波进行相乘运算，就可调制成频率为 38kHz 的间断脉冲串(周期约 26μs 的脉冲)，得到红外发射二极管发送的信号。红外发射调制原理图如图 3.5 所示。

图 3.5(a)是二进制序列波形，图 3.5(b)是频率为 38kHz 的载波，图 3.5(c)是调制成频率为 38kHz 的间断脉冲串。

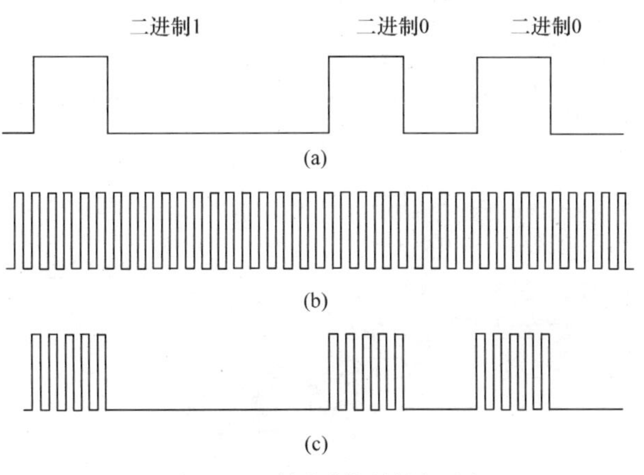

图 3.5　红外发射调制原理图

3.3 Proteus 仿真

系统仿真软件为 Proteus 8.0，红外发射电路和红外接收电路 Proteus 仿真原理图分别如图 3.6 和图 3.7 所示。图 3.6 中发射电路可发射字符和矩形方波信号。采用计算器矩阵键盘输入发送字符，通过 ON/C 键切换字符和矩形方波发射模式。当发射字符时，键盘输入的

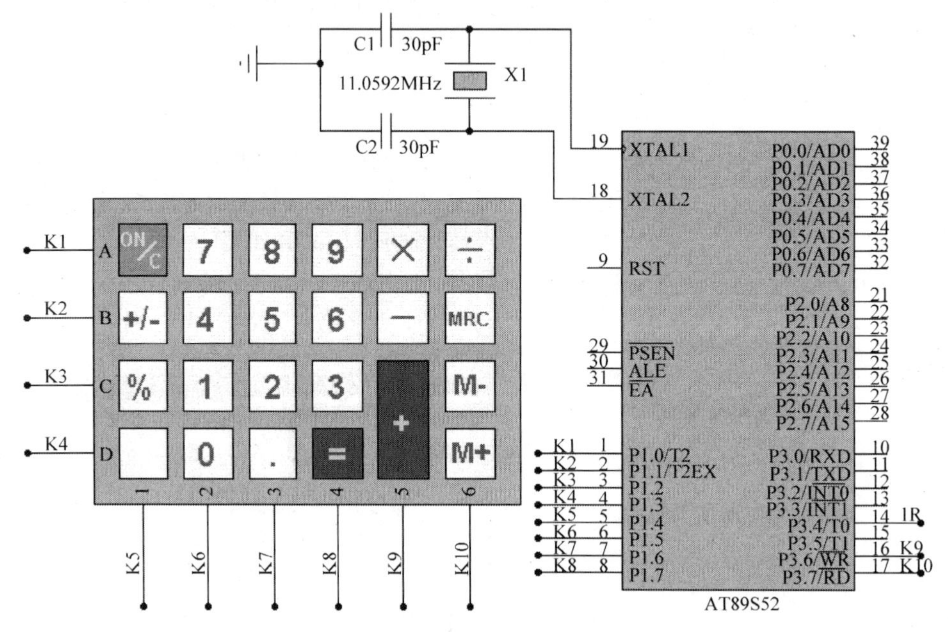

图 3.6　红外发射电路 Proteus 仿真原理图

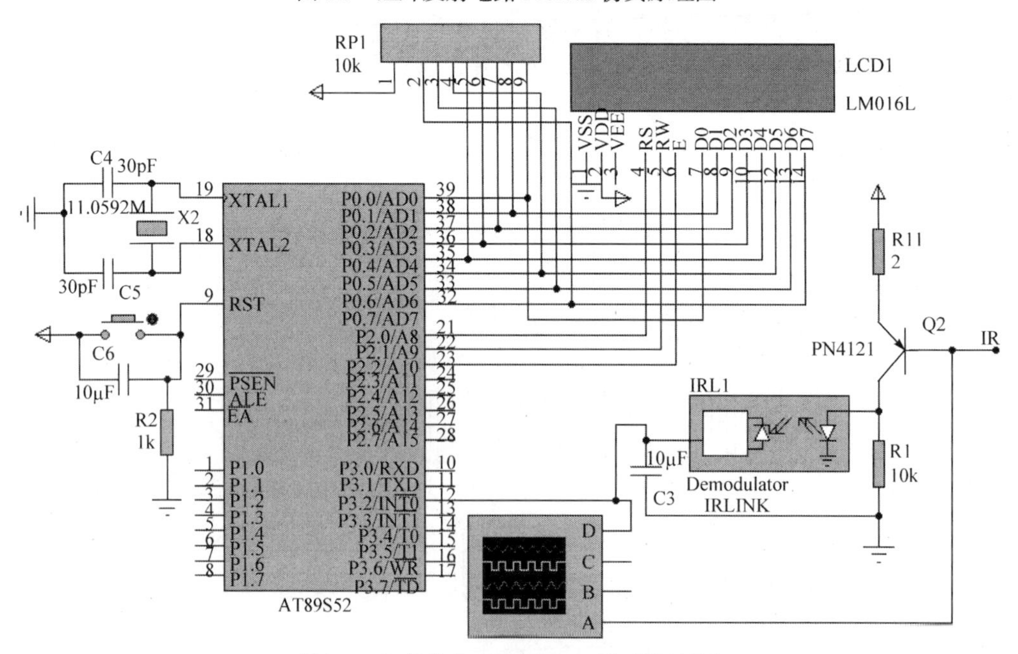

图 3.7　红外接收电路 Proteus 仿真原理图

字符会在接收端 1602 液晶显示器上显示。发射和接收的方波会在示波器上显示，如图 3.8 所示。红外收发模块选用 IRLINK 通信模块，发射端采用定时器 T0 产生频率为 38kHz 的红外通信信号。当 P3.4 引脚的电平为高电平时，PNP 管 Q2 截止，红外发射二极管熄灭；反之，红外发射二极管点亮。这样使红外发射和接收二极管闪烁，实现红外通信。接收端将接收到的信号进行解调，得到二进制序列波形，二进制 0 和 1 对应的波形如图 3.4 所示。不管是二进制 0 对应的波形，还是二进制 1 对应的波形，都是单极性归零波形，都存在下降沿，都能作为接收端外部中断 0(设为下降沿触发)的触发信号。接收端的电容 C3 用来滤波。

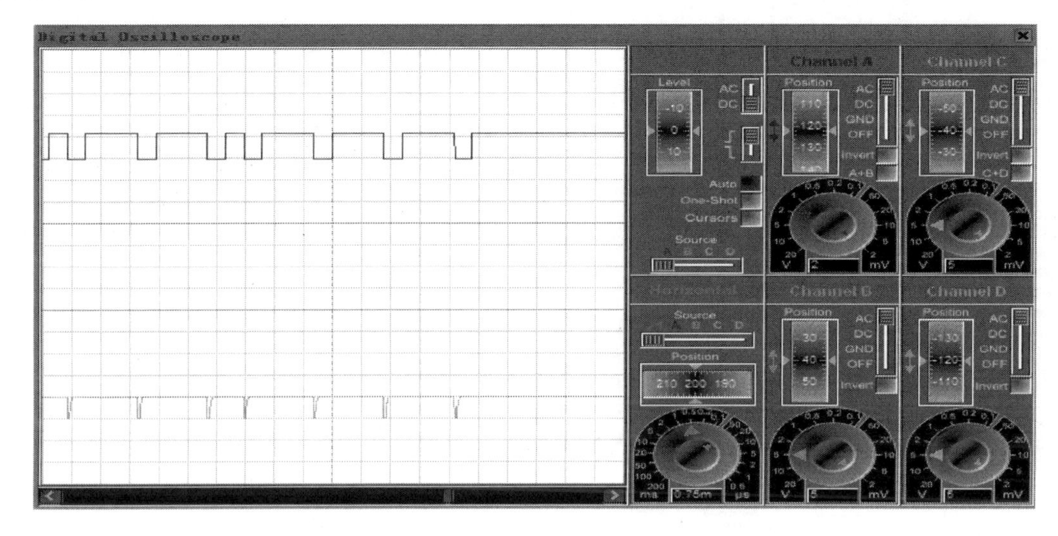

图 3.8　示波器显示的发射和接收信号波形

3.4　Proteus 仿真源程序

1. 红外发射部分源程序

```
#include <AT89S52.h>
static bit OP;                          //红外发射管的亮灭
static unsigned int count;              //延时计数器
static unsigned int endcount;           //终止延时计数
static unsigned char Flag;              //红外发送标志
char iraddr1;                           //16 位地址的高 8 位
char iraddr2;                           //16 位地址的低 8 位
void SendIRdata(char p_irdata);
void delay();
char getkey()
{
        P1=0xfe;P3_6=P3_7=1;P3_3=1;
        if(!P1_4)return 1;              //ON/C
        if(!P1_5)return 2;              //7
        if(!P1_6)return 3;              //8
        if(!P1_7)return 4;              //9
```

```
        if(!P3_6)return 5;          //×
        if(!P3_7)return 6;          //÷
        P1=0xfd;
        if(!P1_4)return 11;         //+/-
        if(!P1_5)return 12;         //4
        if(!P1_6)return 13;         //5
        if(!P1_7)return 14;         //6
        if(!P3_6)return 15;         //-
        if(!P3_7)return 16;         //MRC
        P1=0xfb;
        if(!P1_4)return 21;         //%
        if(!P1_5)return 22;         //1
        if(!P1_6)return 23;         //2
        if(!P1_7)return 24;         //3
        if(!P3_6)return 25;         //+
        if(!P3_7)return 26;         //M-
        P1=0xf7;
        if(!P1_4)return 31;         //空格
        if(!P1_5)return 32;         //0
        if(!P1_6)return 33;         //.
        if(!P1_7)return 34;         //=
        if(!P3_6)return 35;         //+
        if(!P3_7)return 36;         //M+
        P1=0xff;P3_3=0;
        if(!P1_4)return 41;
        if(!P1_5)return 42;
        if(!P1_6)return 43;
        if(!P1_7)return 44;
        if(!P3_6)return 45;
        if(!P3_7)return 46;
        return 0;
}
void main(void)
{
   char key;
   count = 0;
   Flag = 0;
   OP = 0;
   P3_4 = 1;
   EA = 1;                          //允许 CPU 中断
   TMOD = 0x01;                     //定时器 0 采用 16 位工作方式 1
   ET0 = 1;                         //定时器 0 中断允许
   P1=0xff;
   TH0 = 0xFF;
   TL0 = 0xE6;                      //定时值 0 产生 38kHz 频率信号,每隔 26 微秒中断一次
   TR0 = 1;                         //开始计数
   iraddr1=0xff;
   iraddr2=0xff;
   do{
        key=getkey();
        if(key==1)SendIRdata(0x12);                //set
        if(key==11)SendIRdata(0x0b);               //exit
        if(key==25||key==35)SendIRdata(0x1a);      //+
        if(key==15)SendIRdata(0x1e);               //-
        if(key==6)SendIRdata(0x0e);                //÷
        if(key==16)SendIRdata(0x1d);               //MRC
```

```
        if(key==26)SendIRdata(0x1f);                    //M-
        if(key==36)SendIRdata(0x1b);                    //M+
        if(key==32)SendIRdata(0x00);                    //0
        if(key==22)SendIRdata(0x01);                    //1
        if(key==23)SendIRdata(0x02);                    //2
        if(key==24)SendIRdata(0x03);                    //3
        if(key==12)SendIRdata(0x04);                    //4
        if(key==13)SendIRdata(0x05);                    //5
        if(key==14)SendIRdata(0x06);                    //6
        if(key==2)SendIRdata(0x07);                     //7
        if(key==3)SendIRdata(0x08);                     //8
        if(key==4)SendIRdata(0x09);                     //9
        if(key==21)SendIRdata(0x2A);                    //%
        if(key==5)SendIRdata(0x2B);                     //×
        if(key==33)SendIRdata(0x2C);                    //.
        if(key==34)SendIRdata(0x2D);                    //=
        if(key==31)SendIRdata(0x2E);                    //空格
        if(key==41)SendIRdata(0x2F);
        if(key==42)SendIRdata(0x30);
        if(key==43)SendIRdata(0x31);
        if(key==44)SendIRdata(0x32);
        if(key==45)SendIRdata(0x33);
        if(key==46)SendIRdata(0x34);
    }while(1);
}
/*定时器 0 中断处理*/
void timeint(void) interrupt 1
{
   TH0=0xFF;
   TL0=0xE6;                              //产生 38kHz 频率信号，每隔 26 微秒中断一次
   count++;
}
void SendIRdata(char p_irdata)
{
   int i;
   char irdata=p_irdata;
   /*发送 9ms 的起始码*/
   endcount=234;
   Flag=1;
   count=0;
   P3_4=0;
   do{}while(count<endcount);
   /*发送 4.5ms 的结果码*/
   endcount=117;
   Flag=0;
   count=0;
   P3_4=1;
   do{}while(count<endcount);
   /*发送 16 位地址的高 8 位*/
   irdata=iraddr1;
   for(i=0;i<8;i++)
   {
         /*先发送二进制波形高电平(0.56ms)*/
         endcount=12;
         Flag=1;
```

```
        count=0;
        P3_4=0;
        do{}while(count<endcount);
        /*停止发送二进制波形高电平，接着发送二进制波形低电平*/
        if(irdata-(irdata/2)*2)           //判断二进制数个位为1还是0
        {
              endcount=36;                //1对应宽的低电平
        }
        else
        {
              endcount=12;                //0对应窄的低电平
        }
        Flag=0;
        count=0;
        P3_4=1;
        do{}while(count<endcount);
        irdata=irdata>>1;
}
/*发送16位地址的低8位*/
irdata=iraddr2;
for(i=0;i<8;i++)
{
        endcount=12;
        Flag=1;
        count=0;
        P3_4=0;
        do{}while(count<endcount);
        if(irdata-(irdata/2)*2)
        {
              endcount=36;
        }
        else
        {
              endcount=12;
        }
        Flag=0;
        count=0;
        P3_4=1;
        do{}while(count<endcount);
        irdata=irdata>>1;
}
/*发送8位数据*/
irdata=p_irdata;
for(i=0;i<8;i++)
{
        endcount=12;
        Flag=1;
        count=0;
        P3_4=0;
        do{}while(count<endcount);
        if(irdata-(irdata/2)*2)
        {
              endcount=36;
        }
        else
        {
```

```
                endcount=12;
        }
        Flag=0;
        count=0;
        P3_4=1;
        do{}while(count<endcount);
        irdata=irdata>>1;
    }
    /*发送 8 位数据的反码*/
    irdata=~p_irdata;
    for(i=0;i<8;i++)
    {
        endcount=12;
        Flag=1;
        count=0;
        P3_4=0;
        do{}while(count<endcount);
        if(irdata-(irdata/2)*2)
        {
                endcount=36;
        }
        else
        {
                endcount=12;
        }
        Flag=0;
        count=0;
        P3_4=1;
        do{}while(count<endcount);
        irdata=irdata>>1;
    }
    endcount=12;
    Flag=1;
    count=0;
    P3_4=0;
    do{}while(count<endcount);
    P3_4=1;
    Flag=0;
}
void delay()
{
    int i,j;
    for(i=0;i<400;i++)
    {
        for(j=0;j<100;j++)
        {
        }
    }
  }
```

2. 红外接收部分源程序

1) 接收解码

```
#include "AT89X52.h"
#include "stdio.h"
#include "stdlib.h"
#include "string.h"
```

```
#define JINGZHEN 48
#define TIME0TH ((65536-100*JINGZHEN/12)&0xff00)>>8  //Time0，100微秒，红外遥控
#define TIME0TL ((65536-100*JINGZHEN/12)&0xff)
#define TIME1TH ((65536-5000*JINGZHEN/12)&0xff00)>>8
#define TIME1TL ((65536-5000*JINGZHEN/12)&0xff)
#define uchar unsigned char
#define uint  unsigned int
code uchar  BitMsk[]={0x01,0x02,0x04,0x08,0x10,0x20,0x40,0x80,};
uint IrCount=0,Show=0,Cont=0;
uchar IRDATBUF[32],s[20];
uchar IrDat[5]={0,0,0,0,0};
uchar IrStart=0,IrDatCount=0;
extern void initLCM(void);
 /* LCD初始化子程序*/
extern void DisplayListChar(uchar X,uchar Y, unsigned char *DData);
                                                //显示指定坐标的一串字符子函数
void timer1int (void)  interrupt 3  using 3     //定时器1中断函数
{
     EA=0;
     TH1 = TIME1TH;
     TL1 = TIME1TL;
     Cont++;
     if(Cont>10)Show=1;
     EA=1;
}
void timer0int (void)  interrupt 1  using 1     //定时器0中断函数
{
     uchar i,a,b,c,d;
     EA=0;
     TH0 = TIME0TH;
     TL0 = TIME0TL;
     if(IrCount>500)IrCount=0;
     if(IrCount>300&&IrStart>0){IrStart=0;IrDatCount=0;IrDat[0]=IrDat[1]=IrD
at[2]=IrDat[3]=0;IrCount=0;}
     if(IrStart==2)
     {
           IrStart=3;
           for(i=0;i<IrDatCount;i++)
           {
                 if(i<32)
                 {
                      a=i/8;
                      b=IRDATBUF[i];
                      c=IrDat[a];
                      d=BitMsk[i%8];
                      if(b>5&&b<14)c|=d;
                      if(b>16&&b<25)c&=~d;
                      IrDat[a]=c;
                 }
           }
           if(IrDat[2]!=~IrDat[3])
           {
                 IrStart=0;IrDatCount=0;IrDat[0]=IrDat[1]=IrDat[2]=
                 IrDat[3]=0;IrCount=0;
            }
            EA=1;
            return;
```

```
    }
    IrCount++;
    EA=1;
}
void int0() interrupt 0  using 0
{
    EA=0;
    if(IrStart==0)
    {
      IrStart=1;IrCount=0;TH0 = TIME0TH;TL0 = TIME0TL;
      IrDatCount=0;EA=1;
      return;
    }
    if(IrStart==1)
    {
       if(IrDatCount>0&&IrDatCount<33)
            IRDATBUF[IrDatCount-1]=IrCount;
       if(IrDatCount>31)
            {IrStart=2;TH0 = TIME0TH;TL0 = TIME0TL;EA=1;return;}
       if(IrCount>114&&IrCount<133&&IrDatCount==0)
            {IrDatCount=1;}else if(IrDatCount>0)IrDatCount++;
    }
    IrCount=0;TH0 = TIME0TH;TL0 = TIME0TL;
    EA=1;
}
main()
{
    uchar *a,n;
    TMOD  |= 0x011;
    TH0 = TIME0TH;
    TL0 = TIME0TL;
    ET0=1;
    TR0=1;
    ET1=1;
    TR1=1;
    IT0 = 1;        //脉冲触发方式，下降沿触发
    EX0 = 1;
    initLCM();
    EA=1;
    for(;;)
    {
          if(Show==1)
          {
               Show=0;
               Cont=0;
               DisplayListChar(0,1,"Please keys");
               a="";
               switch (IrDat[3])
               {
                 case 0x12:      //ON/C
                      a="ON/C";
                      break;
                 case 0x0b:      //+/-
                      a="+/-";
                      break;
                 case 0x1a:      //+
                      a="+";
                      break;
                 case 0x1e:      //-
```

```
        a="-";
        break;
    case 0x0e:          //÷
        a="/";
        break;
    case 0x1d:          //MRC
        a="MRC";
        break;
    case 0x1f:          //M-
        a="M-";
        break;
    case 0x1b:          //M+
        a="M+";
        break;
    case 0x00:          //0
        if(IrDat[2]==0xff)a="0";
        break;
    case 0x01:          //1
        a="1";
        break;
    case 0x02:          //2
        a="2";
        break;
    case 0x03:          //3
        a="3";
        break;
    case 0x04:          //4
        a="4";
        break;
    case 0x05:          //5
        a="5";
        break;
    case 0x06:          //6
        a="6";
        break;
    case 0x07:          //7
        a="7";
        break;
    case 0x08:          //8
        a="8";
        break;
    case 0x09:          //9
        a="9";
        break;
    case 0x2A:          //%
        a="%";
        break;
    case 0x2B:          //×
        a="X";
        break;
    case 0x2C:          //.
        a=".";
        break;
    case 0x2D:          //=
        a="=";
        break;
    case 0x2E:          //空格
        a=" ";
        break;
```

```
            }
            n=strlen(a);
            if(n>0)sprintf(s,"Key is [%s]",a);else sprintf(s,"Not Key ",a);
            DisplayListChar(0,0,s);
        }
    }
```

2) LCD 显示

```
#include <reg52.h>
#include <intrins.h>
#include <string.h>
#include <absacc.h>
#define uchar  unsigned char
#define uint   unsigned int
#define BUSY  0x80                    //LCD 忙检测标志
#define DATAPORT P0                   //定义 P0 口为 LCD 通信端口
sbit light=P1^3;
sbit LCM_RS=P2^0;                     //数据/命令选择端
sbit LCM_RW=P2^1;                     //读/写选择端
sbit LCM_EN=P2^2;
void delay_LCM(uint);                 //LCD 延时子程序
void lcd_wait(void);                  //LCD 忙检测子程序
void WriteCommandLCM(uchar WCLCM,uchar BusyC);      //写指令到 LCM 子函数
void WriteDataLCM(uchar WDLCM);                     //写数据到 LCM 子函数
void DisplayOneChar(uchar X,uchar Y,uchar DData);  //显示指定坐标的一个字符子函数
void initLCM( void);                  //LCD 初始化子程序
void DisplayListChar(uchar X,uchar Y, unsigned char *DData);  //显示指定坐标的
                                                               一串字符子函数
/************************延时 kms 函数*************************/
void delay_LCM(uint k)
{
    uint i,j;
    for(i=0;i<k;i++)
    {
        for(j=0;j<110;j++)
            {;}
    }
}
/************************写指令到 LCM 子函数********************/
void WriteCommandLCM(uchar WCLCM,uchar BusyC)
{
    if(BusyC)lcd_wait();
    DATAPORT=WCLCM;
    LCM_RS=0;                  //选中指令寄存器
    LCM_RW=0;                  //写模式
    LCM_EN=1;
    _nop_();
    _nop_();
    _nop_();
    LCM_EN=0;
}
/************************写数据到 LCM 子函数***********************/
```

```
void WriteDataLCM(uchar WDLCM)
{
      lcd_wait( );                    //检测忙信号
      DATAPORT=WDLCM;
      LCM_RS=1;                       //选中数据寄存器
      LCM_RW=0;                       //写模式
      LCM_EN=1;
      _nop_();
      _nop_();
      _nop_();
      LCM_EN=0;
}
/************************LCM内部等待函数************************/
void lcd_wait(void)
{
      DATAPORT=0xff;
      LCM_EN=1;
      LCM_RS=0;
      LCM_RW=1;
      _nop_();
      while(DATAPORT&BUSY)
      {  LCM_EN=0;
         _nop_();
         _nop_();
         LCM_EN=1;
         _nop_();
         _nop_();
      }
      LCM_EN=0;
}
/************************LCM初始化子函数************************/
void initLCM( )
{
      DATAPORT=0;
      delay_LCM(15);
      WriteCommandLCM(0x38,0);        //3次显示模式设置，不检测忙信号
      delay_LCM(5);
      WriteCommandLCM(0x38,0);
      delay_LCM(5);
      WriteCommandLCM(0x38,0);
      delay_LCM(5);
      WriteCommandLCM(0x38,1);        //8bit数据传送，2行显示，5×7字型，检测忙信号
      WriteCommandLCM(0x08,1);        //关闭显示，检测忙信号
      WriteCommandLCM(0x01,1);        //清屏，检测忙信号
      WriteCommandLCM(0x06,1);        //显示光标右移设置，检测忙信号
      WriteCommandLCM(0x0c,1);        //显示屏打开，光标不显示，不闪烁，检测忙信号
}
/*******************显示指定坐标的1个字符子函数*******************/
void DisplayOneChar(uchar X,uchar Y,uchar DData)
{
uchar mx,my;
      my=Y&1;
      mx=X&0xf;
      if(my>0)mx+=0x40;               //若Y为1(显示第2行)，地址码+0x40
```

```
    mx+=0x80;                       //指令码为地址码+0x80
    WriteCommandLCM(mx,0);
    WriteDataLCM(DData);
}
/********************显示指定坐标的一串字符子函数********************/
void DisplayListChar(uchar X,uchar Y, unsigned char *DData)
{
    uchar i=0,n;
    Y&=0x01;
    X&=0x0f;
    n=strlen(DData);
    while(i<n)
    {
        DisplayOneChar(X,Y,DData[i]);
        i++;
        X++;
    }
}
```

3.5 实物制作

制作实物时，选用 YS-NEC 红外收发模块，模块已内置红外通信编解码模块。所以，本案例红外发送和接收模块不需要编写红外通信编解码代码，只需要根据 YS-NEC 红外收发模块的通信协议设计红外发送和接收模块源程序。YS-NEC 红外收发模块通信协议发射端的发射指令格式如表 3.1 所示。

表 3.1　发射指令格式

地址	操作数	数据 1	数据 2	数据 3	数据 4
A1(FA)	XX	XX	XX	XX	XX

A1 为默认地址，FA 为专用地址。操作数表示当前的工作状态，F1 表示发射数据，F2 表示修改串口通信地址，F3 表示设置波特率。不同的数据内容表示不同的工作状态，具体如表 3.2 所示。NEC 红外编码由 1 个 16 位用户地址码(地址码高 8 位、地址码低 8 位)、1 个数据码和 1 个数据码反码组成。

表 3.2　不同状态的数据内容

操作数	数据 1	数据 2	数据 3	数据 4
F1	地址码高 8 位	地址码低 8 位	数据码	数据码反码
F2	1～FF		数据 1 表示修改的地址值	
F3	1～4		设置波特率的取值范围	

红外通信系统发射电路图如图 3.9 所示，由图 3.9(a)、图 3.9(b)和图 3.9(c)组成。接收部分电路图如图 3.10 所示。接收电路还包括单片机处理系统电路，与图 3.9(a)相同，这里不再赘述。

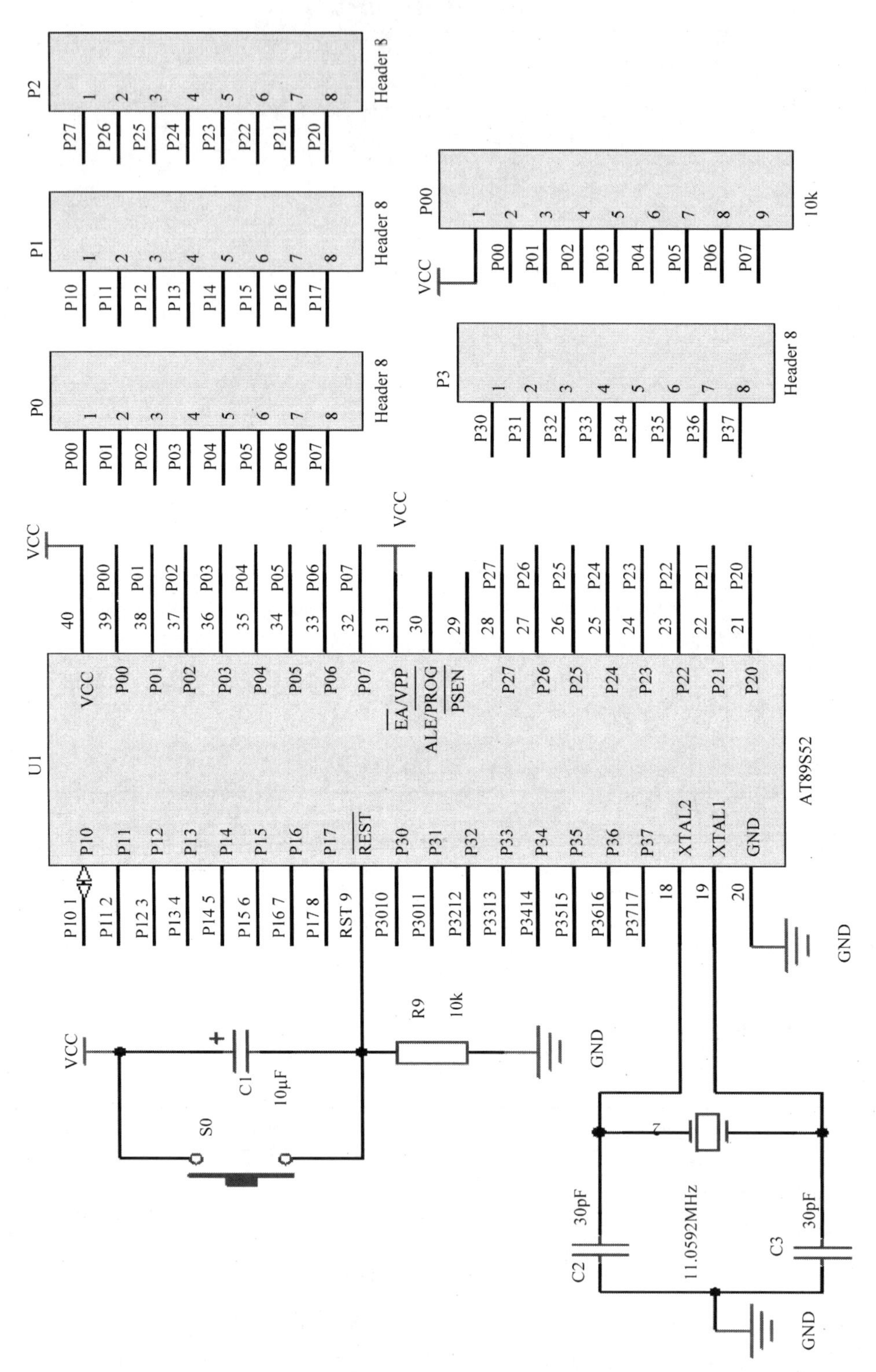
U1
AT89S52
VCC
GND
REST
XTAL2
XTAL1
EA/VPP
ALE/PROG
PSEN
P0
P1
P3
Header 8
P00
10k
R9
10k
C1
10μF
S0
C2
30pF
C3
30pF
11.0592MHz

(a) 单片机处理系统

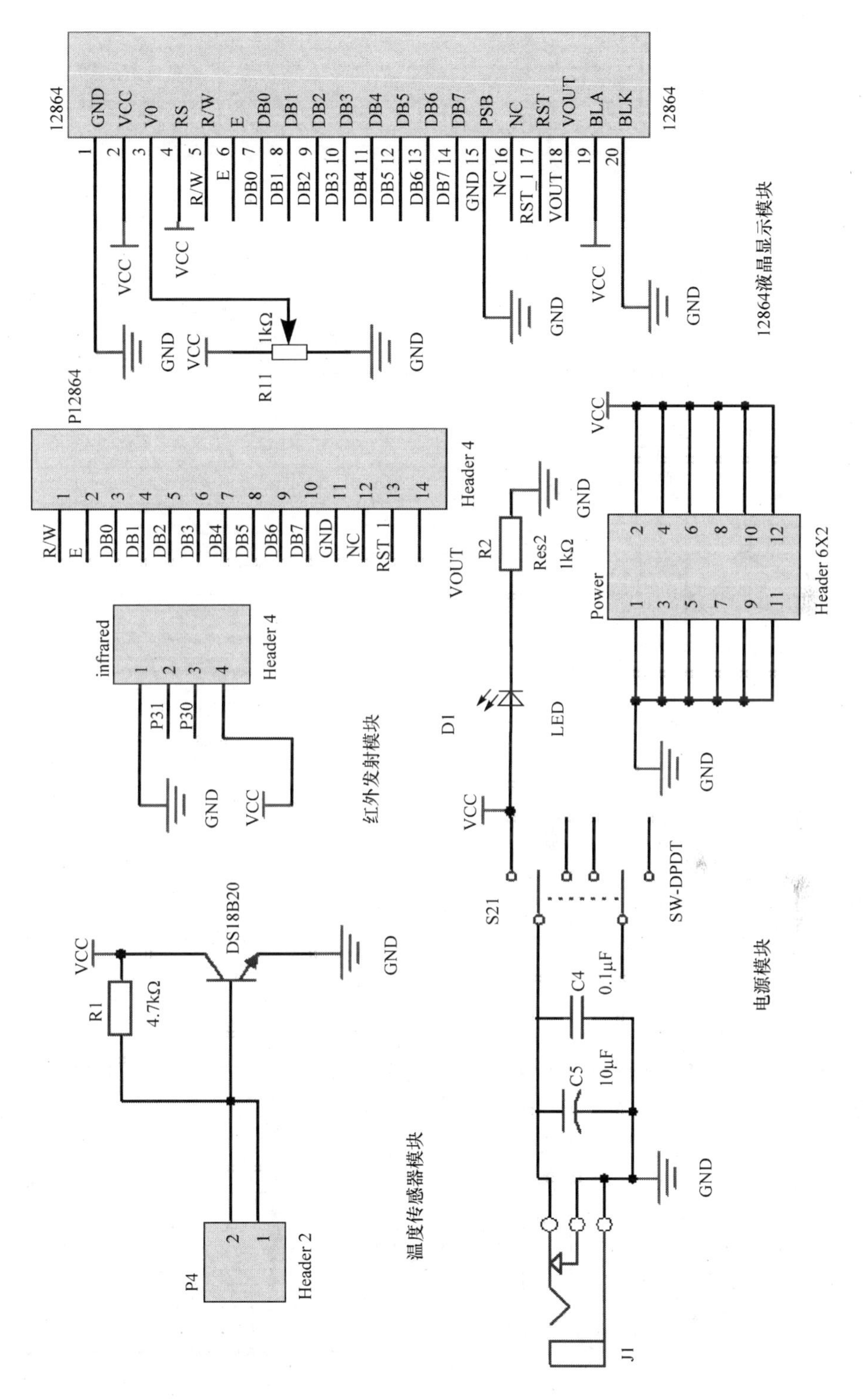

12864液晶显示模块
红外发射模块
温度传感器模块
电源模块
DS18B20
SW-DPDT
Header 6X2
Header 4
Header 2

(b) 各种模块电路

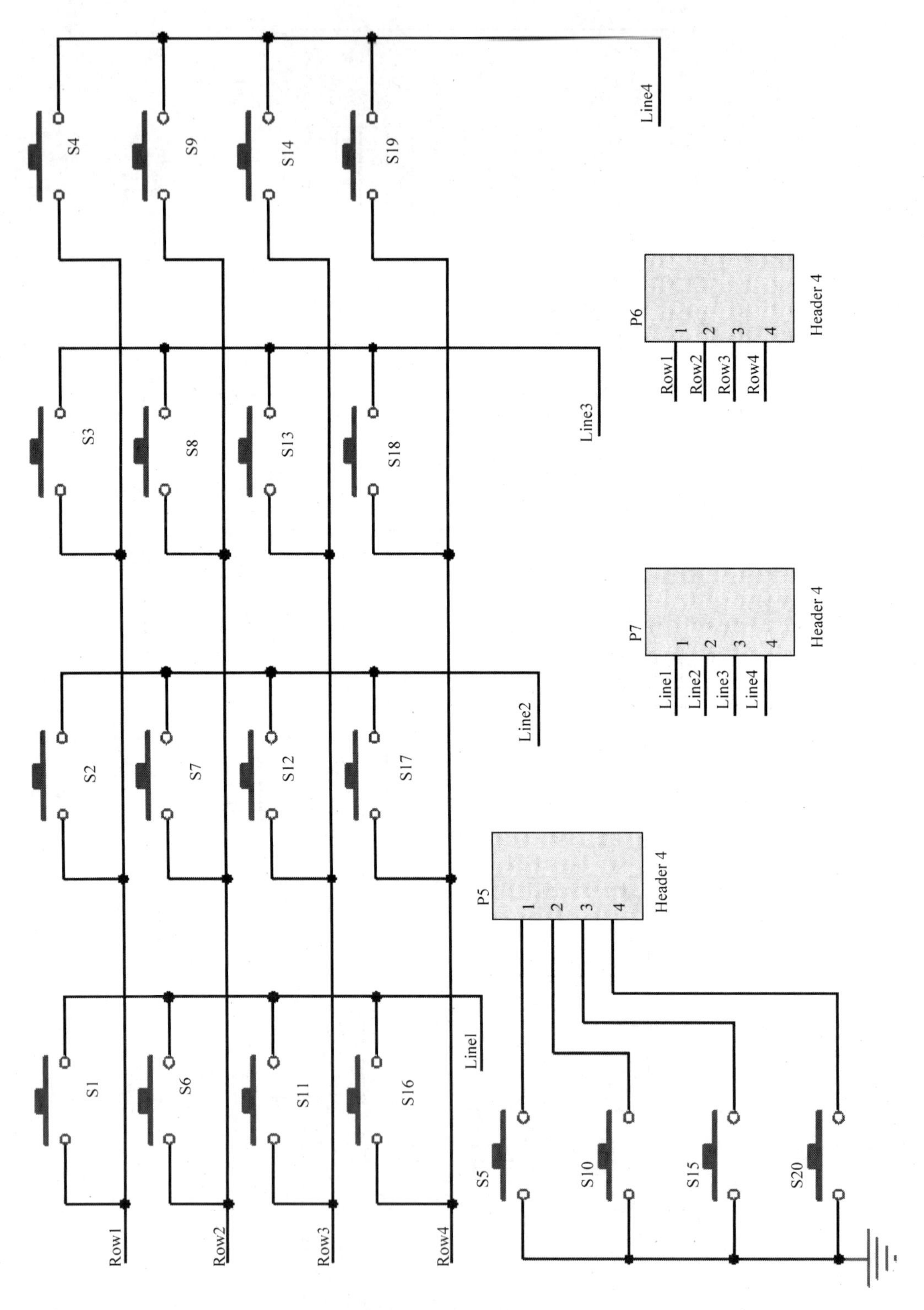

(c) 矩阵键盘和独立键盘

图 3.9　红外通信系统发射电路图

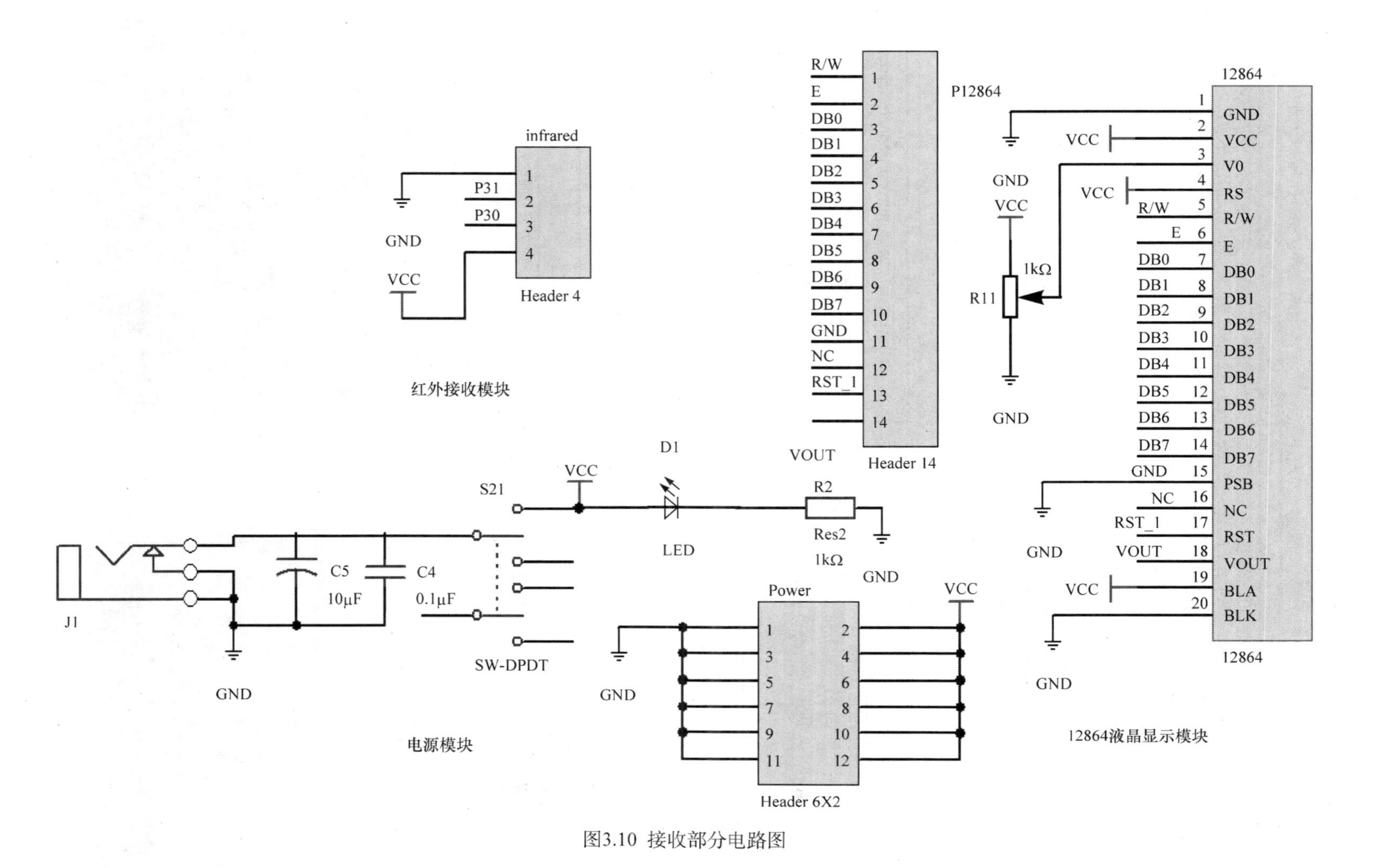

图3.10 接收部分电路图

元器件清单如表 3.3 所示。

表 3.3　元器件清单

序号	元器件名称	参数	数量
1	AT89S52		2
2	红外发射模块		1
3	红外接收模块		1
4	晶振	11.0592MHz	2
5	DS18B20		1
6	LCD12864		2
7	轻触按键		22
8	自锁开关		2
9	拨码开关		2
10	排阻	10kΩ	2
11	电阻	10kΩ	2
12	电阻	4.7kΩ	2
13	电阻	1kΩ	2
14	电位器	1kΩ	2
15	电容	30pF	4
16	电解电容	10μF	4
17	发光二极管		2
18	排针		若干
19	排母		若干

实物图如图 3.11 所示。

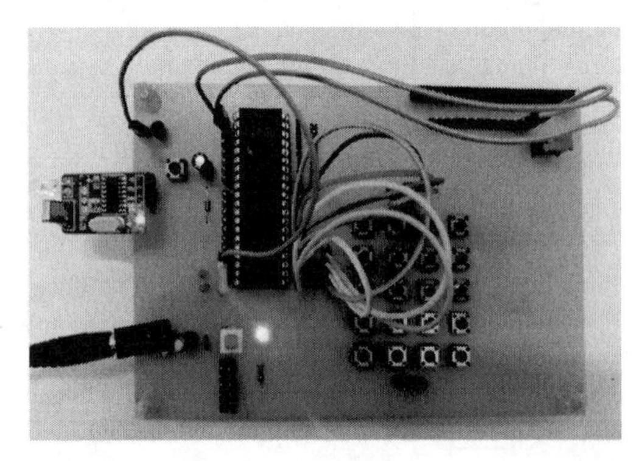

(a) 发射机实物图

(b) 接收机等待按键选择显示温度或字符

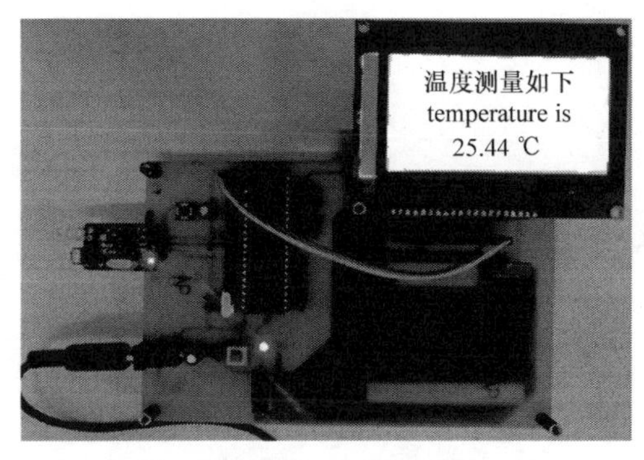

(c) 接收机接收及显示温度

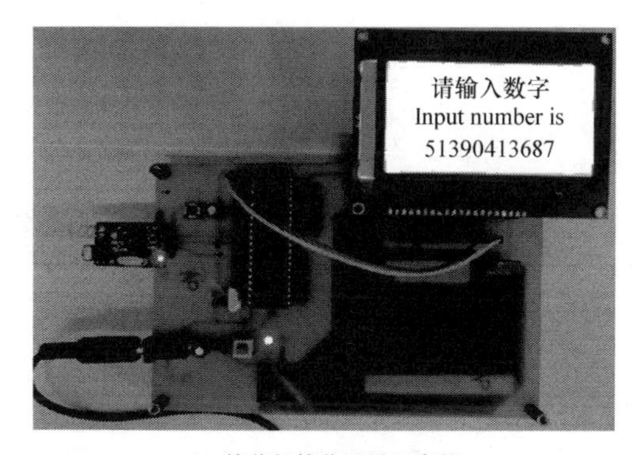

(d) 接收机接收及显示字符

图 3.11　实物图

3.6　源　程　序

源程序请参照本书封底“提示”进行下载。

第 4 章　基于单片机的点阵显示汉字系统设计

4.1　设 计 目 标

采用 16×16 点阵显示一个汉字，能动态滚动显示“南华大学”4 个汉字。显示汉字无闪烁现象，实现高亮度屏幕显示。

4.2　设 计 内 容

显示 1 个简体汉字，至少需要 16×16 点阵。为了在较远处获得清晰的视觉效果，选择直径为 5mm 的红色 LED 像素点，将 4 个 8×8 点阵拼接成 16×16 点阵的 LED 阵列。采用 4 线-16 线译码器 74LS154 控制点阵的行方向，列方向通过 2 片串行输入、8 位并行输出的 74LS595 级联进行控制。每个 16×16 点阵的汉字能获得 12cm×12cm 显示尺寸，在 50m 处仍能清晰可见。屏幕实现字符滚屏移动，可采用硬件实现。这种实现方案增加了额外的硬件成本及设计难度。本设计采用软件方法，采用常见的左滚屏显示方式。采用软件方法获得滚屏效果，实现成本低廉，可维护性增强，升级换代十分方便。汉字的字模采用字模提取软件提取。对于 1 个 16×16 点阵的汉字字模数据，需要 32B 的 E^2PROM 存储空间。显示 4 个汉字，需要 128B 存储空间。STC89C52 是 STC 公司生产的一种低功耗、高性能的 8 位 CMOS 微控制器，具有 512B RAM、8KB 可编程 Flash 存储器和 4KB E^2PROM 存储空间。STC89C52 的工作频率范围为 0～40MHz，相当于普通 8051 的 0～80MHz，实际工作频率可达 48MHz。STC89C52 是高速 8 位单片机处理芯片，处理速度能达到 1MIPS/MHz。STC89C52 单片机完全可满足本设计中数据处理、存储汉字字模数据和其他程序数据的需要。

8×8 点阵屏内部结构图 4.1 所示。8×8 点阵分行线共阴极和行线共阳极两种，本设计选用行线共阳极 8×8 点阵。图 4.1 中水平方向的线称为行线，垂直方向的线称为列线。8×8 点阵屏由 64 个发光二极管组成，每个发光二极管放置在行线和列线的交叉点上。行号和列号旁边的数字为引脚序号。对于图 4.1(b)中行线共阳极点阵，当某一行置高电平(输入 1)，某一列置低电平(输入 0)时，对应的二极管点亮。要显示的图形或字符的每一个像素对应一位 LED。若要将第 1 个像素点点亮，则 9 脚接高电平，13 脚接低电平。若要将第 1 行点亮，则 9 脚接高电平，13 脚、3 脚、4 脚、10 脚、6 脚、11 脚、15 脚和 16 脚接低电平。若将第 1 列点亮，则 13 脚接低电平，9 脚、14 脚、8 脚、12 脚、1 脚、7 脚、2 脚和 5 脚接高电平。8×8 点阵屏采用动态扫描驱动方式工作。由于 LED 管芯大多为高亮度型，因此某行或某列的单体 LED 驱动电流可选用窄脉冲，其平均电流应限制在 20mA 内，多数点阵显示器的单体 LED 的正向压降约在 2V，大亮点 Φ10 的点阵显示器单体 LED 的正向压降约为 6V。

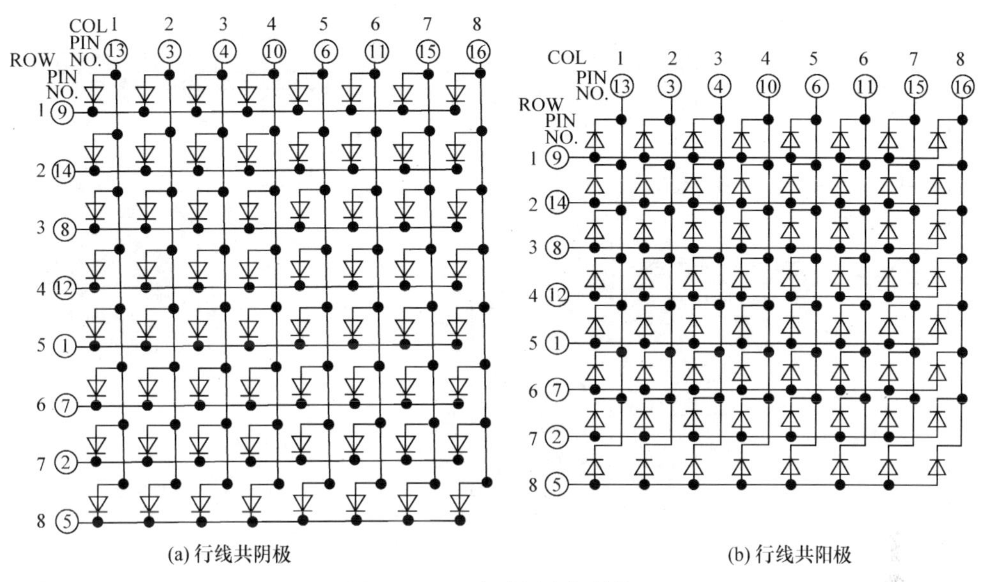

(a) 行线共阴极　　(b) 行线共阳极

图 4.1　8×8 点阵屏内部结构

4.3　Proteus 仿真

点阵显示汉字系统 Proteus 仿真原理图如图 4.2 所示，由图 4.2(a)、图 4.2(b)和图 4.2(c)组成。

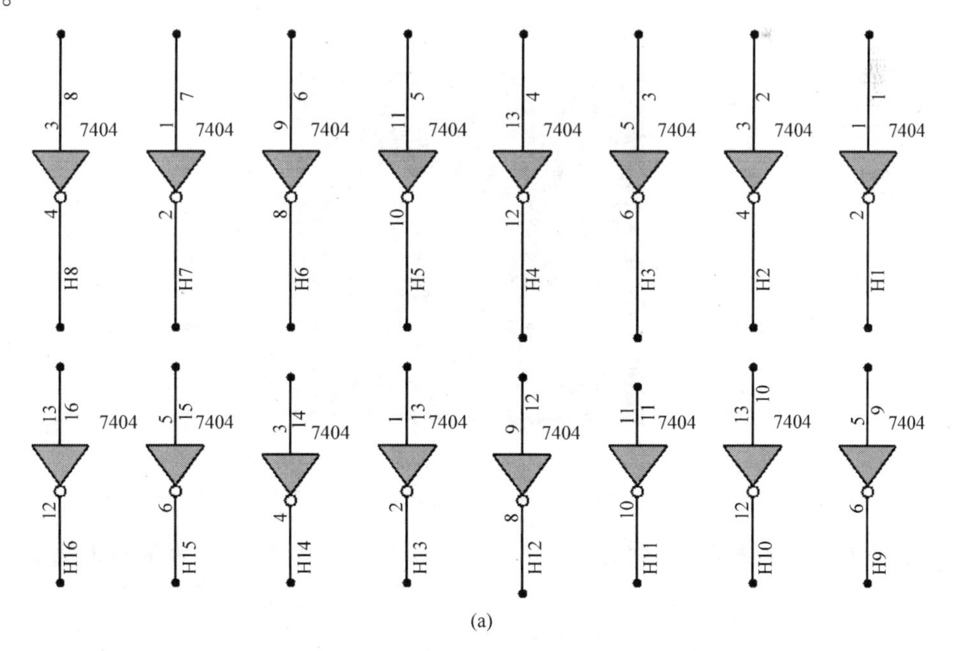

(a)

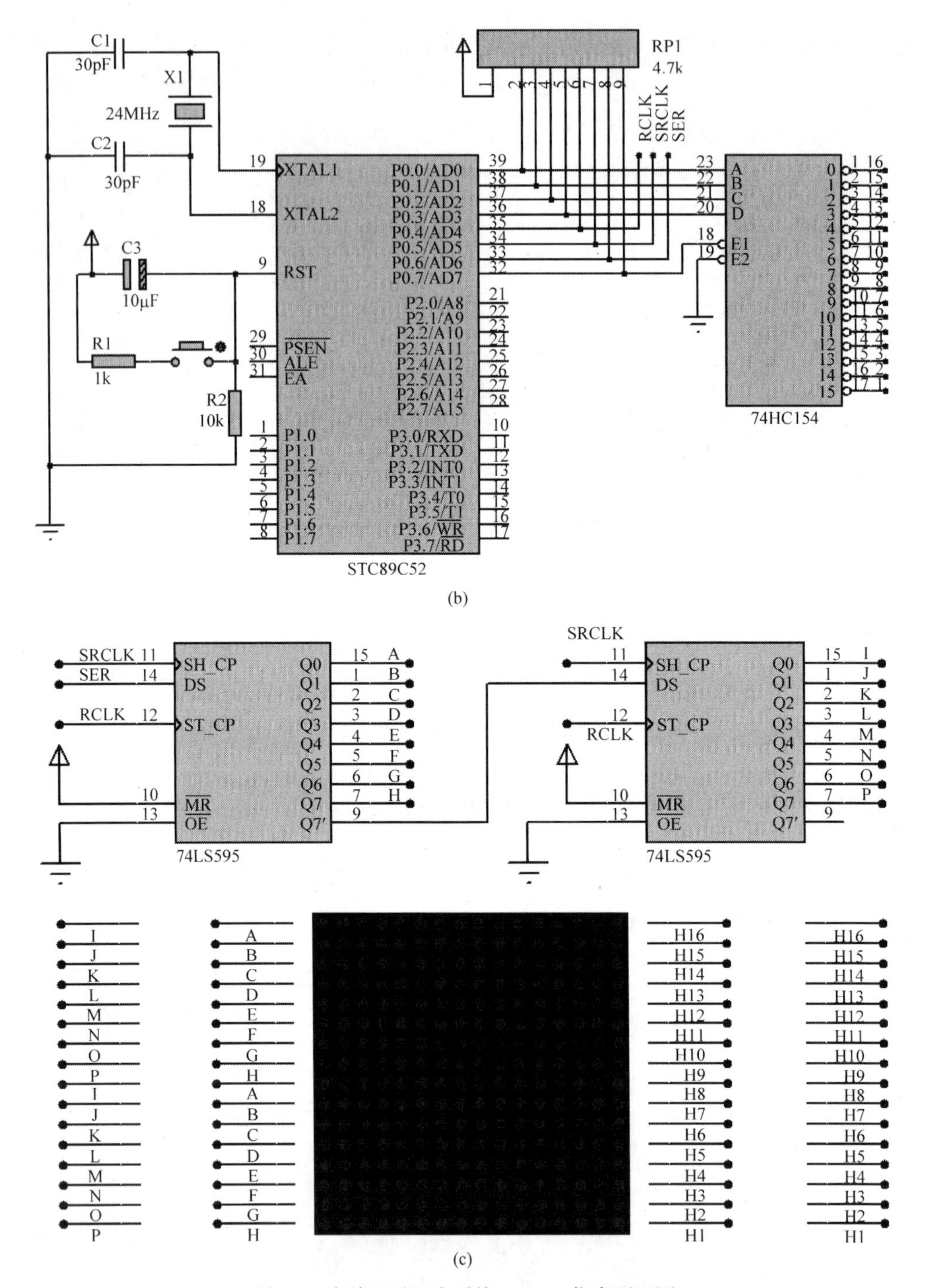

图 4.2　点阵显示汉字系统 Proteus 仿真原理图

图 4.2(c)中，16×16 点阵的 LED 阵列由 4 个 8×8 点阵拼接而成，8×8 点阵选用行线共阳极模块，H1～H16 表示行线，A～P 表示列线。图 4.2(b)中 P0 口输出行选信号和显示汉字相应的扫描代码，需要外接上拉电阻，选用阻值为 4.7kΩ 的 RESPACK-8 排阻。行选信号经 4 线-16 线译码器 74LS154 译码产生低电平信号，低电平经图 4.2(a)中非门作用后转变

为高电平，才能选通共阳极 16×16 点阵模块相应的行。图 4.2(c)中 74LS595 是三态 8 位输出锁存移位寄存器，具有 1 个 8 位移位寄存器和 1 个存储寄存器。$\overline{OE}$ 为三态输出控制端，高电平时禁止输出(高阻态)，实际应用时通常接低电平(GND)。$\overline{MR}$ 为重置(RESET)端，低电平时将移位寄存器中的数据清零，通常直接接高电平(Vcc)。DS 为串行数据输入端，Q0～Q7 为 8 位并行数据输出端。Q7′为级联输出端，与下一片 74LS595 的 DS 端相连，实现多块芯片级联。两片 74LS595 进行级联后，通过 16 根列线 A～P 提供显示汉字相应的 16 位(2 字节)扫描代码信号。列线为低电平时，对应的发光二极管点亮。SH_CP 为移位寄存器的时钟输入端，上升沿时移位寄存器中的数据依次移动一位，即将 Q0 中的数据移到 Q1 中，将 Q1 中的数据移到 Q2 中，依次类推；下降沿时移位寄存器中的数据保持不变。ST_CP 为存储寄存器的时钟输入端。上升沿时移位寄存器中的数据进入存储寄存器，下降沿时存储寄存器中的数据保持不变。实用中通常将 ST_CP 置为低电平，移位结束后在 ST_CP 端产生一个正脉冲，以更新显示数据。

4.4 源 程 序

```
#define uchar unsigned char
#define uint unsigned int
#define zishu 4       //汉字数，一个汉字相当于两个字符，如果是单个字符，需要加 0.5
#include <reg51.h>
#include <intrins.h>
sbit A_=P0^0;         //74HC154 的 A
sbit B_=P0^1;         //74HC154 的 B
sbit C_=P0^2;         //74HC154 的 C
sbit D_=P0^3;         //74HC154 的 D
sbit G2=P0^7;         //74HC154 的使能端，低电平有效
sbit SI=P0^6;         //数据脚端口
sbit SCK=P0^5;        //上升沿移位寄存器的数据移位，QA-->QB-->QC-->...-->QH，下降沿移
                        位寄存器数据不变
sbit RCK=P0^4;        //上升沿移位寄存器的数据进入存储寄存器，下降沿存储寄存器数据不变。通
                        常将 RCK 置低电平，移位结束后在 RCK 端产生一个正脉冲(大于几十纳秒的
                        5V 电平信号，通常选微秒级就可以了)，更新显示数据
void Init595();
void Write_byte595(uchar temp);
void WriteS(uchar data1,uchar data2);
void Wei_154(uchar W);
void delay(uint z);
/************************************取字模**********************************/
uchar code HanZi[]=
{
0xFF,0xFF,0xFF,0xFF,0xFF,0xFF,0xFF,0xFF,0xFF,0xFF,0xFF,0xFF,0xFF,0xFF,0xFF,
0xFF,/*" "*/
0xFF,0xFF,0xFF,0xFF,0xFF,0xFF,0xFF,0xFF,0xFF,0xFF,0xFF,0xFF,0xFF,0xFF,0xFF,
0xFF,/*" "*/
```

```
0xDF,0xFF,0xD8,0x00,0xDB,0xFF,0xDB,0xEF,0xD9,0x6F,0xDA,0x6F,0xDB,0x6F,0x03,
0x01,0xDB,0x6F,0xDA,0x6F,0xD9,0x6F,0xDB,0xED,0xDB,0xFE,0xD8,0x01,0xDF,0xFF,
0xFF,0xFF, /*"南"*/

0xFB,0xDF,0xF7,0xDF,0xEF,0xDF,0xC0,0x5F,0x3F,0xDF,0xFB,0xDF,0xFB,0xDF,0xF7,
0x00,0x01,0xDF,0xEE,0xDF,0xEE,0xDF,0xDE,0xDF,0xBE,0xDF,0xF8,0xDF,0xFF,0xDF,
0xFF,0xFF, /*"华"*/

0xFB,0xFE,0xFB,0xFE,0xFB,0xFD,0xFB,0xFB,0xFB,0xF7,0xFB,0xCF,0xFB,0x3F,0x00,
0xFF,0xFB,0x3F,0xFB,0xCF,0xFB,0xF7,0xFB,0xFB,0xFB,0xFD,0xFB,0xFE,0xFB,0xFE,
0xFF,0xFF, /*"大"*/

0xFD,0xDF,0xF3,0xDF,0x77,0xDF,0x96,0xDF,0xF6,0xDF,0xF6,0xDD,0x76,0xDE,0x96,
0x81,0xF6,0x9F,0xF6,0x5F,0xE6,0xDF,0xD7,0xDF,0x37,0xDF,0xF5,0xDF,0xF3,0xDF,
0xFF,0xFF,  /*"学"*/

0xFF,0xFF,0xFF,0xFF,0xFF,0xFF,0xFF,0xFF,0xFF,0xFF,0xFF,0xFF,0xFF,0xFF,0xFF,
0xFF,/*" "*/
0xFF,0xFF,0xFF,0xFF,0xFF,0xFF,0xFF,0xFF,0xFF,0xFF,0xFF,0xFF,0xFF,0xFF,0xFF,
0xFF,/*" "*/
};
void main()
{
    uchar i=1,j=0;
    uint X=0;
    Init595();
/********************************循环显示********************************/
    while(1)
    {
        for(j=0;j<10;j++)                    //可将 j<10 改为 j<5，达到加速效果
        {
            for(i=1;i<17;i++)                //for 循环分别选中 16 行
            {
                WriteS(0xff,0xff);           //消影
                Wei_154(i);                  //选中行
                WriteS(HanZi[i*2-2+2*X],HanZi[i*2-1+2*X]);  //显示内容
                Wei_154(i);                  //选中行
                delay(7);                    //延时
                G2=0;                        //打开行选使能
            }
        }
        X++;                                 //显示左移
        if(X==8*((zishu+1)*2))               //左移到最后一个字时,8n 中的 n 的取值为:
                                               字符数+2(1 个汉字相当于 2 个字符,字母、
                                               数字为 1 个字符)
```

```
        X=0;                            //重新开始
    }
}
void Init595()                          //初始化 74LS595
{
    SI=1;
    SCK=0;
    RCK=0;
}
void Write_byte595(uchar temp)          //写数据到 74LS595
{
    uchar i,data_=temp;
    G2=1;                               //关闭行选使能
    for(i=0;i<8;i++)                    //传输 8 位数据
    {
        if(data_&0x01==0x01)            //判断低位是否为 1
        {
             SI=1;                      //数据脚写入 1
        }
        else                            //判断低位是否为 0
        {
             SI=0;                      //数据脚写入 0
        }
        SCK=0;
        SCK=1;                          //产生上升沿
        SCK=0;
        data_>>=1;                      //将要写入的数据右移 1 位
    }
    RCK=0;                              //显示数据
    RCK=1;
    RCK=0;
}
void WriteS(uchar data1,uchar data2)         //74LS595 写入 1 行字节
{
    Write_byte595(data2);               //写入高 8 位数据
    Write_byte595(data1);               //写入低 8 位数据，一行 16 个数据
}
void Wei_154(uchar W)                   //74HC154 行选驱动
{
    G2=0;                               //使能
    switch(W)                           //根据 W 取值选中不同的行线
    {
        case 16:                        //选中第 16 行，DCBA=1111
        {
            A_=1;
            B_=1;
```

```
        C_=1;
        D_=1;
        break;
    }
    case 15:                        //选中第 15 行, DCBA=1110
    {
        A_=0;
        B_=1;
        C_=1;
        D_=1;
        break;
    }
    case 14:                        //选中第 14 行, DCBA=1101
    {
        A_=1;
        B_=0;
        C_=1;
        D_=1;
        break;
    }
    case 13:                        //选中第 13 行, DCBA=1100
    {
        A_=0;
        B_=0;
        C_=1;
        D_=1;
        break;
    }
    case 12:                        //选中第 12 行, DCBA=1011
    {
        A_=1;
        B_=1;
        C_=0;
        D_=1;
        break;
    }
    case 11:                        //选中第 11 行, DCBA=1010
    {
        A_=0;
        B_=1;
        C_=0;
        D_=1;
        break;
    }
    case 10:                        //选中第 10 行, DCBA=1001
    {
```

```
        A_=1;
        B_=0;
        C_=0;
        D_=1;
        break;
    }
    case 9:                          //选中第 9 行，DCBA=1000
    {
        A_=0;
        B_=0;
        C_=0;
        D_=1;
        break;
    }
    case 8:                          //选中第 8 行，DCBA=0111
    {
        A_=1;
        B_=1;
        C_=1;
        D_=0;
        break;
    }
    case 7:                          //选中第 7 行，DCBA=0110
    {
        A_=0;
        B_=1;
        C_=1;
        D_=0;
        break;
    }
    case 6:                          //选中第 6 行，DCBA=0101
    {
        A_=1;
        B_=0;
        C_=1;
        D_=0;
        break;
    }
    case 5:                          //选中第 5 行，DCBA=0100
    {
        A_=0;
        B_=0;
        C_=1;
        D_=0;
        break;
    }
```

```
            case 4:                          //选中第 4 行, DCBA=0011
            {
                A_=1;
                B_=1;
                C_=0;
                D_=0;
                break;
            }
            case 3:                          //选中第 3 行, DCBA=0010
            {
                A_=0;
                B_=1;
                C_=0;
                D_=0;
                break;
            }
            case 2:                          //选中第 2 行, DCBA=0001
            {
                A_=1;
                B_=0;
                C_=0;
                D_=0;
                break;
            }
            case 1:                          //选中第 1 行, DCBA=0000
            {
                A_=0;
                B_=0;
                C_=0;
                D_=0;
                break;
            }
        }
}
void delay(uint z)                       //延时函数
{
    uint x,y;
    for(x=z;x>0;x--)
        for(y=7;y>0;y--);
}
```

第 5 章　基于单片机的篮球比赛计分器设计

5.1　设 计 目 标

篮球比赛计分器的主要实现功能是：比赛开始前能修改比赛时间，比赛中途能暂停比赛。比赛中能全程记录甲、乙两队的比分。一节比赛结束后，两队交换比赛场地，计分器能交换甲、乙两队比分的位置，继续记分。比赛结束后，能蜂鸣报警。

5.2　设 计 内 容

篮球比赛计分器框图如图 5.1 所示。系统由单片机控制模块、计时模块、计分模块、显示模块、控制按键、电源、晶振电路和复位电路组成。计时模块包括分钟和秒钟，分钟和秒钟都采用两位数码管显示。计分模块能对比赛两队进行记分，每队的得分采用三位数码管显示。篮球比赛计分器设计了 6 个控制按键，具体为开始/暂停记分键 run/stop、甲队比分加 1 键 add1、甲队比分减 1 键 dec1、乙队比分加 1 键 add2、乙队比分减 1 键 dec2、交换双方比分键 exchange。对于开始/暂停键 run/stop，比赛开始时按下该键开始计时；比赛暂停时，按下该键暂停计时。系统默认一节比赛时间为 12min。比赛开始前，可通过 add1 键、dec1 键、add2 键和 dec2 键调节比赛时间，add1 键和 dec1 键用来调节比赛时间的分钟，add2 键和 dec2 键用来调节比赛时间的秒钟。exchange 键为交换双方比分键，要一节比赛结束后方可生效。一节比赛结束后，双方交换场地，可通过 exchange 键交换双方比分。下一节比赛开始后，继续记分。如果一节比赛结束后，不按 exchange 键，则表示整个比赛结束，蜂鸣器报警提示。

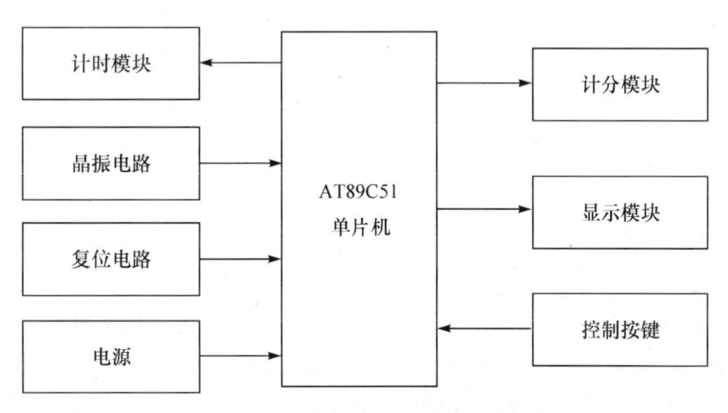

图 5.1　篮球比赛计分器框图

5.3 软 件 设 计

篮球比赛计分器的程序流程图如图 5.2 所示。

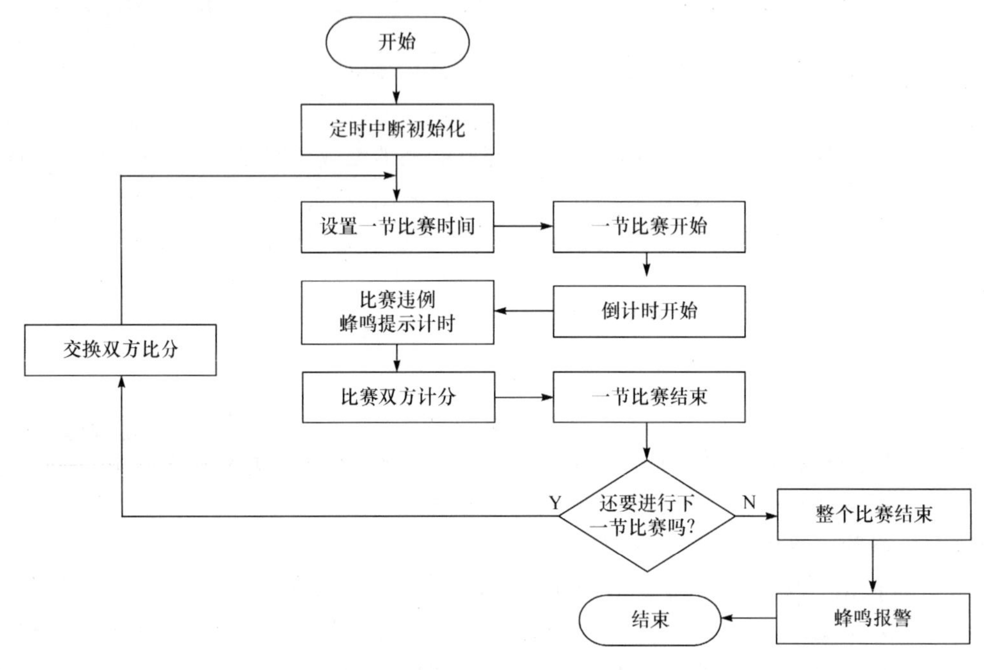

图 5.2 篮球比赛计分器的程序流程图

单片机系统的中断是指单片机由于某突发事件的发生暂停主函数的执行，转而去处理中断服务程序。当中断服务程序执行完毕后，自动返回到主函数的中断断点处，继续执行主函数暂停的工作。AT89C 51 单片机有 5 个中断源、2 个中断优先级。一个完整的中断可分为四个阶段：中断请求、中断响应、中断处理和中断返回。单片机的 CPU 在每个机器的固定时间内对所有中断源按序查询。若查到已申请的中断请求，则按照优先级别高低、同级别内的中断优先级进行排序。在下一个机器周期，只要不受阻断，CPU 将响应其中最高优先级的中断请求。中断响应的条件是：①中断源发出中断请求；②中断总允许控制位 EA=1，CPU 允许中断；③中断源的中断允许控制位为 1，该中断没有被屏蔽。中断受阻的条件是：①同级或高优先级的中断正在进行中。②现运行的机器周期非正在执行指令的最后一个机器周期。正在执行的指令完成前，任何中断请求均不被响应。③正在执行访问中断允许控制寄存器 IE 或中断优先级控制 IP 指令。在执行 IE 或 IP 指令之后，不会马上响应中断请求，至少执行完其他一条指令后才会响应。中断响应的条件是：①置位相应的中断级状态触发器，指示开始处理中断的优先级别，以阻断同级和低级的中断，并清除中断源标志位状态。例如，给外部中断 0 中断标志位 IE0 清零。②C51 编译器支持 C 语言源程序中直接以函数形式编写的中断函数，CPU 自动调用并执行中断函数。中断函数是以 interrupt 为标识符编写的。

本系统软件部分采用了外部中断 0 中断、定时器/计数器 T0 溢出中断和定时器/计数器 T1 溢出中断。外部中断 0 中断的中断优先级别设置为高优先级，采用脉冲下降沿方式触发。定时器/计数器 T0 溢出中断和定时器/计数器 T1 溢出中断的中断优先级别设置为低优先级。外部中断 0 中断用于开始或暂停比赛计时，定时器/计数器 T0 溢出中断用于比赛倒计时，定时器/计数器 T1 溢出中断用于比赛违例蜂鸣提示计时。定时器的初值的计算表达式为 $2^N-(t\times f_{osc})/12$，N 是计数器的位数，t 是定时时间，f_{osc} 是晶振频率。本系统的晶振频率是 12MHz，定时器/计数器 T0 溢出中断和定时器/计数器 T1 溢出中断都采用工作模式 1 定时，定时时间都设为 50ms。定时器/计数器 T0 溢出中断和定时器/计数器 T1 溢出中断定时初值的高字节 TH0 = TH1 = (65536–50000)/256 = 0x3c，低字节 TL0 = TL1 = (65536–50000)%256 = 0xb0。

5.4 Proteus 仿真

七段 LED 显示器由 8 个发光二极管组成，引脚如图 5.3(a)所示，A、B、C、D、E、F、G 和 DP 称为 LED 显示器的段。公共端 com 称为 LED 显示器的位，多位七段 LED 显示器通过位选端使不同的七段 LED 显示器分时进行显示。根据公共端 com 的连接情况可分为共阴极和共阳极两种类型，如图 5.3(b)、图 5.3(c)所示。共阳极 LED 显示器发光二极管的公共端 com 接高电平，当某发光二极管的阴极为低电平时，相应的发光二极管点亮；共阴极 LED 显示器发光二极管点亮方式则相反。DP 段用来显示小数点，a～g 段用来显示数字或字符。段码由数据线提供，8 位数据 D7、D6、D5、D4、D3、D2、D1、D0 与七段 LED 显示器 DP 段、G 段、F 段、E 段、D 段、C 段、B 段、A 段一一对应。对于共阳极 LED 显示器，若要显示数字 0，8 位数据线输送的数据是 11000000B(C0H)，C0H 为数字 0 的显示代码。LED 显示分静态显示和动态显示两种方式。对于静态显示方式，每个七段 LED 显示器的段选线和位选线都不相同，这种显示方式需要大量的硬件资源。动态显示方式是一位一位轮流点亮各个七段 LED 显示器，每个 LED 显示器间隔一定的时间点亮一次。动态显示方式共用段选线，只有位选线不同，通过位选线选择要显示的七段 LED 显示器。段选线按次序分别送要显示数字或字符的段码。位选线按次序分别给选择的 LED 显示器送位码，共阴极送低电平，共阳极送高电平。选择的七段 LED 显示器就显示相应的数字或字符。

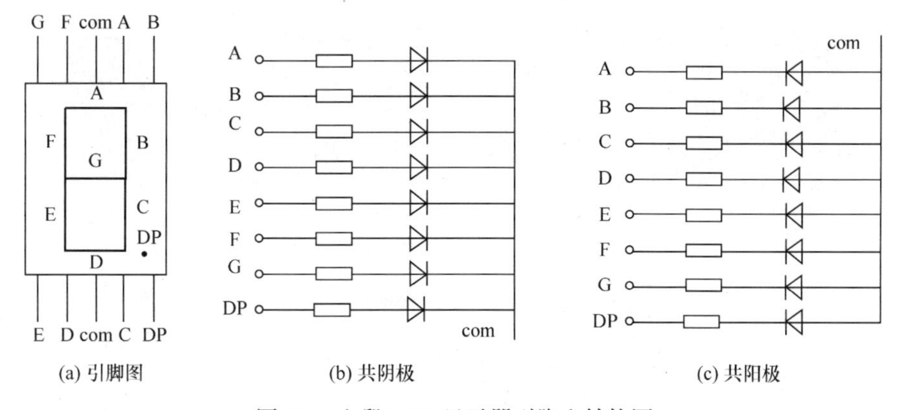

图 5.3 七段 LED 显示器引脚和结构图

各个七段 LED 显示器的显示按照动态循环变化，实际上每一瞬间只有一个 LED 显示器显示，其他 LED 显示器不显示。因为高速的动态循环显示过程、人的视觉暂留效应和显示器的余辉作用，人眼不能察觉这种动态变化，只能观察到不同的 LED 显示器似乎同时连续显示不同的数字或字符。

篮球比赛计分器 Proteus 仿真原理图如图 5.4 所示，由图 5.4(a)和图 5.4(b)组成。仿真时，选用 4 位共阳极 LED 显示器，4 个位选端与 4 个 LED 显示器按照从左到右的次序一一

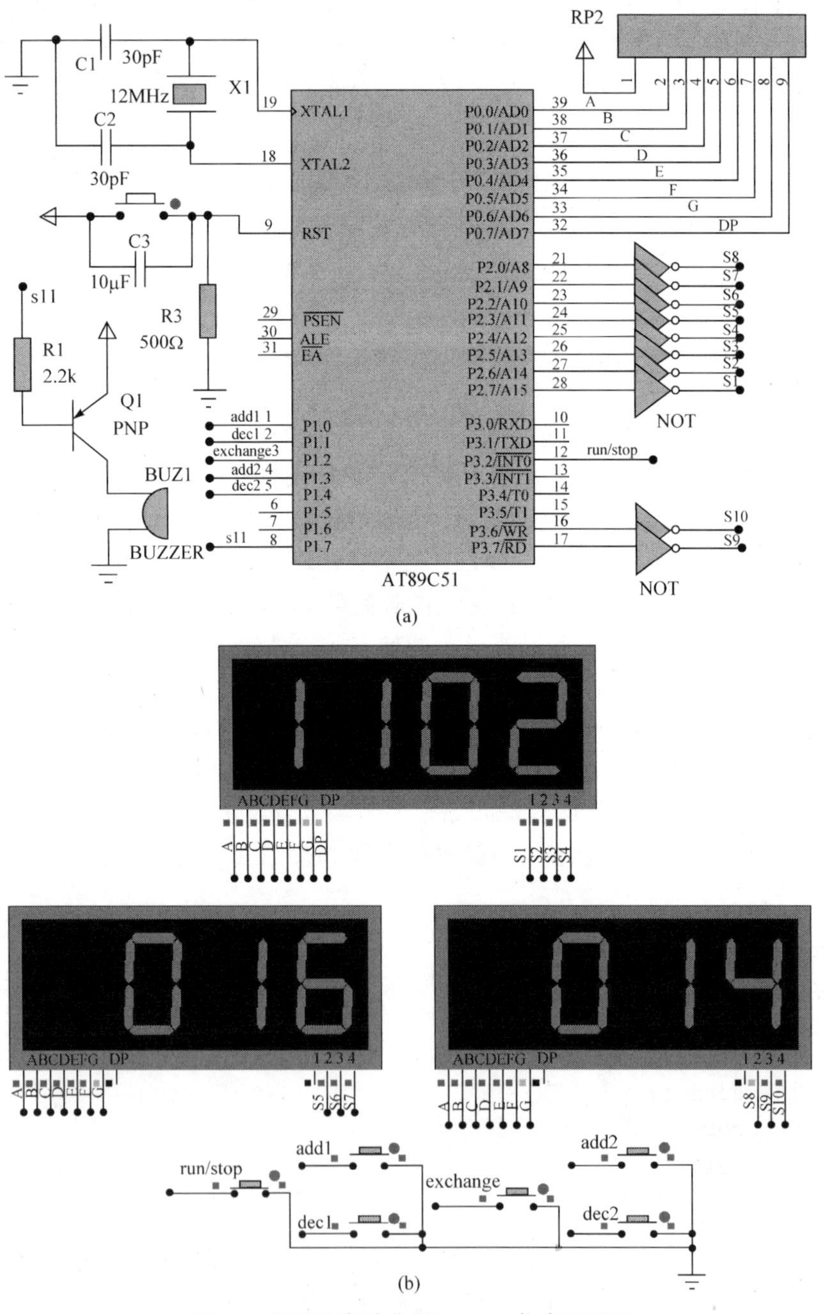

图 5.4　篮球比赛计分器 Proteus 仿真原理图

对应。P0 口提供 8 位 dp～a 段码。P2 口、引脚 P3.6 和引脚 P3.7 提供位选信号，每个引脚经过一个非门与 4 位共阳极 LED 显示器的相应位选端相连；当某引脚的电平是低电平时，经非门作用后变成高电平，相应的共阳极 LED 显示器点亮。若要熄灭 LED 显示器，则将相应的位选控制引脚置高电平。蜂鸣器由 PNP 管 Q1 进行驱动，Q1 管的发射极接高电平，基极经电阻 R1 接单片机引脚 P1.7。当引脚 P1.7 的电平是高电平时，Q1 管截止，蜂鸣器不工作。当引脚 P1.7 的电平是低电平时，Q1 管导通，蜂鸣器报警提示。

5.5 源 程 序

```
#include<reg51.h>
#define LEDData P0
unsigned char code LEDCode[]={0xc0,0xf9,0xa4,0xb0,0x99,0x92,0x82,0xf8,0x80,
0x90};
unsigned char minit,second,count=0,count1=0;   //分钟、秒钟、计数器
sbit add1=P1^0;              //比赛时，甲队比分加 1 键；未开始比赛时，时间分钟加 1 设置键
sbit dec1=P1^1;              //比赛时，甲队比分减 1 键；未开始比赛时，时间分钟减 1 设置键
sbit exchange=P1^2;          //一节比赛结束后双方交换场地，交换双方比分
sbit add2=P1^3;              //比赛时，乙队比分加 1 键；未开始比赛时，时间秒钟加 1 设置键
sbit dec2=P1^4;              //比赛时，乙队比分减 1 键；未开始比赛时，时间秒钟减 1 设置键
sbit secondpoint=P0^7;       //分钟与秒钟之间间隔点，开始计时后闪烁
/****************************数码管点亮控制位****************************/
sbit led1=P2^7;
sbit led2=P2^6;
sbit led3=P2^5;
sbit led4=P2^4;
sbit led5=P2^3;
sbit led6=P2^2;
sbit led7=P2^1;
sbit led8=P2^0;
sbit led9=P3^7;
sbit led10=P3^6;
sbit alam=P1^7;              //报警
bit  playon=0;               //比赛进行标志位，1 表示比赛开始，开始计时
bit  timeover=0;             //比赛结束标志位，1 表示比赛结束
bit  AorB=0;                 //两队交换比分标志位
bit  halfsecond=0;           //分钟与秒钟之间间隔点标志位
unsigned int scoreA;         //甲队比分
unsigned int scoreB;         //乙队比分
void Delay5ms(void)
{
     unsigned int i;
     for(i=100;i>0;i--);
}
```

```
void display(void)
{
/*******************************显示时间分钟****************************/
     LEDData=LEDCode[minit/10];
     led1=0;
     Delay5ms();
     led1=1;
     LEDData=LEDCode[minit%10];
     led2=0;
     Delay5ms();
     led2=1;
/*************************分钟与秒钟之间间隔点闪烁************************/
     if(halfsecond==1)
          LEDData=0x7f;
     else
          LEDData=0xff;
     led2=0;
     Delay5ms();
     led2=1;
     secondpoint=0;
/******************************显示时间秒钟*****************************/
     LEDData=LEDCode[second/10];
     led3=0;
     Delay5ms();
     led3=1;
     LEDData=LEDCode[second%10];
     led4=0;
     Delay5ms();
     led4=1;

/*****************************显示甲队比分的百位****************************/
     if(AorB==0)
          LEDData=LEDCode[scoreA/100];
     else
          LEDData=LEDCode[scoreB/100];
     led5=0;
     Delay5ms();
     led5=1;
/*****************************显示甲队比分的十位****************************/
     if(AorB==0)
          LEDData=LEDCode[(scoreA%100)/10];
     else
          LEDData=LEDCode[(scoreB%100)/10];
     led6=0;
     Delay5ms();
     led6=1;
```

```
/*****************************显示甲队比分的个位*****************************/
    if(AorB==0)
        LEDData=LEDCode[scoreA%10];
    else
        LEDData=LEDCode[scoreB%10];
    led7=0;
    Delay5ms();
    led7=1;
/*****************************显示乙队比分的百位*****************************/
    if(AorB==1)
        LEDData=LEDCode[scoreA/100];
    else
        LEDData=LEDCode[scoreB/100];
    led8=0;
    Delay5ms();
    led8=1;
/*****************************显示乙队比分的十位*****************************/
    if(AorB==1)
        LEDData=LEDCode[(scoreA%100)/10];
    else
        LEDData=LEDCode[(scoreB%100)/10];
    led9=0;
    Delay5ms();
    led9=1;
/*****************************显示乙队比分的个位*****************************/
    if(AorB==1)
        LEDData=LEDCode[scoreA%10];
    else
        LEDData=LEDCode[scoreB%10];
    led10=0;
    Delay5ms();
    led10=1;
}
/******************************按键扫描函数******************************/
void keyscan(void)
{
    if(playon==0)
    {
        if(add1==0)
        {
            display();
            if(add1==0);
            {
                if(minit<99)
                    minit++;
                else
```

```
                minit=99;
        }
        do
            display();
        while(add1==0);
    }
    if(dec1==0)
    {
        display();
        if(dec1==0);
        {
            if(minit>0)
                minit--;
            else
                minit=0;
        }
        do
            display();
        while(dec1==0);
    }
    if(add2==0)
    {
        display();
        if(add2==0);
        {
            if(second<59)
                second++;
            else
                second=59;
        }
        do
            display();
        while(add2==0);
    }
    if(dec2==0)
    {
        display();
        if(dec2==0);
        {
            if(second>0)
                second--;
            else
                second=0;
        }
        do
            display();
```

```
            while(dec2==0);
        }
        if(exchange==0)
        {
            display();
            if(exchange==0);
            {
                TR1=0;                  //停止计数
                alam=1;                 //关闭报警
                AorB=~AorB;             //开启交换
                minit=12;               //一节比赛时间默认设置为 12min
                second=0;
            }
            do
                display();
            while(exchange==0);
        }
    }
    else
    {
        if(add1==0)
        {
            display();
            if(add1==0);
            {
                if(AorB==0)
                {
                    if(scoreA<999)
                        scoreA++;
                    else
                        scoreA=999;
                }
                else
                {
                    if(scoreB<999)
                        scoreB++;
                    else
                        scoreB=999;
                }
            }
        do
                display();
        while(add1==0);
    }
    if(dec1==0)
    {
```

```
        display();
        if(dec1==0);
        {
              if(AorB==0)
              {
                    if(scoreA>0)
                          scoreA--;
                    else
                          scoreA=0;
              }
              else
              {
                    if(scoreB>0)
                          scoreB--;
                    else
                          scoreB=0;
              }
        }
        do
              display();
        while(dec1==0);
  }
  if(add2==0)
  {
        display();
        if(add2==0);
        {
              if(AorB==1)
              {
                    if(scoreA<999)
                          scoreA++;
                    else
                          scoreA=999;
              }
              else
              {
                    if(scoreB<999)
                          scoreB++;
                    else
                          scoreB=999;
              }
        }
        do
              display();
        while(add2==0);
  }
```

```
    if(dec2==0)
    {
        display();
        if(dec2==0);
        {
            if(AorB==1)
            {
                if(scoreA>0)
                    scoreA--;
                else
                    scoreA=0;
            }
            else
            {
                if(scoreB>0)
                    scoreB--;
                else
                    scoreB=0;
            }
        }
        do
            display();
        while(dec2==0);
    }
  }
}
/*********************************主程序*********************************/
void main(void)
{
    TMOD=0x11;              //定时器 T0、T1 工作在模式 1
    TL0=0xb0;               //赋 50ms 定时初值
    TH0=0x3c;               //赋 50ms 定时初值
    TL1=0xb0;               //赋 50ms 定时初值
    TH1=0x3c;               //赋 50ms 定时初值
    minit=12;               //一节比赛时间默认设置为 12min
    second=0;
    EA=1;                   //CPU 开放所有中断
    ET0=1;                  //开放定时器/计数器 T0 溢出中断
    ET1=1;                  //开放定时器/计数器 T1 溢出中断
    TR0=0;                  //启动定时器/计数器 T0 工作
    TR1=0;                  //启动定时器/计数器 T1 工作
    EX0=1;                  //开放外部中断 0
    IT0=1;                  //外部中断 0 采用负跳变沿脉冲方式触发
    PX0=1;                  //外部中断 0 中断设为高优先级别
    PT0=0;                  //定时器/计数器 T0 中断设为低优先级别
    PT1=0;                  //定时器/计数器 T1 中断设为低优先级别
```

```
    P1=0xFF;
    P3=0xFF;
    alam=1;
    while(1)
    {
      keyscan();
      display();
    }
}
/****************************外部中断0函数****************************/
void PxInt0(void) interrupt 0           //开始或暂停比赛计时
{
    Delay5ms();
    EX0=0;
    alam=1;
    TR1=0;
    if(timeover==1)
    {
        timeover=0;
    }
    if(playon==0)
    {
        playon=1;                       //开始标志位
        TR0=1;                          //启动计时
    }
    else
    {
        playon=0;                       //开始标志位清零，暂停比赛
        TR0=0;                          //停止计时
    }
    EX0=1;                              //外部中断0允许
}
/**************************定时器0中断函数**************************/
void  time0_int(void) interrupt 1       //倒计时
{
    TL0=0xb0;                           //赋50ms定时初值
    TH0=0x3c;                           //赋50ms定时初值
    TR0=1;
    count++;
    if(count==10)
    {
        halfsecond=0;
    }
    if(count==20)
    {
        count=0;
```

```
        halfsecond=1;
        if(second==0)
        {
            if(minit>0)
            {
                second=59;
                minit--;
            }
            else
            {
                timeover=1;
                playon=0;
                TR0=0;
                TR1=1;
            }
        }
        else
            second--;
    }
}
/**************************定时器1中断函数*************************/
void time1_int(void) interrupt 3        //比赛违例蜂鸣提示计时
{
    TL1=0xb0;                           //赋50ms定时初值
    TH1=0x3c;                           //赋50ms定时初值
    TR1=1;
    count1++;
    if(count1==10)
    {
        alam=0;
    }
    if(count1==20)
    {
        count1=0;
        alam=1;
    }
}
```

第 6 章　基于单片机的数控直流稳压电源设计

6.1　设 计 目 标

设计的数控直流稳压电源的功能要求为：输入 220V 交流电压，输出电压连续可调；用按键调节电压，电压在 0～12V 内连续可调，电压分辨率为 0.1V；能显示设置电压和测量电压，设置电压和测量电压分别采用数码管与电压表显示。

6.2　设 计 内 容

数控直流稳压电源框图如图 6.1 所示。系统由电源模块、单片机控制模块、控制按键、显示电路和稳压输出模块组成。稳压电源通过单片机控制数模转换来实现稳压输出模块的电压输出，能步进调节和实时显示。通过按键设置预稳压电压。数模转换芯片 TLC5615 将预稳压数字电压信号转变为模拟电压信号，该信号经过放大后作为比较电路一个输入量。比较电路另一个输入量是输出电压的取样值。若稳压输出模块的输出电压与预稳压电压不相等，则比较电路通过放大的电压差信号来调节调整管的输出电流，使稳压输出电压跟随预稳压电压的变化，最终使稳压输出电压等于预稳压电压。系统工作时单片机和其他芯片所需的5V工作电压,通过220V输入交流电降压、整流和LM7805芯片稳压后得到。TLC5615 是一款常用的 10 位串行数字/模拟转换芯片，最大输出 5V，分辨率为 4.88mV。设计的数控电源调节范围是 0～12V，电压分辨率为 0.1V。将模数转换芯片 TLC5615 和两片运算放大器 LM358 搭建成实际电路，能满足设计要求。

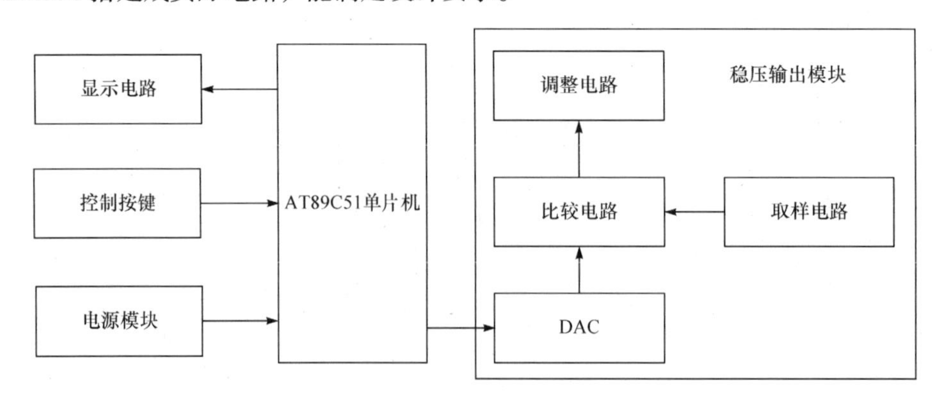

图 6.1　数控直流稳压电源框图

6.3　Proteus 仿真

数控直流稳压电源 Proteus 仿真原理图如图 6.2 所示，仿真图由图 6.2(a)和图 6.2(b)组成。经 D/A 转换后的模拟电压信号，通过靠近 TLC5615 芯片的运算放大器 LM358 进行放大，使输出的电压 U2 放大到 U2(1+20/10)。图 6.2(b)所示的稳压输出模块中，电阻 R1 和 R2 构成取样电路，对输出电压进行取样。取样电压信号输入到靠近稳压输出模块的运算放大器

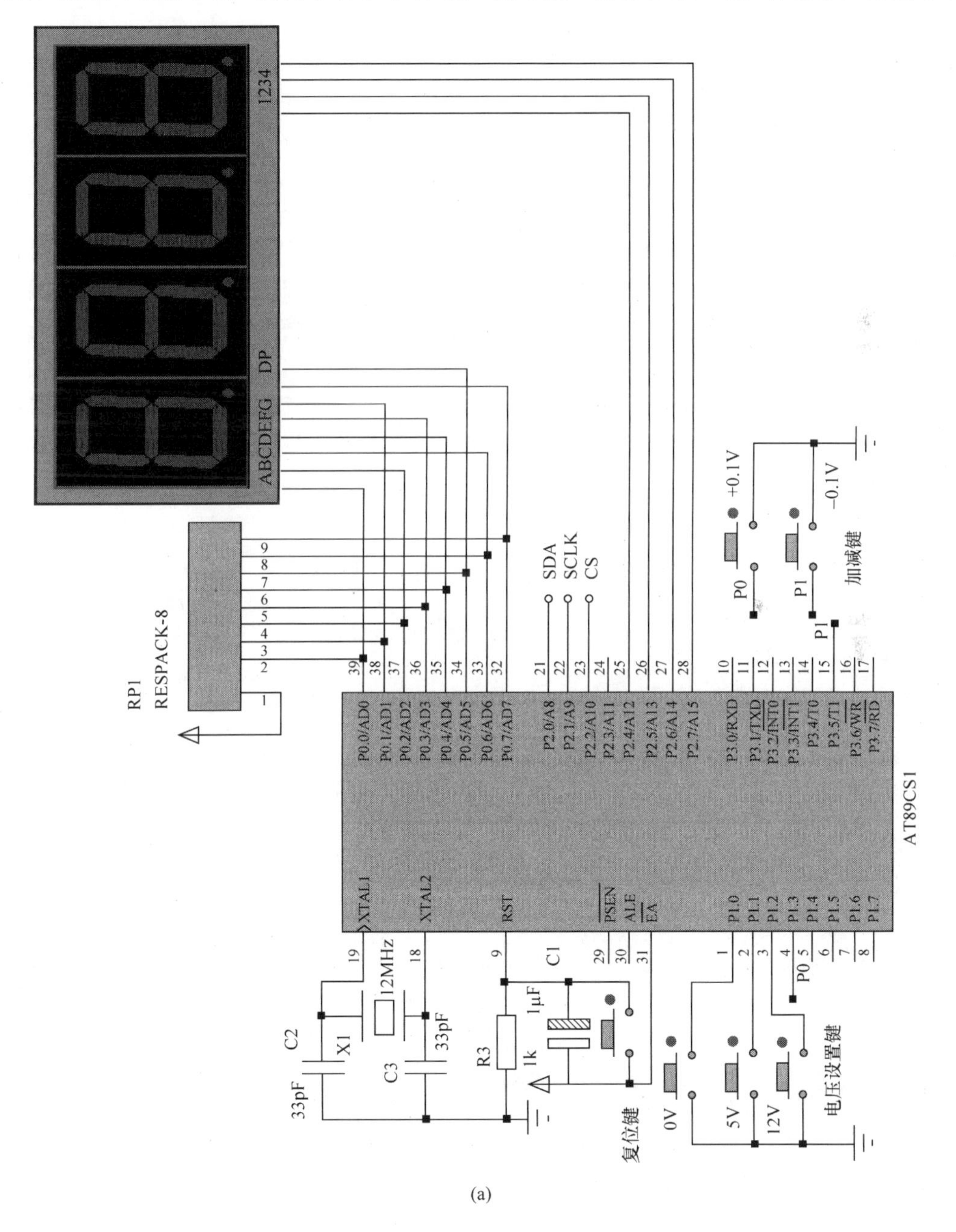

(a)

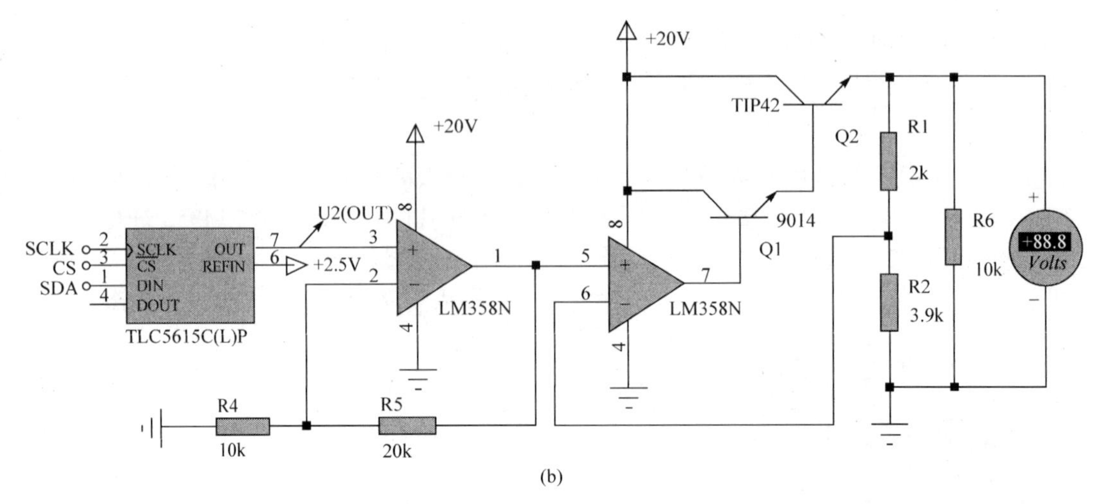

图 6.2　数控直流稳压电源 Proteus 仿真原理图

LM358 负向输入端，取样电路、运算放大器 LM358 和两只 NPN 管 Q1、Q2 构成负反馈系统。NPN 型三极管 Q1 和 Q2 构成达林顿管，用来调整稳压输出电压。达林顿管具有很高的电流放大系数，能提供较大的输出电流。达林顿管通过调整输出电流来调整稳压电路的输出电压。若稳压输出模块的输出电压与预稳压电压不相等，输出电压的取样值就会发生变化，运算放大器 LM358 正负输入端电压差就会发生变化，变化电压差信号通过运算放大器 LM358 进行放大，放大后的电压差信号用来调节调整管的输出电流，最终使稳压输出电压等于预稳压电压。

6.4　源　程　序

```
#include <reg52.h>
#include <intrins.h>
#define uchar unsigned char
#define uint unsigned int
sbit  SCLK=P2^1;                //TLC5615 时钟线端口
sbit  CS=P2^2;                  //TLC5615 片选端口
sbit  DIN=P2^0;                 //TLC5615 数据线端口
sbit  ADDKEY=P1^3;
sbit  SUBKEY=P3^5;
sbit  S0V=P1^0;
sbit  S5V=P1^1;
sbit  S12V=P1^2;
sbit COM4=P2^7;
sbit COM3=P2^6;
sbit COM2=P2^5;
sbit COM1=P2^4;
unsigned char st=0;
```

```
unsigned int SetData=50;
unsigned char bai=0,shi=0,ge=0;
code unsigned int VData[151]= //输出电压对应的D/A值
{0,5,10,15,19,24,27,32,36,41,45,
50,54,58,63,67,72,76,81,85,90,
94,99,103,108,112,117,121,125,130,135,
139,144,148,153,157,162,166,171,175,180,
185,189,193,198,202,207,211,216,220,224,
229,234,238,242,247,252,256,260,265,270,
274,278,282,287,291,296,300,305,309,314,
318,323,327,332,336,340,345,350,354,358,
363,367,372,376,381,385,389,394,398,403,
408,412,417,421,425,430,435,440,444,448,
453,457,461,466,470,475,479,483,488,492,
497,501,506,510,515,519,523,528,532,537,
541,546,550,556,560,565,569,573,577,583,
586,591,595,600,604,609,613,618,622,627,
630,635,640,644,649,652,658,662,667,671
};
code unsigned int VData1[151]= //输出电压对应的D/A值
{0,5,9,13,18,22,27,31,36,40,45,
49,54,59,63,68,72,77,81,86,90,
95,99,104,108,113,117,122,126,131,135,
140,144,149,153,158,162,167,171,176,180,
185,189,194,198,203,207,212,216,221,225,
230,234,239,243,248,252,257,261,266,271,
275,280,284,289,293,298,302,307,311,315,
320,325,329,334,338,343,347,352,356,361,
365,370,374,379,383,388,392,397,401,406,
411,415,420,424,429,433,438,442,447,451,
454,458,463,467,472,476,481,485,490,494,
499,503,508,512,517,521,526,530,535,539,
544,548,553,558,562,567,571,576,580,585,
589,594,598,603,607,612,616,621,625,630,
634,639,643,648,652,657,661,666,670,675
};
unsigned char code DSYA[]={0x5f,0x44,0x9d,0xd5,0xc6,0xd3,0xdb,0x45,0xdf,0xd7,
                          0x77,0x7c,0x39,0x5e,0x79,0x71,0x40,0x5e,0x38,0x5e,0x73};
void DAConvert(uint Data)        //DAC转换
{
  uchar i;
  Data<<=6;                      //数据左移6位，右边对齐
  SCLK=0;
  CS=0;
```

```
  for (i=0;i<12;i++)
  {
      if(Data&0x8000)
         DIN=1;
      else DIN=0;
      SCLK=1;
      Data<<=1;
      SCLK=0;
  }
  CS=1;
}
void delayms(uint ms)            //延时 1ms 函数
{
      uchar i;
      while(ms--)
      {
            for(i=0;i<120;i++);
      }
}
void Timer0() interrupt 1        //定时器 0 中断函数
{
      TH0 =(65535-500)/256;
      TL0 =(65535-500)%256;
      switch(st)
      {
        case 0:st=1;COM1=1;COM2=1;COM3=1;COM4=1;P0=DSYA[bai];COM1=0;break;
        case 1:st=2;COM1=1;COM2=1;COM3=1;COM4=1;P0=DSYA[shi]|0x20;COM2=0;break;
        case 2:st=3;COM1=1;COM2=1;COM3=1;COM4=1;P0=DSYA[ge];COM3=0;break;
        case 3:st=0;COM1=1;COM2=1;COM3=1;COM4=1;P0=DSYA[17];COM4=0;break;
      }
}
void main(void)
{
      unsigned int temp=0;
      P0=0Xff;P2=0x0f;
      delayms(100);
      TMOD =0x01;
      TH0 =(65535-1000)/256;
      TL0 =(65535-1000)%256;
      EA=1;
      ET0=1;
      TR0=1;
      DAConvert(VData[50]);
      SetData=50;
```

```
bai=SetData/100;
shi=SetData%100/10;
ge=SetData%10;
while(1)
{
     if(ADDKEY==0)
     {
          delayms(20);
          if(ADDKEY==0)
          {
               if(SetData<150) SetData++;
               DAConvert(VData[SetData]);
               bai=SetData/100;
               shi=SetData%100/10;
               ge=SetData%10;
          }
          while(ADDKEY==0);
     }
     if(SUBKEY==0)
     {
          delayms(20);
          if(SUBKEY==0)
          {
               if(SetData>0) SetData--;
               DAConvert(VData[SetData]);
               bai=SetData/100;
               shi=SetData%100/10;
               ge=SetData%10;
          }
          while(SUBKEY==0);
     }

     if(S0V==0)
     {
          delayms(20);
          if(S0V==0)
          {
               SetData=0;
               DAConvert(VData[SetData]);
               bai=SetData/100;
               shi=SetData%100/10;
               ge=SetData%10;
          }
          while(S0V==0);
```

```
        }
        if(S5V==0)
        {
            delayms(20);
            if(S5V==0)
            {
                SetData=50;
                DAConvert(VData[SetData]);
                bai=SetData/100;
                shi=SetData%100/10;
                ge=SetData%10;
            }
            while(S5V==0);
        }

        if(S12V==0)
        {
            delayms(20);
            if(S12V==0)
            {
                SetData=120;
                DAConvert(VData[SetData]);
                bai=SetData/100;
                shi=SetData%100/10;
                ge=SetData%10;
            }
            while(S0V==0);
        }
    }
}
```

第 7 章　基于单片机的电子万年历设计

7.1　设 计 目 标

设计的电子万年历能对年、月、日、时钟、分钟、秒钟和周进行计时，能测量温度和设置闹钟响铃时间，能显示年、月、日、时钟、分钟、秒钟、周和温度等信息，具有闹钟和时间校准等功能，可采用公历和农历两种方式显示日期。

7.2　设 计 内 容

电子万年历的框图如图 7.1 所示。系统由单片机控制模块、电源、时钟模块、显示模块、控制按键、DS18B20 测温模块和闹钟模块等组成。测温模块采用 DS18B20 数字温度传感器测量温度，测量温度的范围为–55～125℃。该传感器采用单总线传输，内部带有 A/D 转换功能，具有体积小、硬件开销低、抗干扰能力强、精度高等特点。DS18B20 与微处理器连接时，仅需要一根数据线，即可实现微处理器与 DS18B20 双向通信。信息显示采用 LCD1602 液晶显示模块。LCD1602 液晶显示模块具有显示内容多、功耗低、成本低等优点。LCD1602 可显示 32 个字符，分两行显示，每行显示 16 个字符。LCD1602 可显示字母、数字、符号等信息，由若干个 5×7 或 5×11 点阵字符位组成，每个点阵字符位都可以显示一个字符。位与位之间有一个点距的间隔，行与行之间也有间隔，起到了字符间距和行间距的作用。

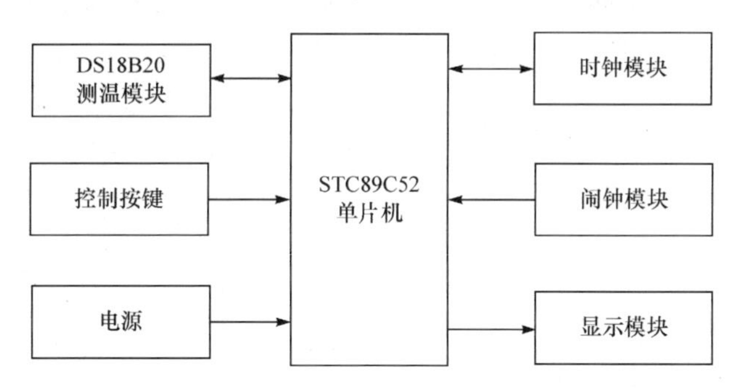

图 7.1　电子万年历的框图

时钟模块选用 DS1302 时钟芯片。DS1302 是美国 DALLAS 公司推出的一种高性能、低功耗、带 RAM 的实时时钟电路，它可以对年、月、日、周、时钟、分钟、秒钟进行计时，具有闰年补偿功能。它通过串行方式与单片机进行数据传送，它还拥有用于主电源和备份电源的双电源引脚，在主电源关闭的情况下，也能保持时钟连续运行。另外，它还能提供 31 字节用于高速数据暂存的 RAM。DS1302 有 12 个寄存器，其中 7 个寄存器与日历、时钟相关，存放的数据位为 BCD 码形式，日历、时间寄存器及控制字见表 7.1。

表 7.1　日历、时间寄存器及控制字

寄存器	命令字		取值范围	各位内容							
	写操作	读操作		7	6	5	4	3	2	1	0
秒钟寄存器	80H	81H	00～59	CH	10SEC			SEC			
分钟寄存器	82H	83H	00～59	0	10MIN			MIN			
小时寄存器	84H	85H	01～12 或 00～23	12/24	0	10HR		HR			
日期寄存器	86H	87H	01～28, 29, 30, 31	0	0	10DATE		DATE			
月份寄存器	88H	89H	01～12	0	0	0	10M	MONTH			
周日寄存器	8AH	8BH	01～07	0	0	0	0	0	DAY		
年份寄存器	8CH	8DH	00～99	10YEAR				YEAR			

在表 7.1 中，“CH”是时钟暂停标志位，当该位为 1 时，时钟振荡器停止工作，DS1302 处于低功耗状态；当该位为 0 时，时钟正常工作。SEC 表示秒钟的个位，10SEC 表示秒钟的十位。其他寄存器设置类似。12/24 表示小时寄存器 12 小时制和 24 小时制两种工作方式。

7.3　软件设计

电子万年历的程序流程图如图 7.2 所示。

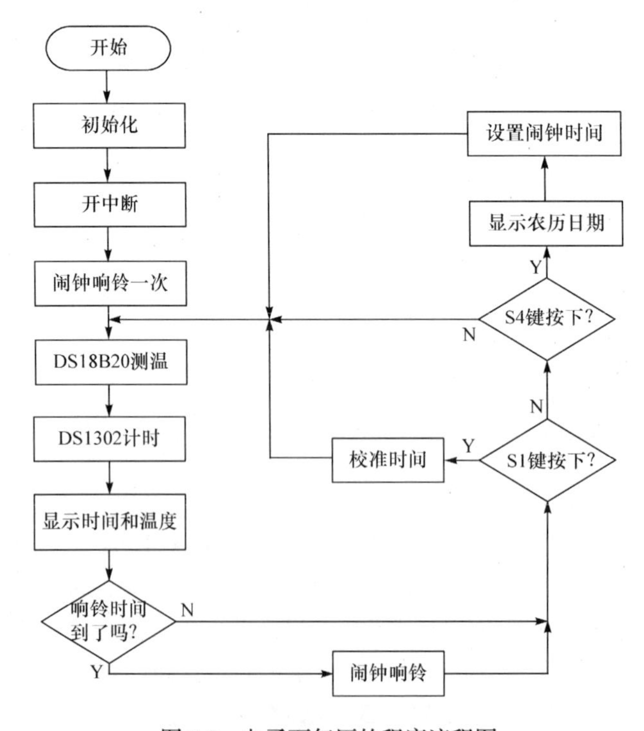

图 7.2　电子万年历的程序流程图

电子万年历系统电路设置了 S1 键、S2 键、S3 键和 S4 键。S1 键用来校准时间和设定闹钟时间，S2 键是加 1 键，S3 键是减 1 键。S4 键用来显示农历日期和设置闹钟。在显示公历日期和温度时，单独按 S1 键，就可对公历日期的年、月、日、时钟、分钟和秒钟进行设置。根据 S1 键被按的次数，分别对年、月、日、时钟、分钟和秒钟进行设置。按 S1 键 1 次，对秒钟进行设置。秒钟最大值为 59，具体取值大小通过 S2 加 1 键和 S3 减 1 键进行设置。按 S1 键 2 次，对分钟进行设置。分钟最大值为 59，具体取值大小设置方法与秒钟取值设置方法相同，小时、日、月和年取值大小设置也是采用这样的方法。按 S1 键 3 次，对小时进行设置，小时最大值为 23。按 S1 键 4 次，对日进行设置，日最大值为 31。按 S1 键 5 次，对月进行设置，月最大值为 12。按 S1 键 6 次，对年进行设置，年最大值为 2099。周的取值不需要设置，根据年、月、日具体取值自动确定。按 S1 键 7 次，回到初始界面，显示公历日期和温度。出现初始界面时，按 S4 键 1 次，先出现农历日期，再出现闹钟设置界面。这时再按 S1 键，可对闹钟进行设置。按 S1 键 1 次，对闹钟的小时进行设置，小时最大值为 23，具体取值大小通过 S2 加 1 键和 S3 减 1 键进行设置。按 S1 键 2 次，对闹钟的分钟进行设置，分钟最大值为 59，具体取值大小通过 S2 加 1 键和 S3 减 1 键进行设置。按 S3 键 3 次，对闹钟开关进行设置，按 S2 键或 S3 键都可完成开关切换。按 S1 键 4 次，再按 S4 键 1 次，回到初始界面，显示公历日期和温度。出现初始界面时，按 S4 键 1 次后，若不想设置闹钟，再按 S4 键 1 次，会重新回到初始界面。

7.4 Proteus 仿真

电子万年历 Proteus 仿真原理图如图 7.3 所示，由图 7.3(a)和图 7.3(b)组成。

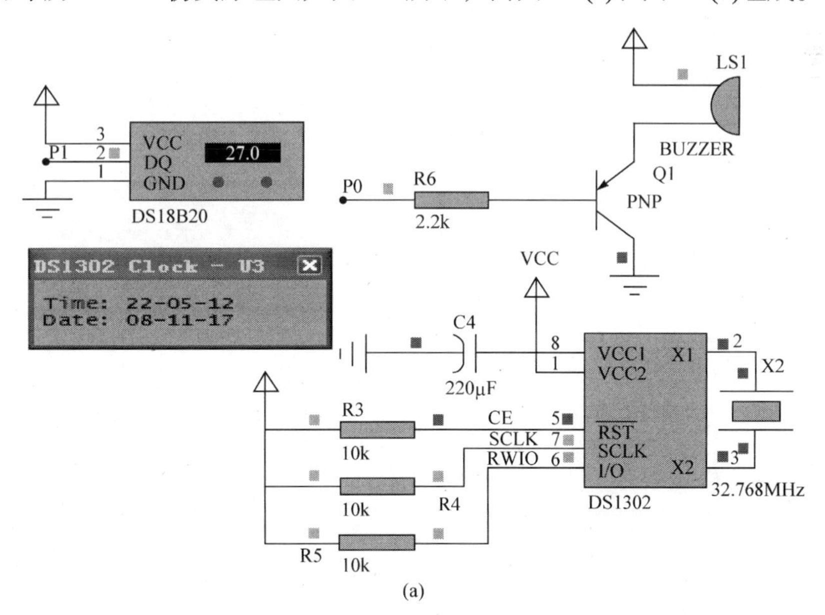

(a)

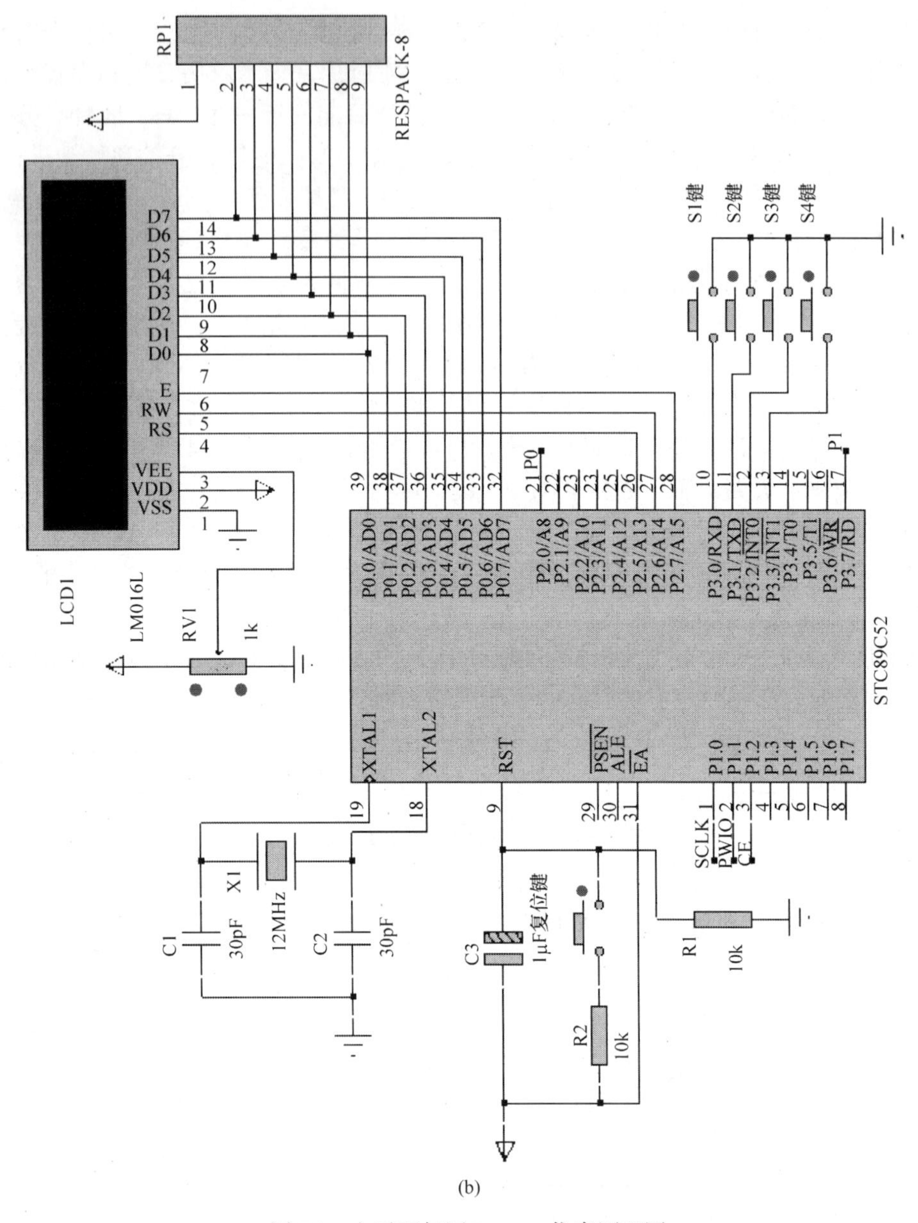

(b)

图 7.3　电子万年历 Proteus 仿真原理图

7.5 源　程　序

源程序请参照本书封底“提示”进行下载。

第 8 章　基于单片机的出租车计价器设计

8.1 设 计 目 标

设计出租车计价器，能对出租车运行的里程和中途暂停时间进行计费，计费分白天和夜晚两种模式。在起步里程内，则按起步价计费。等红灯等中途暂停累计时间超过约定时间则计费。

8.2 设 计 内 容

出租车计价器框图如图 8.1 所示。系统由单片机控制模块、电源、晶振电路、复位电路、显示模块、控制按键、DS1302 时钟模块和 24C02C 存储模块组成。AT89S52 处理芯片能以 3V 的超低电压工作，片内具有 8KB Flash ROM 存储空间，支持 ISP 在线编程。24C02C 存储模块用来存储白天和夜晚起步价、起步里程外单价和累计时间超过约定时间部分的计费单价。24C02C 串行 E^2PROM 是基于 I^2C 总线的存储器件，遵循二线制协议，具有接口方便、体积小、数据掉电不丢失等特点，在仪器仪表、工业自动化控制等领域得到广泛应用。

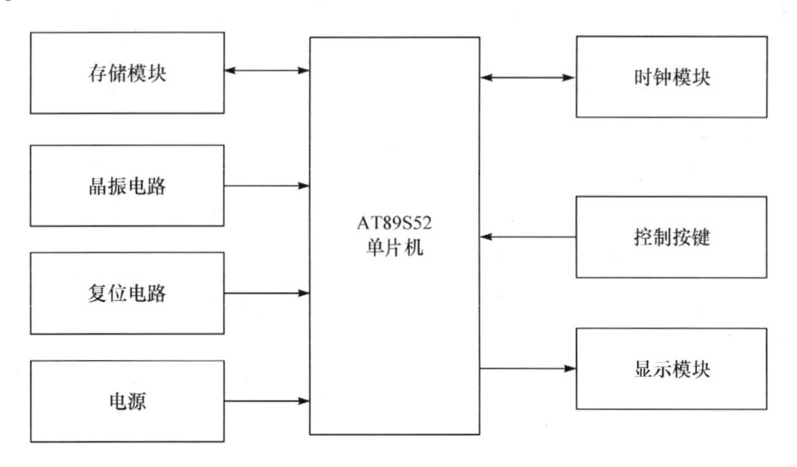

图 8.1　出租车计价器框图

8.3 软件设计

出租车计价器的程序流程图如图 8.2 所示。控制按键共有 7 个，除复位键外，还设置了 6 个功能按键。S1 键是设置键，用来设置时间、白天模式单价和夜晚模式单价。要设置的时间包括时钟、分钟、秒钟、周、年、月和日。LCD 正常显示时，通过按 S1 键进入设置状态，第 1 项是设置时间，第 2 项是设置白天模式单价，第 3 项是设置夜晚模式单价，这 3 项的切换通过 S3 增加键或 S5 减少键来完成。设置时间时，连续按 S1 设置键，依次对时钟、分钟、秒钟、周、年、月和日进行设置，每一项具体取值通过 S3 增加键或 S5 减少键来完成。白天模式单价设置包括起步价设置、起步里程外单价设置、中途暂停累计时间超过约定时间单价设置。设置这 3 项时，通过 S1 设置键来切换，每一项具体取值通过 S3 增加键或 S5 减少键来完成，计费最小跳变值为 0.1 元。夜晚模式单价设置与白天模式单价设置类似。本系统起步里程设置为 3km，中途暂停累计不计费时间设置为 3min。当前时间大于 22 点或小于 8 点时，为夜晚模式。在设置时间、白天模式单价和夜晚模式单价某一具体小项时，可通过 S6 切换界面键返回上一级菜单，S6 切换界面键累计按 2 次，则进入正常显示状态。正常显示状态分为 3 种模式，第 1 种显示模式显示时钟、分钟、秒钟、周、年、月和日，第 2 种显示模式显示时钟、分钟、秒钟、起步里程外单价、行驶里程和计费总额，第 3 种显示模式显示暂停累计计时、起步里程外单价、行驶里程和计费总额，这 3 种显示模式通过 S6 切换界面键进行切换。S5 是多功能键，除了作为减少键外，还可作为中途暂停累计计时的启动或停止键。为第 3 种显示模式时，通过 S5 键来启动或停止中途暂停累计计时。S2 键对路程里程进行清零。S4 键用来增加里程量，每按一次增加 0.1km。

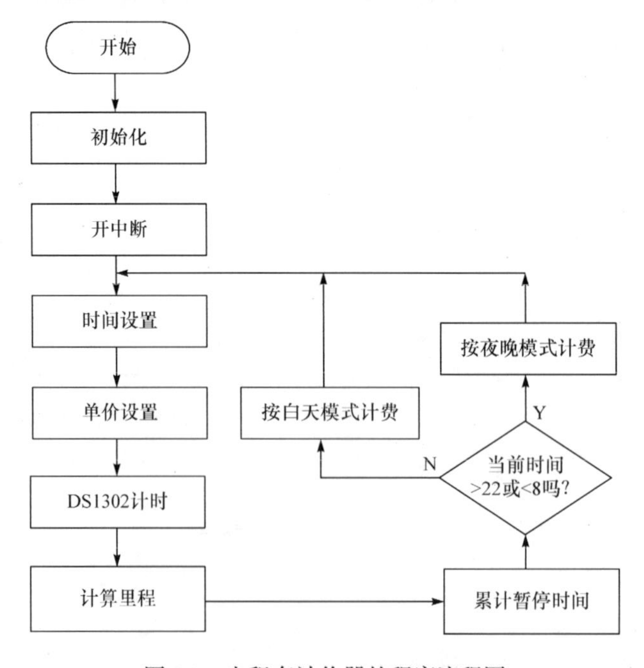

图 8.2　出租车计价器的程序流程图

8.4 Proteus 仿真

出租车计价器 Proteus 仿真原理图如图 8.3 所示，仿真图由图 8.3(a)和图 8.3(b)组成。

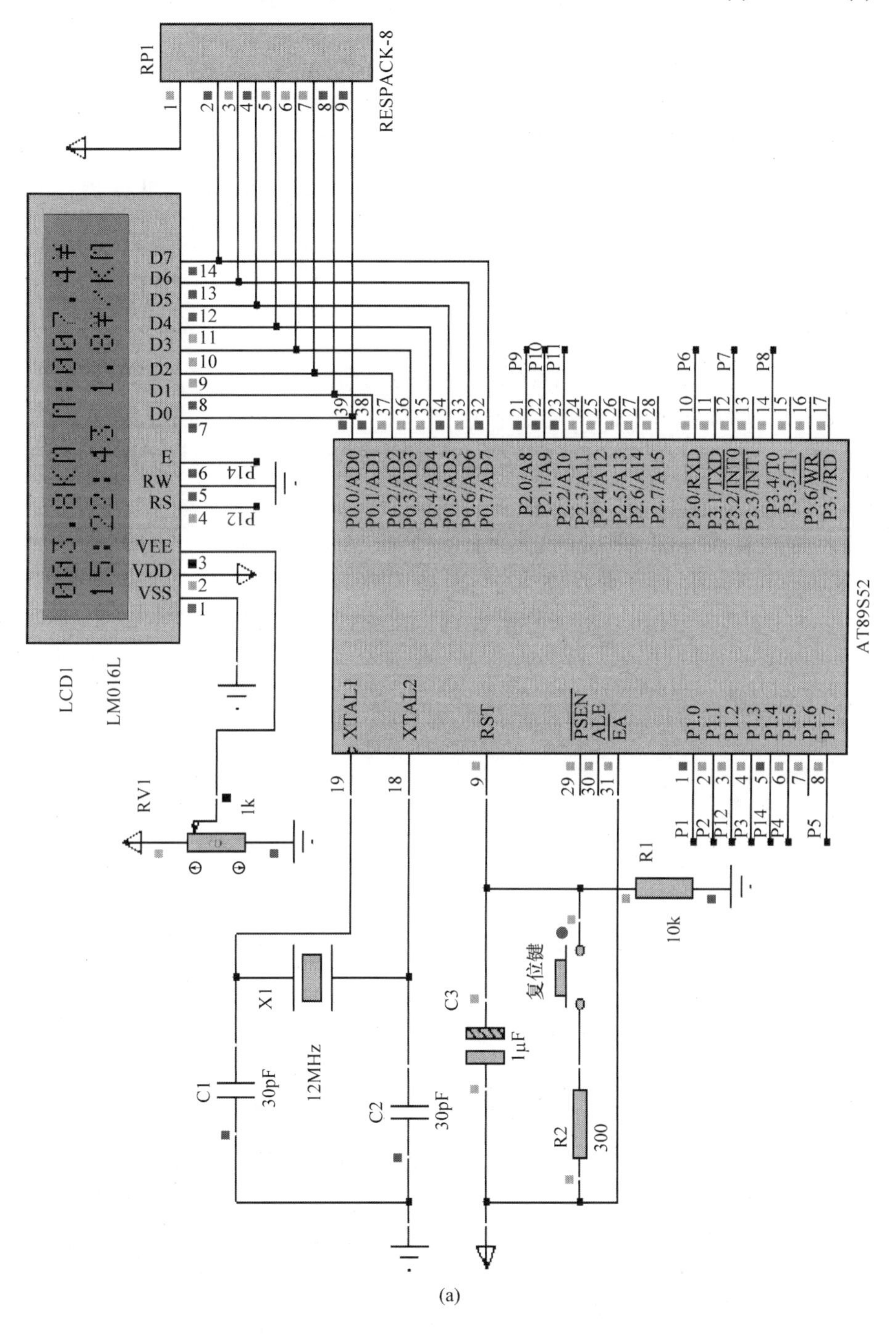

(a)

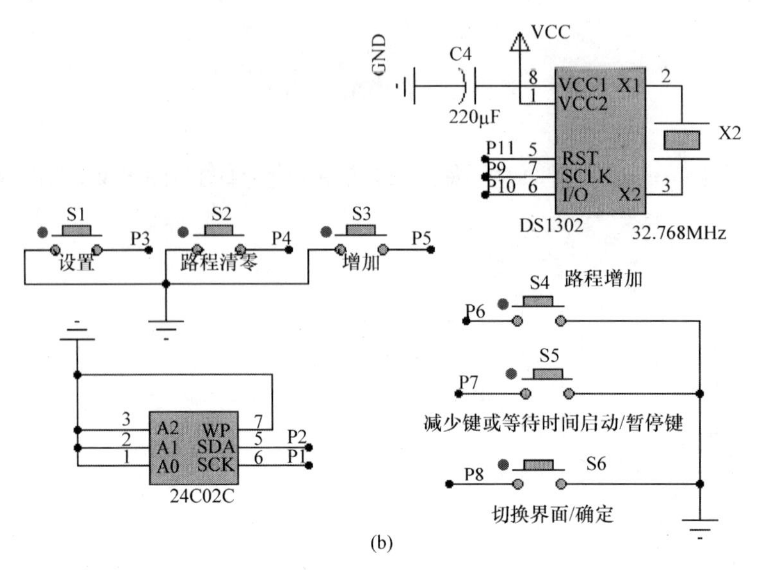

图 8.3　出租车计价器 Proteus 仿真原理图

8.5　源　程　序

源程序请参照本书封底“提示”进行下载。

第 9 章 基于单片机的电子音乐盒设计

9.1 设 计 目 标

设计电子音乐盒，该音乐盒具有的功能为：利用 I/O 口产生一定频率的方波信号，驱动扬声器发出不同的音调，从而播放不同的歌曲；可通过功能键选择播放的歌曲，能暂停或播放当前歌曲，选择播放上一首或下一首歌曲；采用七段数码管显示当前播放的歌曲序号。

9.2 设 计 内 容

电子音乐盒框图如图 9.1 所示。系统由单片机控制模块、电源、晶振电路、复位电路、数码显示模块、控制按键和音频输出模块组成。控制按键包括 4 个，分别是复位按键、开始/暂停按键、上一首按键和下一首按键，利用按键切换选择播放不同的歌曲。功放 LM386 驱动扬声器发出声音，数码管显示当前播放的歌曲序号。制作实物时，采用功放 LM386 驱动扬声器。

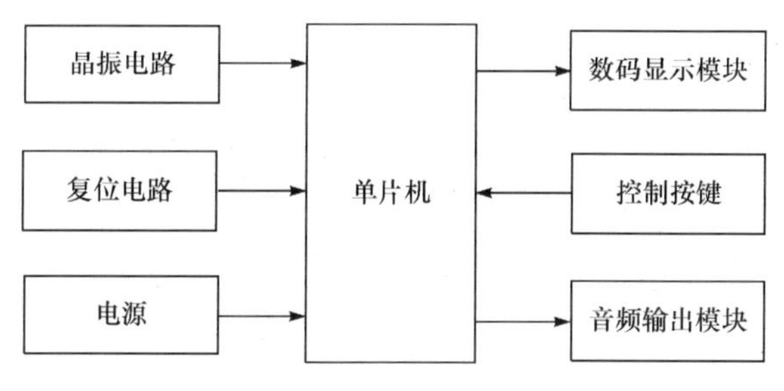

图 9.1 电子音乐盒框图

9.3 软 件 设 计

电子音乐盒的程序流程图如图 9.2 所示。在乐谱程序段中，每 2 个数为 1 组，第 1 个数表示音调，第 2 个数表示节拍。音调主要由声音的频率决定，同时与声音强度有关。AT89C52 单片机时钟频率为 12MHz，选用定时/计数器 T0，采用工作方式 1，改变计数初始值 TH0 和 TL0 可以产生不同频率的音频脉冲信号，从而产生不同的音调。节拍是衡量节奏的单位，是乐曲中表示固定单位时值和强弱规律的组织形式。节拍实际上就是音调持续时间的长短，在单片机系统中可以用延时来实现。如果 1/4 拍的延时是 0.4s，则 1 拍的延时是 1.6s。只要知道 1/4 拍的延时时间，其他节拍延时时间就是它的倍数。如果单片机要播放音乐，在程序设计中需考虑节拍的设置。

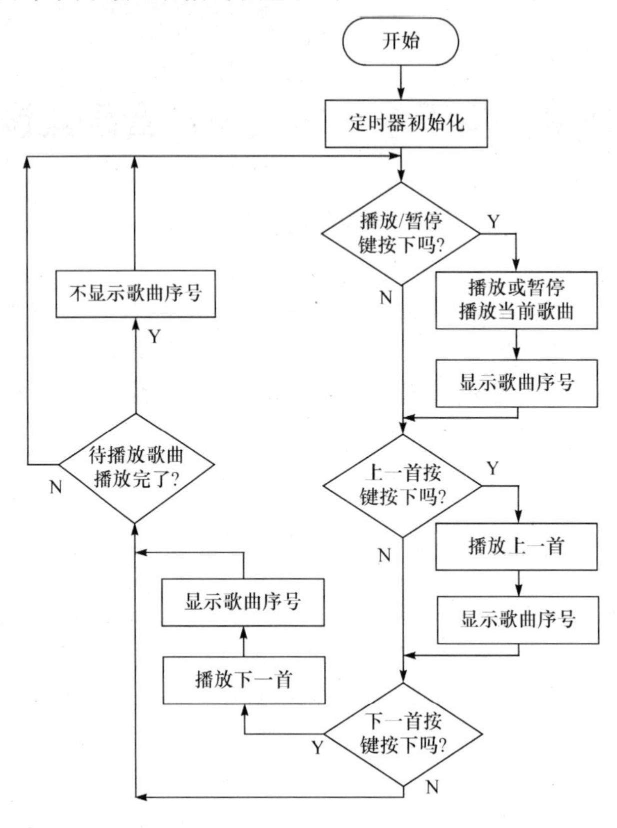

图 9.2　电子音乐盒的程序流程图

9.4　Proteus 仿真

电子音乐盒 Proteus 仿真原理图如图 9.3 所示。图 9.3 中，系统采用 USB 端口提供 5V 的电压。晶振电路由 30pF 的电容 C2 和 C1 及 12MHz 的晶振 X1 组成。电容用来起振，使晶振更容易起振，取值范围是 15～33pF。晶振的取值越高，单片机的执行速度越快。在进行电路设计时，晶振部分越靠近单片机越好。单片机系统运行过程中，受到环境干扰出现程序跑飞时，按下复位按键后，内部的程序自动从头开始执行。复位电路由 10μF 的极性电容 C3 和 500W 电阻 R1 及复位按键构成。根据电容电压不能突变的性质可知，当系统上电时，RESET 引脚将会出现高电平，这个高电平持续的时间由电路的时间常数 τ(RC 值)来决定。当 RESET 引脚的高电平持续超过两个机器周期时，单片机将复位。所以，适当选择 RC 的取值，就可以保证可靠复位。根据电路暂态分析方法，电容充电到电源电压的 70% 所需要的时间约为 6ms($1.2\times500\times10\times10^{-6}$)。单片机的电源是 5V，充电到电源电压的 70%，即为 3.5V。电源启动之后的 6ms 内，电容两端的电压从 0V 逐渐增大到 3.5V，RESET 引脚的电压则从 5V 下降到 1.5V。对于 5V 正常工作电压的单片机，小于 1.5V 的电压信号看作低电平信号，大于 1.5V 的电压信号看作高电平信号。在开机 6ms 内，单片机系统自动复位，

RESET 引脚保持高电平信号时间为 6ms 左右。复位电路除了上电自动复位功能，还有手动复位功能。手动按下复位按键，极性电容 C3 的电荷短路放电，两端的电压趋近于 0，V_{CC} 基本上加在单片机复位引脚 RESET 上，从而使单片机复位。

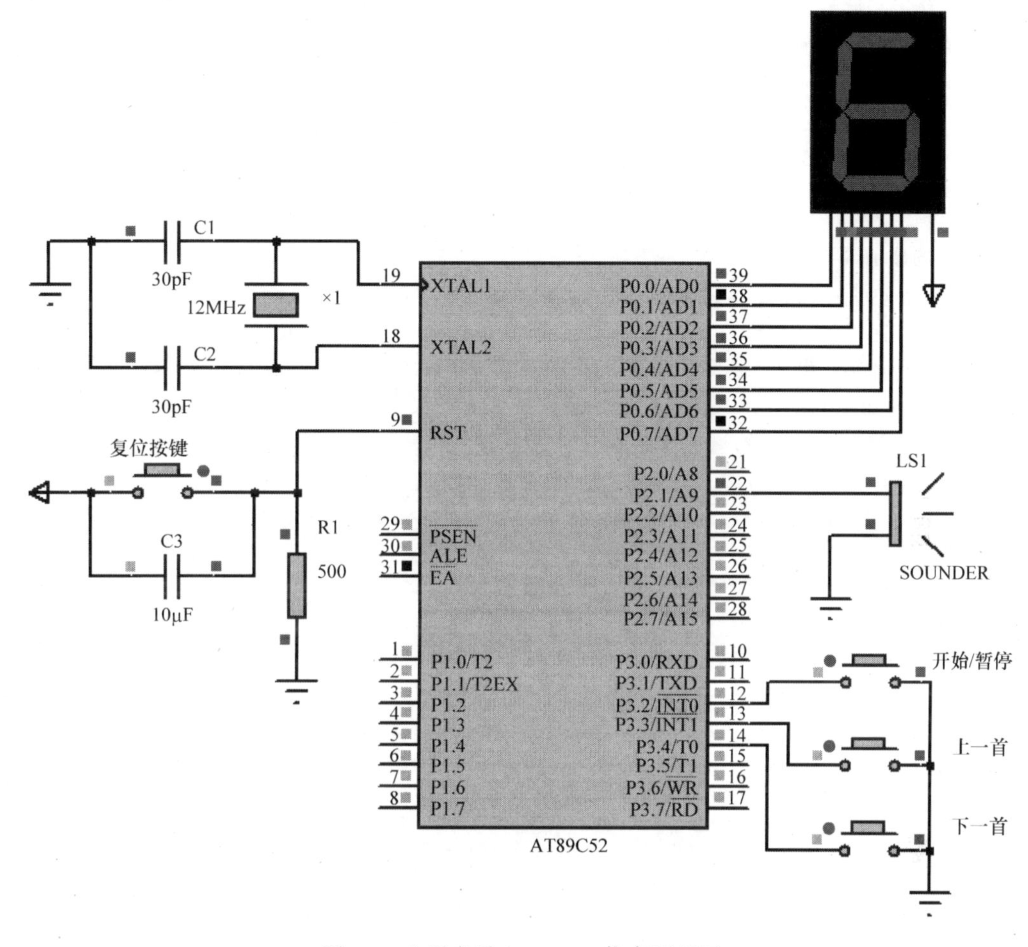

图 9.3　电子音乐盒 Proteus 仿真原理图

9.5 源　程　序

```
#include <reg52.h>
#define SONG 9                          //歌曲的数量
#define uchar unsigned char
#define uint  unsigned int
#define ulong unsigned long
sbit Beep_P=P2^1;                       //接扬声器
sbit Key1_P=P3^2;                       //接开始/暂停按键
sbit Key2_P=P3^3;                       //接上一首按键
sbit Key3_P=P3^4;                       //接下一首按键
uchar gSong;                            //播放第几首歌
```

```
uchar gTone=0;                              //当前播放的音调
uchar gPlayStatus;                          //当前播放状态，0 表示停止，1 表示播放

/*定时器0初值  低1  低2  低3  低4  低5  低6  低7  中1  中2  中3  中4  中5  中6  中
7  高1  高2  高3  高4  高5  高6  高7 */
uchar code ArrTL0[]={ 140, 91, 21, 103, 4, 144,12, 68, 121, 220, 52, 130, 200,
6, 34, 86, 133, 154, 193, 228, 3 };
uchar code  ArrTH0[]={ 248, 249, 250, 250, 251, 251, 252, 252, 252, 252, 253,
253, 253, 254, 254, 254, 254, 254, 254, 254, 255 };

/*  数码管的显示值        0   1   2   3   4   5   6   7   8   9 */
uchar code  ArrDig[]={ 0xc0,0xf9,0xa4,0xb0,0x99,0x92,0x82,0xf8, 0x80,0x90};

/*  《水手》的乐谱，每 2 个数为 1 组，第 1 个数表示音调，第 2 个数表示节拍，后续乐谱类似*/
uchar code Music1[]={
     5,4,    9,2,    8,2,    9,4,    8,2,    9,2,
     10,3,   11,1,   10,2,   8,2,    9,8,    9,1,
     10,2,   10,1,   9,1,    8,2,    7,1,    7,1,    8,2,    7,1,    7,1,
     8,2,    9,2,
     7,2,    6,2,    5,2,    7,2,    6,8,
     5,4,    9,2,    8,2,    9,4,    8,2,    9,2,
     10,2,   10,1,   11,1,   9,2,    8,2,    9,8,
     10,3,   9,1,    8,2,    7,2,    8,2,    8,1,    7,1,    8,2,    8,1,
     9,1,
     6,2,    6,2,    5,2,    4,2,    5,8,
     8,3,    8,1,    8,2,    8,2,    10,2,   10,1,   9,1,    8,2,    7,1,
     7,1,
     9,3,    8,1,    7,2,    8,1,    7,1,    5,8,
     8,3,    8,1,    8,2,    8,2,    8,2,    8,1,    8,1,    8,2,    7,1,
     8,1,
     9,2,    9,2,    9,1,    8,1,    7,1,    8,1,    9,8,
     8,3,    8,1,    8,2,    8,2,    10,2,   9,2,    8,2,    8,2,
     9,2,    8,2,    7,2,    8,1,    7,1,    5,7,    5,1,
     8,3,    8,1,    8,2,    8,1,    8,1,    8,2,    8,2,    7,2,    8,2,
     9,2,    9,2,    8,2,    7,2,    9,4,    9,2,    11,2,
     12,4,   11,4,   9,4,    8,2,    7,2,
     8,2,    9,1,    8,1,    7,2,    6,2,    5,4,    5,2,    6,2,
     7,4,    7,2,    9,2,    8,4,    6,1,    5,1,    4,2,
     5,3,    5,1,    7,2,    8,2,    9,4,    9,2,    11,2,
     12,4,   11,4,   9,4,    8,2,    7,2,
     8,2,    9,1,    8,1,    7,2,    6,2,    5,4,    5,2,    6,2,
     7,4,    7,2,    9,2,    8,4,    7,2,    6,2,    5,12
     };
```

```
/**************************《挥着翅膀的女孩》的乐谱**************************/
uchar code Music2[]={
    9,4,   9,2,   10,2,  11,4,  7,2,   8,2,
    9,2,   9,2,   9,2,   10,2,  11,4,  8,2,   9,2,
    10,4,  10,2,  9,2,   7,4,   10,2,  9,2,
    10,4,  5,2,   7,2,   8,4,   7,2,   8,2,
    9,4,   9,2,   10,2,  11,4,  12,2,  13,2,
    14,2,  14,2,  9,2,   10,2,  11,4,  8,2,   9,2,
    10,2,  9,2,   10,2,  14,2,  14,4,  8,2,   9,2,
    10,2,  9,2,   10,2,  15,2,  15,4,  14,2,  13,2,
    14,6,  15,2,  16,2,  15,2,  14,2,  13,2,
    14,6,  14,2,  13,2,  11,2,  11,2,  7,2,
    12,6,  12,2,  11,2,  7,2,   7,2,   9,2,
    8,6,   9,1,   10,1,  10,2,  11,2,  14,2,  13,2,
    14,6,  15,2,  16,2,  15,2,  14,2,  13,2,
    14,6,  14,2,  13,2,  11,2,  11,2,  7,2,
    12,6,  12,2,  11,2,  11,2,  14,2,  13,2,
    14,16
    };

/****************************《茉莉花》的乐谱****************************/
uchar code Music3[]={
    9,4,   9,2,   11,2,  12,2,  14,2,  14,2,  12,2,
    11,4,  11,2,  12,2,  11,8,
    9,4,   9,2,   11,2,  12,2,  14,2,  14,2,  12,2,
    11,4,  11,2,  12,2,  11,8,
    11,4,  11,4,  11,4,  9,2,   11,2,
    12,4,  12,4,  11,8,
    9,4,   8,2,   9,2,   11,4,  9,2,   8,2,
    7,4,   7,2,   8,2,   7,8,
    9,2,   8,2,   7,2,   9,2,   8,6,   9,2,
    11,4,  12,2,  14,2,  11,8,
    8,4,   9,2,   11,2,  8,2,   9,2,   7,2,   5,2,
    4,8,   5,4,   7,4,
    8,6,   9,2,   7,2,   8,2,   7,2,   5,2,
    4,12
    };

/****************************《欢乐颂》的乐谱****************************/
uchar code Music4[]={
    9,2,   9,2,   10,2,  11,2,
    11,2,  10,2,  9,2,   8,2,
    7,2,   7,2,   8,2,   9,2,
    9,3,   8,1,   8,4,
```

```
    9,2,    9,2,    10,2,   11,2,
    11,2,   10,2,   9,2,    8,2,
    7,2,    7,2,    8,2,    9,2,
    8,3,    7,1,    7,4,
    8,2,    8,2,    9,2,    7,2,
    8,2,    9,1,    10,1,   9,2,    7,2,
    8,2,    9,1,    10,1,   9,2,    8,2,
    7,2,    8,2,    4,2,    9,2,
    9,2,    9,2,    10,2,   11,2,
    11,2,   10,2,   9,2,    10,1,   8,1,
    7,2,    7,2,    8,2,    9,2,
    8,3,    7,1,    7,4
    } ;

/*****************************《送别》的乐谱*****************************/
uchar code Music5[]={
    11,4,   9,2,    11,2,   14,8,
    12,4,   14,4,   11,8,
    11,4,   7,2,    8,2,    9,4,    8,2,    7,2,
    8,8,
    11,4,   9,2,    11,2,   14,6,   13,2,
    12,4,   14,4,   11,8,
    11,4,   8,2,    9,2,    10,6,   6,2,
    7,8,
    12,4,   14,4,   14,8,
    13,4,   12,2,   13,2,   14,8,
    12,2,   13,2,   14,2,   12,2,   12,2,   11,2,   9,2,    7,2,
    8,8,
    11,4,   9,2,    11,2,   14,6,   13,2,
    12,4,   14,4,   11,8,
    11,4,   8,2,    9,2,    10,6,   6,2,
    7,8
    } ;

/*****************************《新年好》的乐谱*****************************/
uchar code Music6[]={
    7,2,    7,2,    7,4,    4,4,
    9,2,    9,2,    9,4,    7,4,
    7,2,    9,2,    11,4,   11,4,
    10,2,   9,2,    8,8,
    8,2,    9,2,    10,4,   10,4,
    9,2,    8,2,    9,4,    7,4,
    7,2,    9,2,    8,4,    4,4,
    6,2,    8,2,    7,8
```

```c
};

/*****************************《两只老虎》的乐谱 ******************** *********/
uchar code Music7[]={
    7,2,   8,2,    9,2,    7,2,
    7,2,   8,2,    9,2,    7,2,
    9,2,   10,2,   11,4,
    9,2,   10,2,   11,4,
    11,1,  12,1,   11,1,   10,1,   9,2,    7,2,
    11,1,  12,1,   11,1,   10,1,   9,2,    7,2,
    9,2,   4,2,    7,4,
    9,2,   4,2,    7,4
    };

/**************************** 《生日快乐》的乐谱******************************/
uchar code Music8[]={
    4,2,   4,2,    5,4,    4,4,
    7,4,   6,8,
    4,2,   4,2,    5,4,    4,4,
    8,4,   7,8,
    4,2,   4,2,    11,4,   9,4,
    7,4,   6,4,    5,6,
    10,2,  10,2,   9,4,    7,4,
    8,4,   7,8
    };

/***************************** 《小星星》的乐谱******************************/
uchar code Music9[]={
    7,2,   7,2,    11,2,   11,2,   12,2,   12,2,   11,4,
    10,2,  10,2,   9,2,    9,2,    8,2,    8,2,    7,4,
    11,2,  11,2,   10,2,   10,2,   9,2,    9,2,    8,4,
    11,2,  11,2,   10,2,   10,2,   9,2,    9,2,    8,4,
    7,2,   7,2,    11,2,   11,2,   12,2,   12,2,   11,4,
    10,2,  10,2,   9,2,    9,2,    8,2,    8,2,    7,4
    } ;
/*********************************************************/
          毫秒级延时函数，time 是要延时的毫秒数
/*********************************************************/
void DelayMs(uint time)
{
     uint i,j;
     for(i=0;i<time;i++)
          for(j=0;j<110;j++);
}
```

```
/*********************************************************/
    发出指定音调及其节拍的声音，tone 代表音调，beat 代表节拍
/*********************************************************/
void PlayTone(uchar tone,float beat)
{
      int i;
      gTone=tone;                         //将音调值赋给全局变量 gTone
      TH0 = ArrTH0[tone];                 //装入定时器 TH0 初值
      TL0 = ArrTL0[tone];                 //装入定时器 TL0 初值
      TR0=1;                              //启动定时器
      for(i=0;i<beat;i++)
      {
            DelayMs(200);
      }
      TR0=0;                              //停止定时器工作
}
/*********************************************************/
          播放内置的音乐，music[]是要播放的乐谱数组
          num 是数组里面的元素个数
/*********************************************************/
void PlayMusic(uchar music[],uint num)
{
      uint i=0;
      P0=ArrDig[gSong];                   //数码管显示当前播放第几首歌曲
      while(i<num)                        //播放一个音符
      {
            if(gPlayStatus==1)            //判断是播放还是暂停状态
            {
                  PlayTone(music[i],music[i+1]); //开始演奏一个节拍
                  i+=2; //进入下一个节拍，因为每 2 个数为 1 组，所以每次要加 2
                  if(i==num)              //判断歌曲是否播放完了
                  {
                        gPlayStatus=0;    //播放完后则把播放状态改为暂停，否
                                            则会循环播放
                  }
            }
            if(Key1_P==0)                 //判断播放过程是否按下开始/暂停按键
            {
                  DelayMs(10);            //消除按键按下的抖动
                  while(!Key1_P);         //等待按键释放
                  DelayMs(10);            //消除按键松开的抖动
                  if(gPlayStatus==1)      //如果是播放状态，则改为暂停状态
                        gPlayStatus=0;
                  else                    //如果是暂停状态，则改为播放状态
```

```
                gPlayStatus=1;
            }
            if(Key2_P==0)              //判断播放过程是否按下了上一首按键
            {
                DelayMs(10);
    while(!Key2_P);
                DelayMs(10);
                gSong--;               //当前播放歌曲序号变量 gSong 减 1，切换到
                                         上一首
                if(gSong==0)           //如果 gSong 为 0，当前播放第 1 首，转
                                         到最后一首
                    gSong=SONG;
                break;
            }
            if(Key3_P==0)              //判断播放过程是否按下下一首按键
            {
                DelayMs(10);
                while(!Key3_P);
              DelayMs(10);
              gSong++;                 //当前播放歌曲序号变量 gSong 加 1，切换到下
                                         一首
              if(gSong>SONG)           //如果 gSong 大于 SONG，当前播放最后一
                                         首，转为第 1 首
                    gSong=1;
                break;
            }
    }
    P0=0xff;                           //关闭数码管显示
}
/*************************定时器初始化函数*********************************/
void TimerInit()
{
    TMOD=1;                            //定时器 0，工作方式 1
    TH0=0;                             //赋定时器 TH0 初值
    TL0=0;                             //赋定时器 TL0 初值
    ET0=1;                             //开启定时器 0 中断
    EA=1;                              //开启总中断开关
}
/******************************主函数***********************************/
void main()
{
    TimerInit();                       //定时器初始化
    gSong=1;                           //上电默认选定第 1 首歌
    gPlayStatus=0;                     //上电默认是暂停状态，1 为播放状态
```

```
	while(1)
	{
		if(gPlayStatus==1)			//如果处于播放状态，判断哪
									  一首歌曲需要播放
		{
		switch(gSong)
	{
		case 1 : PlayMusic(Music1,sizeof(Music1));  break;
		case 2 : PlayMusic(Music2,sizeof(Music2));  break;
		case 3 : PlayMusic(Music3,sizeof(Music3));  break;
		case 4 : PlayMusic(Music4,sizeof(Music4));  break;
		case 5 : PlayMusic(Music5,sizeof(Music5));  break;
		case 6 : PlayMusic(Music6,sizeof(Music6));  break;
		case 7 : PlayMusic(Music7,sizeof(Music7));  break;
		case 8 : PlayMusic(Music8,sizeof(Music8));  break;
		case 9 : PlayMusic(Music9,sizeof(Music9));  break;
		default:                                    break;
	}
}
if(Key1_P==0)				//开始播放
{
	gPlayStatus=1;			//播放状态为1，即播放
	DelayMs(10);			//消除按键按下的抖动
	while(!Key1_P);			//等待按键释放
	DelayMs(10);			//消除按键松开的抖动
	}
if(Key2_P==0)				//上一首
{
	DelayMs(10);
	while(!Key2_P);
	DelayMs(10);
	gSong--;				//当前播放歌曲序号变量gSong减1，切换到上一首
	if(gSong==0)			//如果gSong为0，当前播放第1首，转到最后一首
		gSong=SONG;
	gPlayStatus=1;			//把播放状态改为1，即播放
}
// 下一首
if(Key3_P==0)
{
	DelayMs(10);
	while(!Key3_P);
	DelayMs(10);
	gSong++;				//当前播放歌曲序号变量gSong加1，切换到下一首
	if(gSong>SONG)			//如果gSong大于SONG，当前播放最后一首，转为第1首
```

```
            gSong=1;
        gPlayStatus=1;          //把播放状态改为 1，即播放
    }
  }
}

/***************************定时器 0 中断处理函数***************************/
void time0() interrupt 1
{
        Beep_P=!Beep_P;         //将控制扬声器的管脚电平取反
        TH0=ArrTH0[gTone];      //重装定时器 TH0 初值
        TL0=ArrTL0[gTone];      //重装定时器 TL0 初值
}
```

第 10 章　基于单片机的电梯楼层显示控制器设计

10.1　设 计 目 标

设计电梯楼层显示控制器，电梯按照控制指令运行，能显示当前楼层号码、运行经过的楼层号码、到达楼层号码、上行箭头标志或下行箭头标志。

10.2　设 计 内 容

电梯楼层显示控制器框图如图 10.1 所示。系统由单片机控制模块、电源、晶振电路、复位电路、LCD 显示模块和控制按键组成。控制按键包括复位按键和楼层控制按键。LCD 显示模块采用 8×8 单色点阵屏进行显示。起始状态或复位状态时，电梯停留在 1 楼，显示屏显示数字“1”。若预到达楼层比当前的楼层要高一些，显示运行经过每一楼层的号码，在显示相邻楼层号码过程中显示上行箭头标志。反之，显示运行经过每一楼层的号码，在显示相邻楼层号码过程中显示下行箭头标志。

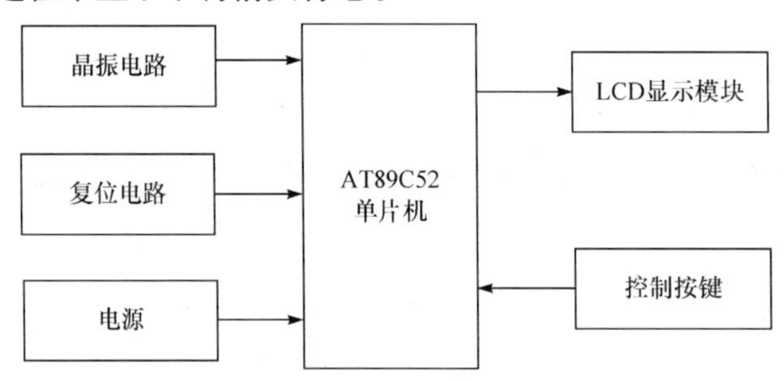

图 10.1　电梯楼层显示控制器框图

10.3　Proteus 仿真

8×8 点阵实物图电梯楼层显示控制器 Proteus 仿真原理图如图 10.2 所示。8×8 单色点阵实物图如图 10.3 所示。本设计选用行线共阳极 8×8 点阵，如图 4.1(b)所示。8×8 点阵采用动态显示方式显示，显示原理与 LED 数码管动态显示原理类似。两者不同之处是 LED 数码管动态显示每一瞬间只能显示 1 个数码管，8×8 点阵动态显示每一瞬间只能使一行发光二极管点亮。8×8 点阵从上到下逐行选通，同时向各列送给需要显示信息的数据代码。所有行选通一遍后，再循环往复。由于人的视觉存在暂留效应，只要帧速率高于 24 帧/s，将连续的几帧画面循环显示，人眼看到的就是一幅完整的、连续的画面。以显示数字 4 为例，说明 8×8 点阵采用动态显示的原理和过程。采用字模提取软件提取数字 4 的字模，提取得到的字模如图 10.4 所示。

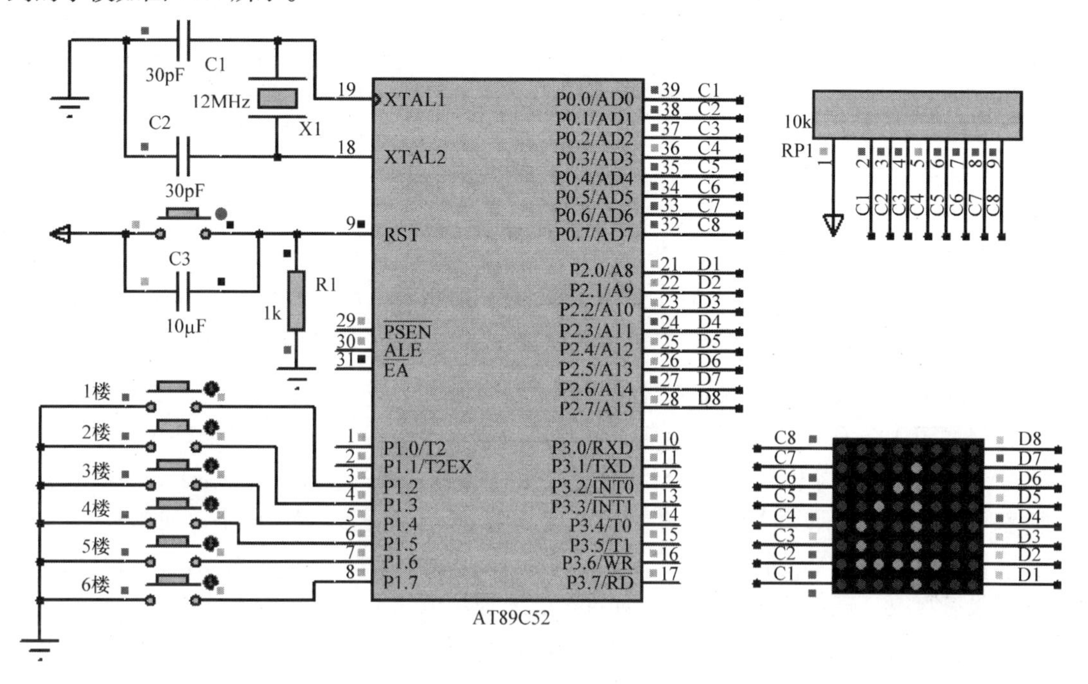

图 10.2　电梯楼层显示控制器 Proteus 仿真原理图

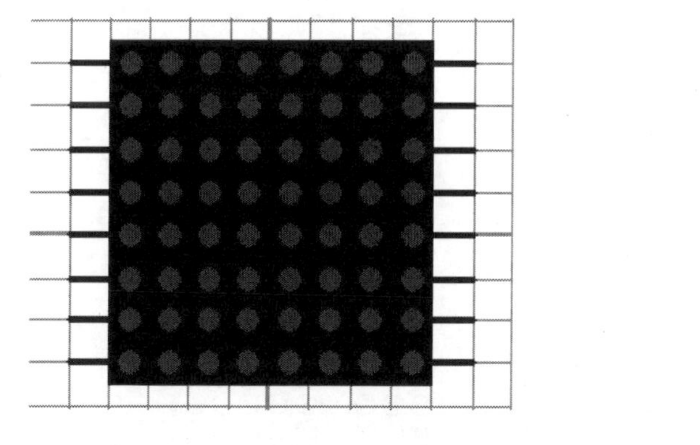

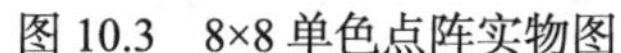

图 10.3　8×8 单色点阵实物图

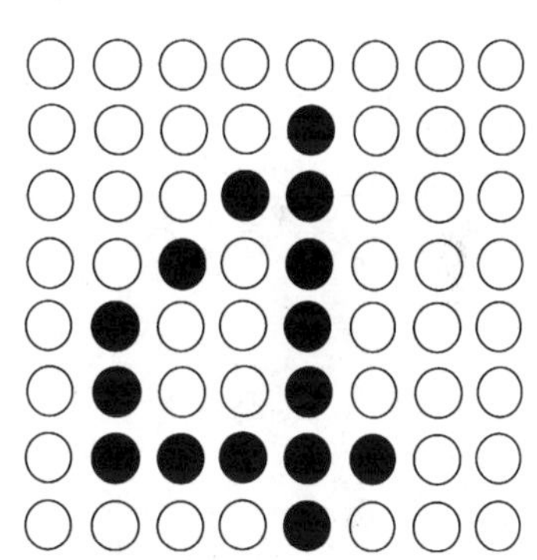

图 10.4　数字 4 的字模

数字 4 的字模对应的扫描代码如表 10.1 所示。根据数字字模扫描代码与 8×8 点阵对应关系，H1～H8 可表示为行线，L1～L8 可表示为列线。行线与行线不相连，列线与列线不相连。行线与列线不直接相连，通过发光二极管相连。对于共阳极 8×8 点阵，行线与发光二极管的阳极相连，列线与发光二极管的阴极相连。当某一行置高电平(输入 1)，某一列置低电平(输入 0)时，对应行线与列线交叉点位置的 LED 灯被点亮。表 10.1 中的“1”和“0”分别表示相应列线的电平是高电平和低电平，每一行中的“1”和“0”构成该行的扫描代码，表中最后“扫描代码”列为该行十六制扫描代码。数字 4 的字模对应的扫描代码为{0xff, 0xf7,0xe7,0xd7,0xb7,0xb7,0x83,0xf7}。

表 10.1　数字 4 的字模对应的扫描代码

	L1	L2	L3	L4	L5	L6	L7	L8	扫描代码
H1	1	1	1	1	1	1	1	1	0xff
H2	1	1	1	1	0	1	1	1	0xf7
H3	1	1	1	0	0	1	1	1	0xe7
H4	1	1	0	1	0	1	1	1	0xd7
H5	1	0	1	1	0	1	1	1	0xb7
H6	1	0	1	1	0	1	1	1	0xb7
H7	1	0	0	0	0	0	1	1	0x83
H8	1	1	1	1	0	1	1	1	0xf7

采用共阳极 8×8 点阵动态显示数字 4 时，每一瞬间只能点亮一行的发光二极管，动态显示过程如图 10.5 所示。按照从上到下的次序，逐行点亮发光二极管，循环执行。显示第 1 帧时，行线 H1 置高电平，其他行线置低电平，所有列线都置高电平，H1 行所有发光二极管都没有点亮。显示第 2 帧时，行线 H2 置高电平，其他行线置低电平，列线 L5 置低电平，其他列线置高电平，行线 H2 与列线 L5 交叉点位置的 LED 灯被点亮，该行其他发光二极管没有点亮。其他 6 行发光二极管点亮的原理类似。动态显示数字 4 时，实际分 8 帧完成。由于帧切换的速度非常快，再加上人眼视觉暂留效应，人眼不能分辨出残缺不齐的 8 帧画面，而是看见完整的数字 4 显示画面，如图 10.4 所示。

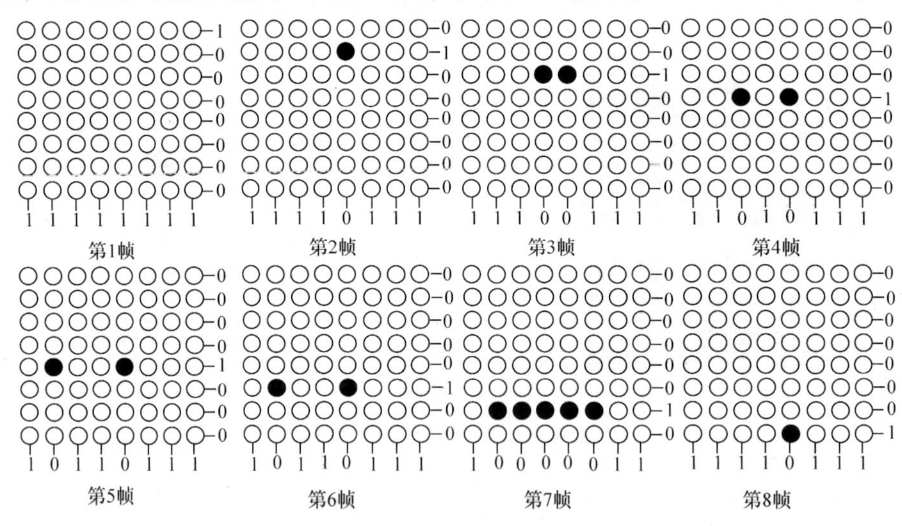

图 10.5　数字 4 动态显示过程

10.4　源　程　序

```
#include <reg51.h>
#define uchar unsigned char
#define uint unsigned int
```

```
uchar m=0,n=0;
uchar o,p,d;
uchar time=0;
/******************************符号和字符取模********************************/
uchar code taba[]={0xff,0xef,0xef,0xef,0xab,0xc7,0xef,0xff};  //箭头取模
uchar code tab1[]={0xff,0xef,0xcf,0xef,0xef,0xef,0xef,0xc7};  //数字 1 字模
uchar code tab2[]={0xff,0xc7,0xbb,0xfb,0xf7,0xcf,0xbf,0x83};  //数字 2 字模
uchar code tab3[]={0xff,0xc7,0xbb,0xfb,0xe7,0xfb,0xbb,0xc7};  //数字 3 字模
uchar code tab4[]={0xff,0xf7,0xe7,0xd7,0xb7,0xb7,0x83,0xf7};  //数字 4 字模
uchar code tab5[]={0xff,0x83,0xbf,0x87,0xfb,0xfb,0xbb,0xc7};  //数字 5 字模
uchar code tab6[]={0xff,0xe7,0xdf,0xbf,0x87,0xbb,0xbb,0xc7};  //数字 6 字模
void delay(uchar n)                                            //延时函数
{
     uchar i,j;
     for(i=n;i>0;i--)
     {
          for(j=255;j>0;j--);
     }
}
timer0() interrupt 1 using 1        //定时器 0 中断函数
{
     TH0=(65536-50000)/256;     //定时 50ms，赋初值
     TL0=(65536-50000)%256;     //定时 50ms，赋初值
     if(o>p)                         //如果 o 大于 p，楼层在上面
     {
          d=1;                       //标志位
     }
     else if(o<p)                    //如果 o 小于 p，楼层在下面
     {
          d=2;                       //标志位
     }
     else                            //o=p 时，位于当前楼层
     {
          d=0;                       //标志位
     }
     time++;                         //计时变量加 1
     if(time==1)                     //计时变量等于 1
     {
          n=~(1<<(p+1));             //显示楼层号码和箭头
     }
     else if(time==5)
     {
          if(d==0)                   //标志位
     {
```

```
                n=~(1<<(p+1));          //显示楼层号码和箭头
        }
        else if(d==1)                   //标志位
            {
                p++;
                n=0xfe;
            }
            else if(d==2)               //标志位
            {
                p--;
                n=0xfd;
            }
        }
        else if(time==20)
        {
            time = 0;
        }
}
void com_initialize(void)               //定时器初始化
{
    TMOD=0x01;                      //定时器 0，工作方式 1
    TH0=(65536-50000)/256;          //定时 50ms，赋初值
    TL0=(65536-50000)%256;          //定时 50ms，赋初值
    EA=1;                           //开总中断
    ET0=1;                          //允许定时器 0 中断
    TR0=1;                          //启动定时器 0 工作
}
void main()
{
    uchar i=0,j=0,k=0;
    uchar tmp=0;
    uchar om=0;                         //按键释放操作变量，初始化时为 0，当有按键按下时，
                                          判断键值和 om 是否相同，不同则执行

    d=0;
    m=0;
    o=1;
    p=1;
    n=0xff;
    com_initialize();
    while(1)
    {
        for(i=0;i<8;i++)
        {
            P1=0xff;
```

```
        P0=0x80>>i;             //循环一次扫描一行
        if(++k==50)             //加到50，清零
        {
            k=0;
        }
        m=P1;                   //记录按键
        if(m != 0xff && d==0 && m!=om)  //当按键按下时，并且电梯在当前楼层
                                        时，m! =om的作用就是类似按键释放的
                                        作用，进入if语句后，就会执行om=m，
                                        只要按键不松开，就不会重复进入
        {
        om=m;                   //反向赋值，防止按键重复触发
        switch(m)
        {
            case 0xfb:          //判断哪一楼层按键按下
                tmp=1;break;
            case 0xf7:
                tmp=2;break;
            case 0xef:
                tmp=3;break;
            case 0xdf:
                tmp=4;break;
            case 0xbf:
                tmp=5;break;
            case 0x7f:
                tmp=6;break;
            default:
                tmp=o;break;
        }

        if(o!=tmp)              //有楼层按键按下时，o就不会等于tmp，执行
                                  if语句
        {
            p=o;
            o=tmp;
            time=0;
        }
        n=m;                    //只要有按键按下，就将m赋给n
    }
    if(n==0xfe)                 //n移到0xfe时，显示向上箭头
    {
        if(k==0)                //k为0时，显示一下箭头，其他时间显示
                                  楼层号码
            j=++j%8;
```

```
            P2=taba[7-(i+j)%8]; //显示箭头
        }
        else if(n==0xfd)            //n移到0xfd时，显示向下箭头标志
        {
            if(k==0)                //k为0时，显示一下箭头，其他时间显示楼层
                                      号码
            {
                if(j>0)
                    j--;
                else
                    j=7;
            }
            P2=taba[(i+j)%8];       //显示箭头
        }
        else if(n==0xfb)            //显示数字1
        {
            P2=tab1[i];
        }
        else if(n==0xf7)            //显示数字2
        {
            P2=tab2[i];
        }
        else if(n==0xef)            //显示数字3
        {
            P2=tab3[i];
        }
        else if(n==0xdf)            //显示数字4
        {
            P2=tab4[i];
        }
        else if(n==0xbf)            //显示数字5
        {
            P2=tab5[i];
        }
        else if(n==0x7f)            //显示数字6
        {
            P2=tab6[i];
        }
        delay(5);                   //延时
    }
  }
}
```

第 11 章　基于单片机的计算器设计

11.1　设 计 目 标

设计一种简易计算器，能实现 4 位数加、减、乘和除运算，能精确到小数点后第 4 位。

11.2　设 计 内 容

简易计算器框图如图 11.1 所示。系统由单片机控制模块、电源、晶振电路、复位电路、1602 液晶显示模块和矩阵键盘等组成。矩阵键盘采用 4×4 键盘，包括 0～9 十个数字键、“+、–、×、÷”4 个符号键、等于键和 CE 清除键。

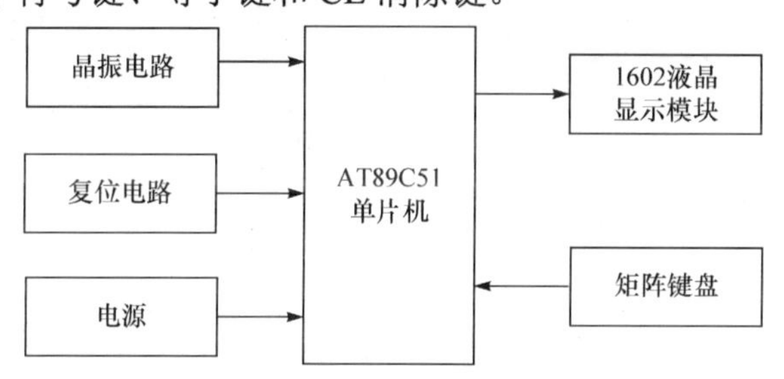

图 11.1　简易计算器框图

矩阵键盘扫描方法主要有行列扫描法和线翻转发法两种。行列扫描法分三步进行。第一步判断是否有按键按下。将全部行线置低电平，然后检测列线的电平状态。若有且只有一列的电平为低电平，则表示键盘中有键按下。若所有列线均为高电平，则键盘中无键按下。第二步是判断闭合按键具体所在的位置。逐行将行线置低电平，然后检测列线的电平状态。低电平列线相连的按键就是闭合按键。第三步确定闭合按键的键值编码。将所有行线电平状态与所有列线电平状态进行组合，就可以得到该闭合按键的键值编码。有按键按下时，只有一条行线的电平是低电平，其余行线的电平是高电平；只有一条列线的电平是低电平，其余列线的电平是高电平。线翻转发法主要分三步进行。第一步将所有列线置低电平，所有行线置高电平，然后读所有行线电平状态。如果所有行线电平状态是高电平，则表示没有按键按下；反之，则表示有按键按下，保留所有行线电平状态。行线电平状态即为行线相关的闭合按键的键值编码的高半部分或低半部分。有且只有一条行线的电平由高电平变为低电平，这种现象称为电平翻转，这是这种方法命名由来。第二步将所有行线置低电平，所有列线置高电平，然后读所有列线电平状态。如果所有列线电平状态是高电平，则表示没有按键按下。如果存在一条列线的电平由高电平变为低电平，则表示有按键按下，保留所有列线电平状态。列线电平状态即为列线相关的闭合按键的键值编码的低半部分或高半部分。第三步确定闭合按键的键值编码。将第一步得到的行线相关键值编码的高半部分或低半部分与第二步得到的列线相关键值编码的低半部分或高半部分进行组合，就得到了闭合按键完整的键值编码。

图 11.2 是本设计采用的 4×4 矩阵键盘。图 11.2 中，矩阵键盘行线和列线端点采用网络标号法进行标注。图 11.3 中，矩阵键盘行线和列线采用总线进行连接，行线和列线分别进行了标注。这两个图只是画法不相同，实现的功能完全相同。以图 11.2 中 4×4 矩阵键盘为例，分别说明行列扫描法和线翻转发法实现过程。行线 P14、P15、P16、P17 分别与单片机引脚 P1.4、P1.5、P1.6、P1.7 相连，列线 P10、P11、P12、P13 分别与单片机引脚 P1.0、P1.1、P1.2、P1.3 相连。

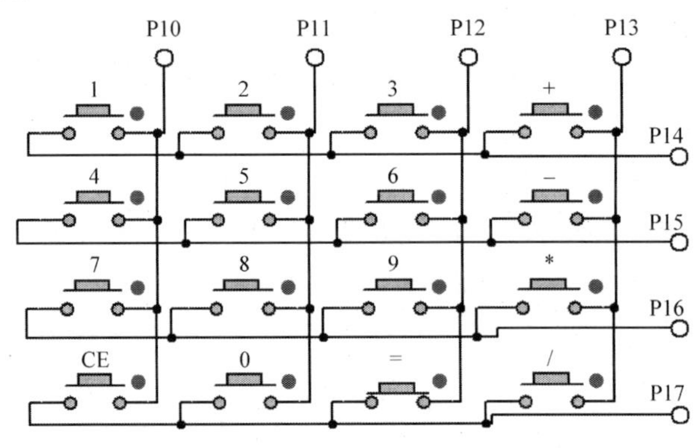

图 11.2　4×4 矩阵键盘

若采用行列扫描法，先判断是否有按键按下。给 P1 口赋值 0x0f，所有列线置高电平，所有的行线置低电平，读列线的电平状态。若所有列线都是高电平，则表示没有按键按下；反之，有按键按下。再确定闭合按键具体的位置，采用逐行送低电平的方法。给 P1 口赋值 0xef，然后读列线的电平状态。若有按键按下，则与该按键相连列线的电平为低电平。按键的键值编码就是行线和列线的电平状态组合，即为 P1 口 8 个引脚的电平状态。由之可得，加号键的键值编码是 11100111(0xe7)，数字 3 的键值编码是 11101011(0xeb)，数字 2 的键值编码是 11101101(0xed)，数字 1 的键值编码是 11101110(0xee)。若第一行没有按键按下，列线的电平状态都是高电平，P1 口的值没有变化，还是 0xef。这时检测第二行是否有按键按下。给 P1 口赋值 0xdf，若有按键按下，通过读列线的电平状态可确定按键具体位置。减号键的键值编码是 11010111(0xd7)，数字 6 的键值编码是 11011011(0xdb)，数字 5 的键值编码是 11011101(0xdd)，数字 4 的键值编码是 11011110(0xde)。若第一行和第二行都没有按键按下，给 P1 口赋值 0xbf，检测第三行是否有按键按下。第三行按键按下时的编码分别是：乘号键的键值编码是 10110111(0xb7)，数字 9 的键值编码是 10111011(0xbb)，数字 8 的键值编码是 10111101(0xbd)，数字 7 的键值编码是 10111110(0xbe)。若第一行、第二行和第三行都没有按键按下，给 P1 口赋值 0x7f，检测第四行是否有按键按下。第四行的按键按下时的编码分别是：除号键的键值编码是 01110111(0x77)，等于号键值编码是 01111011(0x7b)，数字 0 的键值编码是 01111101(0x7d)，CE 清除键的键值编码是 01111110(0x7e)。

若采用线翻转发法，先给 P1 口赋值 0xf0，所有行线置高电平，所有列线置低电平，读行线的电平状态。若有按键按下，有且只有一条行线的电平是低电平，行线电平状态即为与行线相关的闭合按键的键值编码高 4 位。按键按下对应高 4 位键值编码如表 11.1 所示。

表 11.1　高 4 位键值编码

键号	编码	键号	编码	键号	编码	键号	编码
1	1110	2	1110	3	1110	加号	1110
4	1101	5	1101	6	1101	减号	1101
7	1011	8	1011	9	1011	乘号	1011
清除键	0111	0	0111	等于号	0111	除号	0111

再给 P1 口赋值 0x0f，所有列线置高电平，所有行线置低电平，读列线的电平状态。若有按键按下，有且只有一条列线的电平是低电平，列线电平状态即为与列线相关的闭合按键的键值编码低 4 位。按键按下对应低 4 位键值编码如表 11.2 所示。

表 11.2　低 4 位键值编码

键号	编码	键号	编码	键号	编码	键号	编码
1	1110	2	1101	3	1011	加号	0111
4	1110	5	1101	6	1011	减号	0111
7	1110	8	1101	9	1011	乘号	0111
清除键	1110	0	1101	等于号	1011	除号	0111

然后，将闭合按键键值高 4 位编码和低 4 位编码进行组合，就可得到闭合按键键值的编码。闭合按键键值编码如表 11.3 所示。由表 11.1～表 11.3 可知，与行列扫描法相比，线翻转发法会占用更多的数据储存空间。但是，行列扫描法实现代码较长，线翻转发法实现程序较简单。综合考虑，本设计采用线翻转发法对矩阵键盘进行扫描。

表 11.3　闭合按键键值编码

<table>
<tr><th>键号</th><th>高 4 位</th><th>低 4 位</th><th>键号</th><th>高 4 位</th><th>低 4 位</th><th>键号</th><th>高 4 位</th><th>低 4 位</th><th>键号</th><th>高 4 位</th><th>低 4 位</th></tr>
<tr><td rowspan="2">1</td><td>1110</td><td>1110</td><td rowspan="2">2</td><td>1110</td><td>1101</td><td rowspan="2">3</td><td>1110</td><td>1011</td><td rowspan="2">加号</td><td>1110</td><td>0111</td></tr>
<tr><td colspan="2">0xee</td><td colspan="2">0xed</td><td colspan="2">0xeb</td><td colspan="2">0xe7</td></tr>
<tr><td rowspan="2">4</td><td>1101</td><td>1110</td><td rowspan="2">5</td><td>1101</td><td>1101</td><td rowspan="2">6</td><td>1101</td><td>1011</td><td rowspan="2">减号</td><td>1101</td><td>0111</td></tr>
<tr><td colspan="2">0xde</td><td colspan="2">0xdd</td><td colspan="2">0xdb</td><td colspan="2">0xd7</td></tr>
<tr><td rowspan="2">7</td><td>1011</td><td>1110</td><td rowspan="2">8</td><td>1011</td><td>1101</td><td rowspan="2">9</td><td>1011</td><td>1011</td><td rowspan="2">乘号</td><td>1011</td><td>0111</td></tr>
<tr><td colspan="2">0xbe</td><td colspan="2">0xbd</td><td colspan="2">0xbb</td><td colspan="2">0xb7</td></tr>
<tr><td rowspan="2">清除键</td><td>0111</td><td>1110</td><td rowspan="2">0</td><td>0111</td><td>1101</td><td rowspan="2">等于号</td><td>0111</td><td>1011</td><td rowspan="2">除号</td><td>0111</td><td>0111</td></tr>
<tr><td colspan="2">0x7e</td><td colspan="2">0x7d</td><td colspan="2">0x7b</td><td colspan="2">0x77</td></tr>
</table>

11.3　Proteus 仿真

简易计算器 Proteus 仿真原理图如图 11.3 所示，仿真图由图 11.3(a)和图 11.3(b)组成。

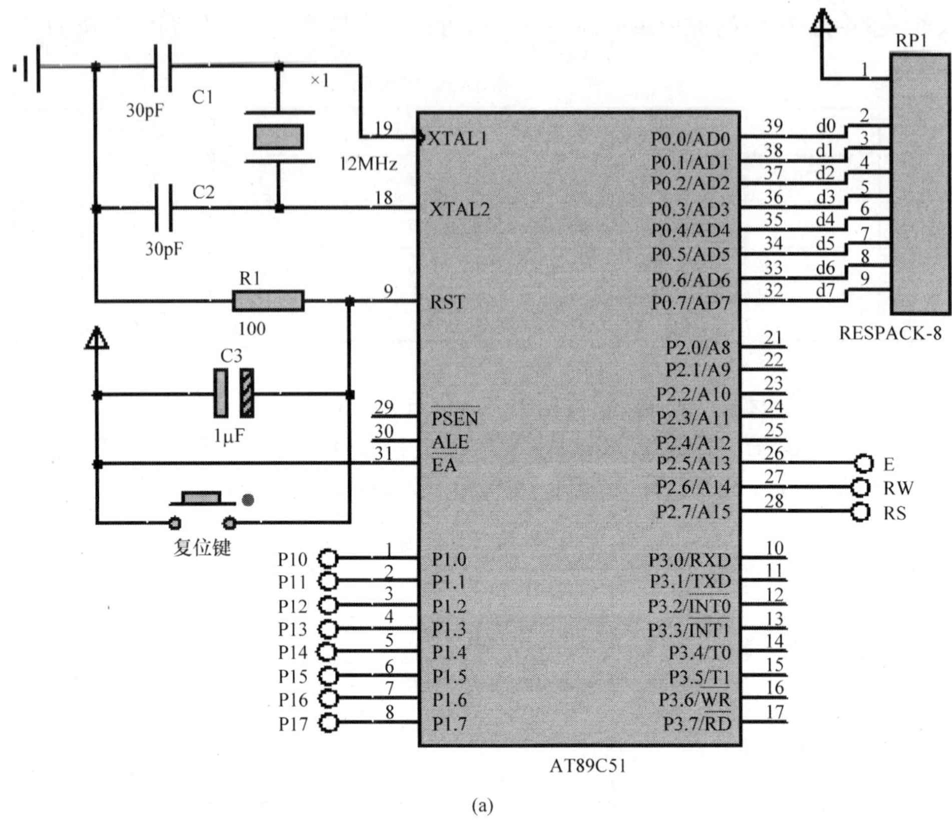

(a)

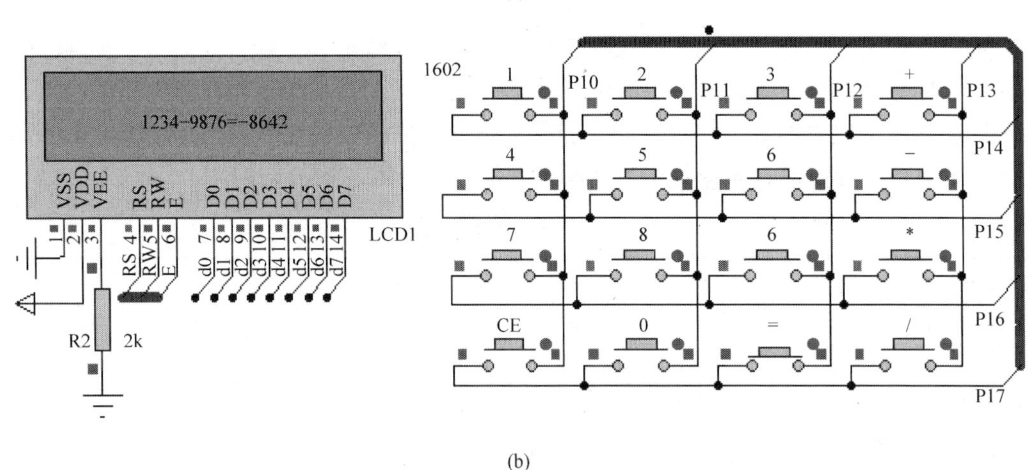

(b)

图 11.3　简易计算器 Proteus 仿真原理图

11.4　源　程　序

```
/*****************************************************************/
  接盘按键说明:
          |  1  |  2  |  3  | + |
```

```
- - - - - - - - - - - - - - - -
| 4 | 5 | 6 | — |
- - - - - - - - - - - - - - - -
| 7 | 8 | 9 | × |
- - - - - - - - - - - - - - - -
| CE | 0 | = | ÷ |
```

操作简介：

输入第 1 个数后，按“+-×÷”，接着输入第 2 个数，然后按“=”显示输出结果，最后按 CE 清屏，进行下一轮计算；

加法最大运算：9999+9999=19998

减法最大运算：9999-0 =9999

乘法最大运算：9999*9999=99980001

除法： 1/9=0.1111，保留小数点后 4 位

```
/*********************************************************************/
#include<reg51.h>
#define uint unsigned int
#define uchar unsigned char
sbit rs=P2^7;                                   //指令或数据
sbit wela=P2^6;                                 //读或写
sbit lcden=P2^5;                                //使能信号
uchar code table[]= "                    ";
long  int data_a,data_b;                        //第 1 个数和第 2 个数变量
long  int data_c;                               //计算结果
uchar dispaly[10];                              //显示缓冲
void LCD_Delay_us(unsigned int t)               //延时 8 微秒函数
{
     while(t--);                                //t=0 时退出
}
void LCD_Delay_ms(unsigned int t)               //延时 1ms 函数
{
     unsigned int i,j;
     for(i=0;i<t;i++)
     for(j=0;j<113;j++);
}
void write_com(uchar com)                       //1602 液晶写指令
{
     rs=0;                                      //写指令
     lcden=0;                                   //使能 1602
     P0=com;                                    //写入指令 com
     LCD_Delay_ms(1);                           //延时 1ms
     lcden=1;                                   //使能 1602
     LCD_Delay_ms(2);                           //延时 2ms
     lcden=0;                                   //使能 1602
}
```

```
void write_date(uchar date)                         //1602液晶写数据
{
    rs=1;                                           //写数据
    lcden=0;                                        //使能1602
    P0=date;                                        //写入数据date
    LCD_Delay_ms(1);                                //延时1ms
    lcden=1;                                        //使能1602
    LCD_Delay_ms(2);                                //延时2ms
    lcden=0;                                        //使能1602
}
/***************************写入字符函数************************* ***/
void W_lcd(unsigned char x,unsigned char y,unsigned char Data)
 {
    if (y == 0){write_com(0x80 + x);}               //第1行
    else{write_com(0xc0 + x);}                      //第2行
    write_date( Data);                              //写入数据
 }
/***************************写入字符串函数****************************/
void LCD_Write_String(unsigned char x,unsigned char y,unsigned char *s)
 {
 if (y == 0){write_com(0x80 + x);}                  //第1行
 else{write_com(0xC0 + x);}                         //第2行
 while (*s)
    {write_date( *s); s++;}                         //写入数据
 }
void init_lcd(void)                                 //初始化液晶，画面初始化
{
    wela=0;                                         //写液晶
    lcden=0;                                        //使能1602
    write_com(0x38);                                //8位总线，双行显示，5×7点阵字符
    LCD_Delay_us(100);                              //延时800微秒
    write_com(0x0c);                                //开显示，无光标，光标不闪烁
    write_com(0x06);                                //光标右移
    write_com(0x01);                                //清屏
    write_com(0x80);                                //DDRAM地址归0
}
short keycheckdown()                                //线翻转发法扫描键盘
{
    short temp1,temp2,temp,a=0xff;
    P1=0xf0;                                        //输入行值(或列值)
    LCD_Delay_ms(20);                               //延时
    temp1=P1;                                       //读列值(或行值)
    P1=0xff;
    LCD_Delay_ms(20);                               //延时
```

```
P1=0x0f;                                //输入列值(或行值)
LCD_Delay_ms(20);                       //延时
temp2=P1;                               //读行值(或列值)
P1=0xff;
temp=(temp1&0xf0)|(temp2&0x0f);         //将两次读入数据进行组合
switch(temp)                            //通过读入数据组合判断按键位置
{
     case 0x77 :a=0x0d;break;           //按键÷
     case 0x7b :a=0x0e; break;          //按键=
     case 0x7d :a=0; break;             //按键 0
     case 0x7e :a=0x0f; break;          //清除键 CE
     case 0xb7 :a=0x0c;break;           //按键×
     case 0xbb :a=0x9;break;            //按键 9
     case 0xbd :a=0x8;break;            //按键 8
     case 0xbe :a=0x7;break;            //按键 7
     case 0xd7 :a=0x0b;break;           //按键-
     case 0xdb :a=0x6;break;            //按键 6
     case 0xdd :a=0x5;break;            //按键 5
     case 0xde :a=0x4;break;            //按键 4
     case 0xe7 :a=0x0a; break;          //按键+
     case 0xeb :a=3;break;              //按键 3
     case 0xed :a=2;break;              //按键 2
     case 0xee :a=1;break;              //按键 1
     default :a=0xff;
}
return a;                               //返回按键值
}
void display_a()                        //显示第 1 个数
{
     dispaly[3]=data_a%10000/1000;      //千
     dispaly[2]=data_a%1000/100;        //百
     dispaly[1]=data_a%100/10;          //十
     dispaly[0]=data_a%10;              //个
     write_com(0x80+0);
     if(data_a>999){ write_date('0'+dispaly[3]);}      //显示千位
     if(data_a>99){ write_date('0'+dispaly[2]);}       //显示百位
     if(data_a>9){ write_date('0'+dispaly[1]);}        //显示十位
     write_date('0'+dispaly[0]);                       //显示个位
}
void display_b()                        //显示第 2 个数
{
     write_com(0x80+7);                 //第 1 行
     dispaly[3]=data_b%10000/1000;      //千
```

```
    dispaly[2]=data_b%1000/100;      //百
    dispaly[1]=data_b%100/10;        //十
    dispaly[0]=data_b%10;            //个
    if(data_b>999){ write_date('0'+dispaly[3]);}     //显示千位
    if(data_b>99){  write_date('0'+dispaly[2]);}     //显示百位
    if(data_b>9) {  write_date('0'+dispaly[1]);}     //显示十位
                    write_date('0'+dispaly[0]);      //显示个位
}
void display_c(x)                           //显示计算结果
{
    if(data_c<100000000&&data_c>-1)  //溢出时显示错误
    {
        dispaly[8]=data_c%1000000000/100000000;    //亿
        dispaly[7]=data_c%100000000/10000000;      //千万
        dispaly[6]=data_c%10000000/1000000;        //百万
        dispaly[5]=data_c%1000000/100000;          //十万
        dispaly[4]=data_c%100000/10000;            //万
        dispaly[3]=data_c%10000/1000;              //千
        dispaly[2]=data_c%1000/100;                //百
        dispaly[1]=data_c%100/10;                  //十
        dispaly[0]=data_c%10;                      //个
        write_com(0x80+6+0x40);                    //第 1 行
        if(x==4)
        {
        if(data_c>99999999){write_date('0'+dispaly[8]);}  //显示亿
        if(data_c>9999999){write_date('0'+dispaly[7]);}   //千万
        if(data_c>999999){write_date('0'+dispaly[6]);}    //百万
        if(data_c>99999){write_date('0'+dispaly[5]);}     //十万
                          write_date('0'+dispaly[4]); //万
                          write_date('.');
                          write_date('0'+dispaly[3]); //千
                         write_date('0'+dispaly[2]);  //百
                         write_date('0'+dispaly[1]);  //十
                        write_date('0'+dispaly[0]);   //个
        }
    else{
        if(data_c>99999999) { write_date('0'+dispaly[8]);} //显示亿
        if(data_c>9999999) { write_date('0'+dispaly[7]);}  //千万
        if(data_c>999999) { write_date('0'+dispaly[6]);}   //百万
        if(data_c>99999) { write_date('0'+dispaly[5]);}    //十万
        if(data_c>9999)  { write_date('0'+dispaly[4]);}    //万
        if(data_c>999)  { write_date('0'+dispaly[3]);}     //千
        if(data_c>99)  { write_date('0'+dispaly[2]);}      //百
        if(data_c>9)  { write_date('0'+dispaly[1]);}       //十
```

```
                    write_date('0'+dispaly[0]);    //个
        }
    }
    else                    //溢出时显示错误
    {
        write_com(0x80+11+0x40);            //第 1 行
        write_date('E');                    //显示 E
        write_date('r');                    //显示 R
        write_date('r');                    //显示 R
        write_date('o');                    //显示 O
        write_date('r');                    //显示 R
    }
}

void eql(uchar x)                                       //加减乘除运算
{
    switch(x)                                           //功能键选择
    {
      case 1:data_c=data_a+data_b;break;                //S=1，加法运算
      case 2:if(data_a>=data_b){data_c=data_a-data_b;}  //S=2，减法运算
             else{data_c=data_b-data_a;W_lcd(5,1,'-');} //负数结果
             break;
      case 3:data_c=(data_a*data_b);break;              // S=3，乘法运算
      case 4:if(data_b==0){LCD_Write_String(0,1,"Error !");}
                                                        //除数为 0，显示溢出错误
             else{data_c=(data_a*10000)/data_b;}break;  // S=4，除法运算
      case 0:break;
}
}

void main()
{
        uchar   key=0xff;                   //键值初始化
        uchar   n=0;                        //第 1 个数可以按 1～4 次
        uchar   m=5;                        //第 2 个数可以按 1～4 次
        uchar   x=0;
        data_a=0;                           //前 1 个数
        data_b=0;                           //后 1 个数
        data_c=0;                           //计算结果
        init_lcd();                         //1602 液晶初始化
        display_a();
        while(1)
        {
            key=keycheckdown();             //动态扫描键盘
```

```
            if(0xff!=key)                         //若返回值有效，进入内部处
                                                    理程序
            {
                if(key<10)
                {
                if(n<4){data_a=data_a*10+key;m=5;display_a();}n++;
                                                  //先输入第 1 个数
                if(m<4){data_b=data_b*10+key;n=5;display_b();}m++;
                                                  //需按“+-×÷”后才能输入第 2
                                                    个数
               }
                else
                { switch(key)                     //功能键选择
                    {
                    case 0xa:n=5;m=0;x=1;W_lcd(5,0,'+');break;
                                                  //显示加号
                    case 0xb:n=5;m=0;x=2;W_lcd(5,0,'-');break;
                                                  //显示减号
                    case 0xc:n=5;m=0;x=3;W_lcd(5,0,'*');break;
                                                  //显示乘号
                    case 0xd:n=5;m=0;x=4;W_lcd(5,0,'/');break;
                                                  //显示除号
                    case 0xe:n=5;m=5;eql(x);W_lcd(12,0,'=');display_c(x);
                    break;
                                                  //显示等号
                    case 0xf:n=0;x=0;m=5; data_a=0;data_b=0;data_c=0;
                    LCD_Write
                    _String(0,0,table);
                    LCD_Write_String(0,1,table);W_lcd(0,0,'0');break;
                                                  //清除显示信息，启动下一轮计算
                    }
                }
                do{P1=0xf0;}while(P1!=0xf0);      //等待按键松开
            }
        }
}
```

第 12 章　基于单片机的洗衣机控制系统设计

12.1　设 计 目 标

设计洗衣机控制系统，该系统具有洗涤、漂洗、脱水和结束报警提示等功能，能通过控制按键从洗涤、漂洗、脱水和结束报警中选定开始工作状态。

12.2　设 计 内 容

洗衣机控制系统框图如图 12.1 所示。系统由单片机控制模块、电源、晶振电路、复位电路、电机驱动模块、工作状态 LED 灯显示、进水显示模块、排水显示模块、结束报警提示模块、数码显示模块和控制键盘等组成。控制按键包括开始键、结束键、菜单键和菜单选择键。先按菜单键，然后按菜单选择键，就可从洗涤、漂洗、脱水和结束报警中选定开始工作状态。洗衣机工作在哪一个状态，相应的 LED 指示灯会点亮。洗涤时间设定为 30s，洗涤次数设为 1 次。漂洗时间设定为 20s，漂洗次数设为 3 次。脱水时间设定为 30s，脱水次数设为 1 次。洗衣过程中的进水时间和排水时间都设定为 5s。各工作状态的时间都采用数码管以倒计时方式显示。整个洗衣过程结束，数码管显示为“00”，蜂鸣器提示报警。在进水和排水时，相应 LED 灯会点亮。洗衣机整个工作流程为：进水 5s → 洗涤 30s → 排水 5s → 进水 5s → 漂洗 20s → 排水 5s → 进水 5s → 漂洗 20s → 排水 5s → 进水 5s → 漂洗 20s → 排水 5s → 脱水 30s → 结束报警提示。

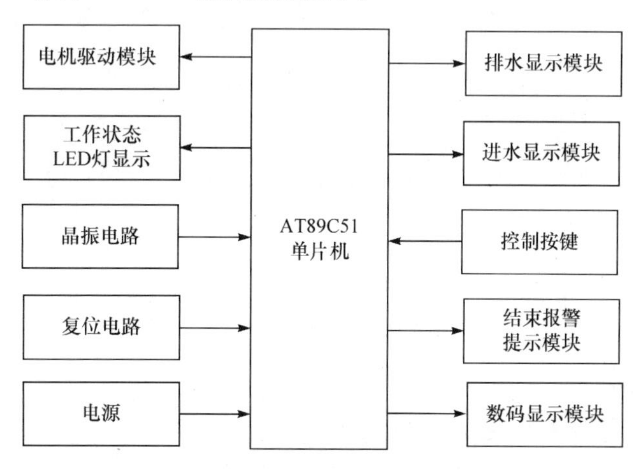

图 12.1　洗衣机控制系统框图

12.3　Proteus 仿真

洗衣机控制系统 Proteus 仿真原理图如图 12.2 所示，仿真图由图 12.2(a)、图 12.2(b)和图 12.2(c)组成。

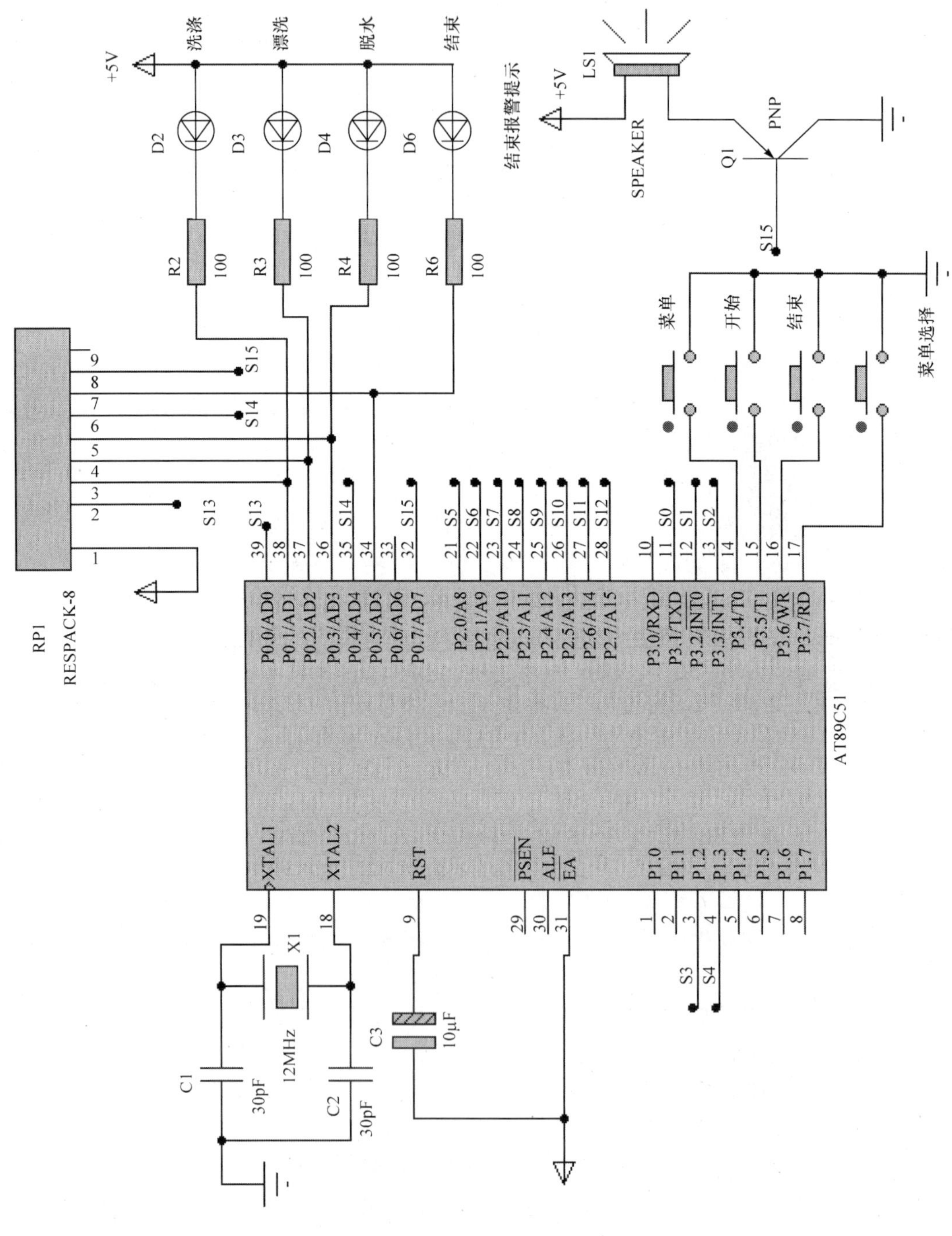

(a)

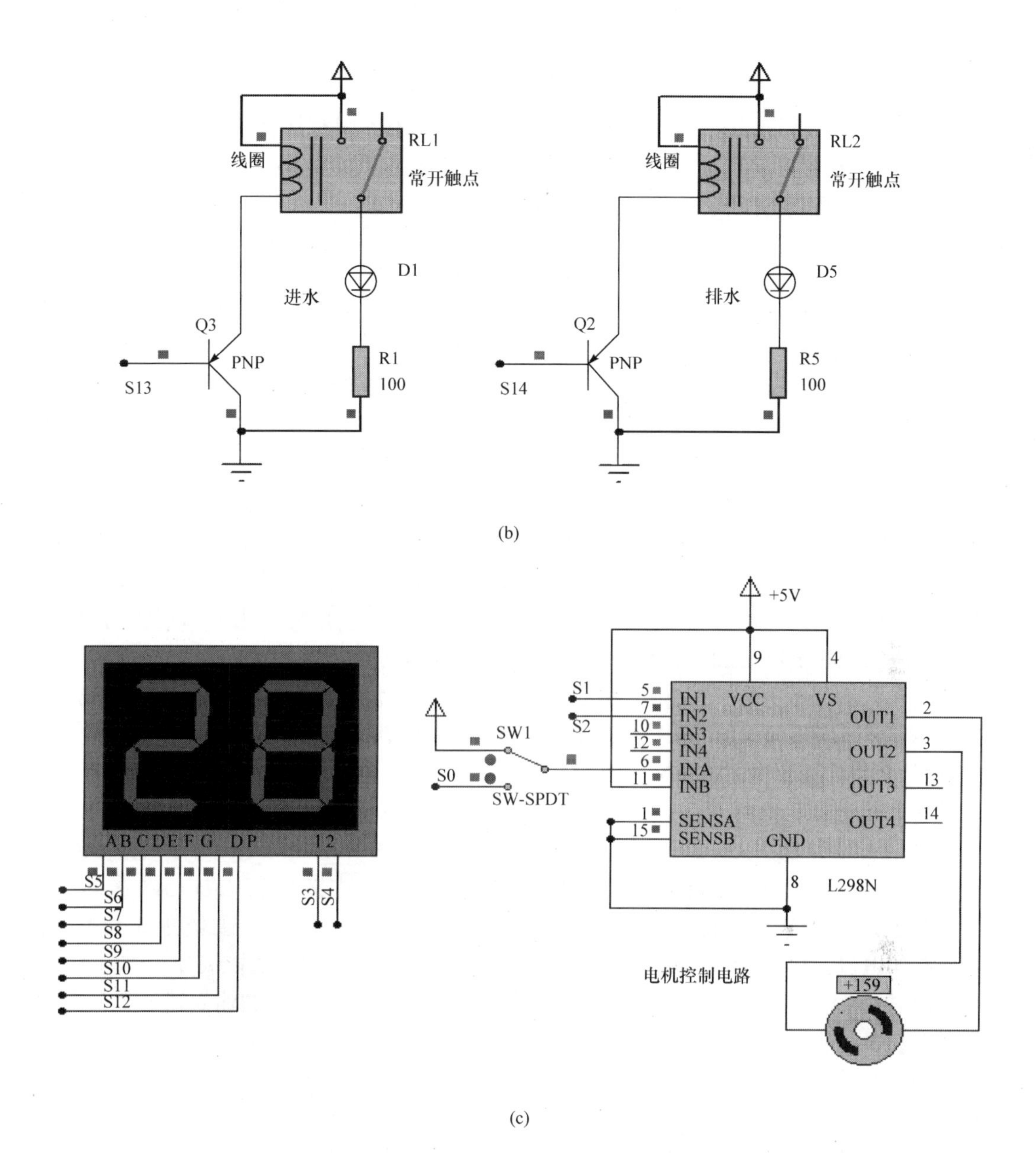

图 12.2　洗衣机控制系统 Proteus 仿真原理图

图 12.2(a)中，引脚 P3.4、P3.5 分别是定时器/计数器 0 和定时器/计数器 1 计数脉冲输入端。作计数器用时，需要从这两个引脚输入下降沿计数脉冲信号。因为定时器的输入计数脉冲信号是由单片机的晶体振荡器产生的时钟信号经过 12 分频后得到的，与外部输入信号无关。作定时器用时，引脚 P3.4、P3.5 可作为普通的 I/O 口。本设计就是采用这种处理方式。采用定时器 T0 进行定时，定时时间设为 50ms，采用工作模式 1 进行定时。引脚 P3.4、P3.5 分别接菜单键和开始键。

图 12.2(b)中，进水控制模块和排水控制模块采用继电器控制。继电器是一种根据电磁感应原理工作的自动化电器开关，采用小电流去控制大电流动作。电磁式继电器是由铁心、

线圈、衔铁、触点簧片等部件组成的。只要在线圈两端加上一定量的电压，线圈中就会流过一定量的电流，从而产生电磁效应。衔铁就会被电磁力吸引，克服返回弹簧的拉力，与铁心相吸合，从而使衔铁的动触点与静触点相吸合。这时，常开触点吸合，常闭触点打开。当线圈断电后，电磁吸力消失，衔铁就会在弹簧反作用力的作用下返回到原来的位置。继电器回到初始状态，常闭触点吸合，常开触点打开。图 12.2(b)中，进水控制模块工作状况由引脚 P0.0 的电平控制。当引脚 P0.0 的电平是低电平时，PNP 管 Q3 导通，继电器的线圈带电，继电器的常开触点闭合，进水控制模块指示灯 D1 点亮，进水控制电路工作。排水控制模块工作原理与进水控制模块类似。

直流电动机是将直流电能转换为机械能的转动装置。电动机定子提供磁场，直流电源向转子的绕组提供电流，换向器使转子电流与磁场产生的转矩保持方向不变。直流电动机正反转控制常采用电枢反接法，保持励磁绕组端电压的极性不变，通过改变电枢绕组端电压正负极性来控制电动机正反转动作。L298N 是专用的驱动集成电路，属于 H 桥式集成电路。其输出电流可达 2A，最高工作电压为 50V，可以驱动感性负载工作，如大功率直流电机、步进电机、电磁阀等。其输入端可以与单片机 I/O 口直接相连，能采用单片机进行控制。可用来控制步进电机的动作，实现直流电机正反转控制。L298N 芯片可以驱动两个二相电机或一个四相电机。控制直流电机动作时，只需改变电动机电枢绕组两端的逻辑电平。L298N 的输入端 IN1、IN2 和输出端 OUT1、OUT2 通过 4 个 NPN 管构成 A 相 H 桥式电路，L298N 的输入端 IN3、IN4 和输出端 OUT3、OUT4 通过 4 个 NPN 管构成 B 相 H 桥式电路，两个电路完全相同。ENA 端和 ENB 端分别是 A 相 H 桥式电路和 B 相 H 桥式电路的使能端，高电平有效。图 12.2(c)中， ENB 端直接接高电平，ENA 端通过单刀双掷开关 SW1 接高电平。SENSA 端和 SENSB 端是电流感应端。A 相电路和 B 相电路的电流分别通过 SENSA 端和 SENSB 端流入负极。只要在 SENSA 端和 SENSB 端电路中接电流表或电流采样电阻，就能监测 L298N 中 A 相电路和 B 相电路实时流过的电流。本设计不需要监测 A 相电路和 B 相电路的电流，故 SENSA 端和 SENSB 端直接接地。A 相电路的功能表如表 12.1 所示。L298N 的输出端 OUT1、OUT2 与电动机电枢绕组两端相连，L298N 的输入端 IN1、IN2 分别与单片机的引脚 P3.2 和 P3.3 相连。L298N 正常工作时，L298N 的输出端 OUT1、OUT2 的电平分别与输入端 IN1、IN2 的电平相同。通过 L298N 驱动电路，单片机可控制直流电动机的动作。当 P3.2=0、P3.3=0 时，直流电动机停止旋转。当 P3.2=0、P3.3=1 时，直流电动机反转。当 P3.2=1、P3.3=0 时，直流电动机正转。当 P3.2=1、P3.3=1 时，直流电动机停止旋转。洗衣机进水、排水和结束洗衣时，直流电动机停止旋转。洗衣机洗涤、漂洗时，直流电动机按顺序循环进行正转和反转运行。先正转几圈，再停止旋转一段时间，然后反转几圈，停止一段时间后再正转，按照这样的顺序循环进行。

表 12.1　A 相电路的功能表

ENA	IN1	IN2	OUT1	OUT2
0	×	×	高阻	高阻
1	0	0	0	0
1	0	1	0	1
1	1	0	1	0
1	1	1	1	1

12.4 源 程 序

```
#include<reg51.h>
#define uchar unsigned char
#define uint unsigned int
sbit mo_r = P3^2;               //电机正转控制端口
sbit mo_l = P3^3;               //电机反转控制端口
sbit key_menu = P3^4;           //菜单键
sbit key_on = P3^5;             //开始键
sbit key_off = P3^6;            //结束键
sbit key_se = P3^7;             //菜单选择键
sbit led_in = P0^0;             //进水指示灯
sbit led_xi = P0^1;             //洗涤指示灯
sbit led_pao = P0^2;            //漂洗指示灯
sbit led_xx = P0^3;             //脱水指示灯
sbit led_out = P0^4;            //排水指示灯
sbit led_over = P0^5;           //洗衣结束指示灯
sbit led_work = P0^6;           //电机工作状态
sbit led_wring = P0^7;          //报警控制端口
sbit other = P3^1;              //脱水盖子保护开关
sbit anther = P3^0;             //洗衣电源控制开关
uchar code num[10]={0xc0,0xf9,0xa4,0xb0,0x99,0x92,0x82,0xf8,0x80, 0x90};
char sec = 0;                   //秒钟
char min = 0;                   //分钟
uchar count=0;                  //中断计数
uchar flag0=0;                  //洗衣机工作状态标志
uchar flag1=0;                  //进水次数标志
uchar flag2=0;                  //排水次数标志
uchar flag3=0;                  //漂洗次数标志
uchar err =0;                   //报警标志
uchar quan = 0;                 //正反转计数
void delay();                   //延时函数
void in();                      //进水子程序
void out();                     //排水子程序
void over();                    //结束子程序
void xi();                      //洗涤子程序
void pao();                     //漂洗子程序
void xx();                      //脱水子程序
void on();                      //工作 on 处理子程序
void se();                      //数码显示选择
void SEG_display();             //数码显示子程序
void key_scan();                //按键扫描子程序
/***************************延时函数******************************* /
```

```
void delay(uint i)
{
    uint x,y;
    for(x=i;x>0;x--)
     for(y=50;y>0;y--);
}

/***********************工作 on 处理子程序****************************/
void on()
{
    TMOD=0x01;
    TH0=(65536-50000)/256;
    TL0=(65536-50000)%256;
    EA=1;
    ET0=1;
    TR0=1;
    P0 = 0xff;
    if(flag0 == 0)
          in();
    if(flag0 == 1)
          xi();
    if(flag0 == 2)
          pao();
    if(flag0 == 3)
          xx();
    if(flag0 == 4)
          out();
}
/****************************结束子程序****************************/
void over()
{    other=0;
    anther=0;
    P0 = 0xff;
    mo_r=0;
    mo_l=0;
    led_over = 0;
    led_wring=0;
    EA=0;
}
/****************************进水子程序****************************/
void in()
{    anther=0;
    other=1;
    P0 = 0xff;
```

```
    led_in = 0;
    flag1++;
    mo_r = 0;
    mo_l = 0  ;
    min = 0;
    sec = 5;
}
/***************************洗涤子程序*****************************/
void xi()
{     anther=1;
    other=1;
    P0 = 0xff;
    led_work = 0;
    led_xi = 0;
    mo_r = 1;
    mo_l = 0;
    min = 0;
    sec = 30;
    quan = 0;
}
/***************************漂洗子程序*****************************/
void pao()
{
    anther=1;
    other=1;
    P0 = 0xff;
    led_pao = 0;
    led_work = 0;
    flag3++;
    mo_r = 1;
    mo_l = 0;
    min = 0;
    sec = 20;
    quan = 0;
}
/***************************脱水子程序*****************************/
void xx()
{     other=0;
    anther=0;
    P0 = 0xff;
    led_xx = 0;
    led_out=0;
    mo_r = 0;
    mo_l = 1;
```

```
    min = 0;
    sec = 30;
}
/***************************排水子程序****************************/
void out()
{    anther=0;
    other=0;
    P0 = 0xff;
    led_out = 0;
    flag2++;
    mo_r = 0;
    mo_l = 0;
    min = 0;
    sec = 5;
}
/***********************状态显示 LED 灯选择*************************/
void se()
{
    P0 = 0xff;
    if(flag0 >= 5)
        flag0 = 0;
    if(flag0 == 0)
    {
        led_in = 0;
    }
    if(flag0 == 1)
    {
        led_xi=0;
    }
    if(flag0 == 2)
    {
        led_pao=0;
    }
    if(flag0 == 3)
    {
        led_xx=0;
    }
    if(flag0 == 4)
    {
        led_out=0;
    }
}
/**************************菜单处理子程序***************************/
void menu()
```

```
{
     min = 0;
     sec = 0;
     mo_r=0;
     mo_l=0;
     SEG_display();
     while(1)
     {
        if(key_on == 0)
          {
              delay(5);
              if(key_on == 0)
              {
                    while(!key_on);
                    on();
                    break;
              }
          }
          if(key_off == 0)
          {
              delay(5);
              if(key_off == 0)
              {
                    while(!key_off);
                    over();
                    break;
              }
          }
          if(key_se == 0)
          {
              delay(5);
              if(key_se == 0)
              {
                while(!key_se);
                flag0++;
                se();
              }
          }
     }
}
/**************************按键扫描子程序****************************/
void key_scan()
{
     if(key_menu == 0)
```

```
    {
        delay(5);
        if(key_menu == 0)
        {
            while(!key_menu);
            menu();
        }
    }
    if(key_on == 0)
    {
        delay(5);
        if(key_on == 0)
        {
            while(!key_on);
            on();
        }
    }
    if(key_off == 0)
    {
        delay(5);
        if(key_off == 0)
        {
            while(!key_off);
            over();
        }
    }
}
/*************************数码显示子程序***************************/
void SEG_display()
{
    P1=0x01;
    P2 = num[min/10];
    delay(10);
    P1 = 0x02;
    P2 = num[min%10];
    delay(10);
    P1 = 0x04;
    P2 = num[sec/10];
    delay(10);
    P1 = 0x08;
    P2 = num[sec%10];
    delay(10);
}
/******************************主函数******************************/
```

```
void main()
{
     led_in=1;
     anther=0;
     other=0;
     while(1)
     {
          SEG_display();
          key_scan();
     }
}
/*************************定时器 0 中断函数**************************/
void timer0() interrupt 1
{
     TH0=(65536-50000)/256;
     TL0=(65536-50000)%256;
     count++;
    if(count==20)
    {
        count = 0;
        sec--;
        if((flag0==1)||(flag0==2))
        {
              quan++;
              switch(quan)
              {
                   case 1:mo_r=1;mo_l=0;break;
                   case 5:mo_r=0;mo_l=0;break;
                   case 7:mo_r=0;mo_l=1;break;
                   case 12:mo_r=0;mo_l=0;break;
                   case 14:mo_r=1;mo_l=0;break;
                   case 19:mo_r=0;mo_l=0;break;
                   case 21:mo_r=0;mo_l=1;break;
                   case 26:mo_r=0;mo_l=0;break;
                   default:;
              }
              if(quan==30)
              {
                   quan=0;
              }
         }
         if((sec == 0)&&(min != 0))
         {
           min--;
```

```
            sec = 59;
        }
        if((sec<0)&&(min==0)&&(flag0==0))                    //进水结束
        {
                switch(flag1)
                {
                    case 1:flag0=1;xi();break;
                    case 2:flag0=2;pao();break;
                    case 3:flag0=2;pao();break;
                    case 4:flag0=2;pao();break;
                    default: err=1;led_wring = 0;
                }
        }
                if((sec<0)&&(min==0)&&(flag0==1))            //洗涤结束
        {
                  flag0 = 4;
                  out();
        }
        if((sec<0)&&(min==0)&&(flag0==2))                    //漂洗结束
        {
                  switch(flag3)
                  {
                       case 1:flag0=4;out();break;
                       case 2:flag0=4;out();break;
                       case 3:flag0=4;out();break;
                       default: err=1;led_wring = 0;
                  }
        }
                  if((sec<0)&&(min==0)&&(flag0==4))          //排水结束
        {
                  switch(flag2)
        {
                       case 1:flag0=0;in();break;
                       case 2:flag0=0;in();break;
                       case 3:flag0=0;in();break;
                       case 4:flag0=3;xx();break;
                       default: err= 1;led_wring = 0;
                  }
        }
        if((sec<0)&&(min==0)&&(flag0==3))                    //结束提示报警
        {  sec = 0;
           over();
        }
    }
}
```

第 13 章　基于单片机的智能温控电风扇设计

13.1　设 计 目 标

设计智能温控电风扇，风扇风速分为强风和弱风两档，根据环境温度自动选择强风和弱风。温度的上限值和下限值由用户通过按键设定。当风扇实际温度低于设定下限值时,电风扇停止旋转。当风扇实际温度处于设定温度下限和上限之间时，电风扇转速较慢。当风扇实际温度高于设定温度上限值时，电风扇高速运转。

13.2　设 计 内 容

智能温控电风扇框图如图 13.1 所示。系统由单片机控制模块、晶振电路、复位电路、电源模块、电机控制模块、温度设置按键、DS18B20 测温模块和数码显示模块等组成。数字式集成温度传感器 DS18B20 高度集成化，大大降低了外接放大转换等电路的引入误差，温度测量误差较小。温度值在器件内部转换成数字量后输出，简化了系统程序设计。该传感器采用先进的单总线技术(1-wrie)，与单片机的接口变得十分简洁，抗干扰能力强。采用 4 位共阳极数码管以动态扫描方式显示温度，4 位数码管可分别显示风扇当前温度、设定的上限温度值和下限温度值。温度设置按键有 3 个，具体为温度设置选择键、加法键和减法键。温度设置选择键可以设定温度上限值和温度下限值。加法键每按 1 次，温度增加 0.1℃。若该按键按下未松开，温度小数位自动连加 3 次后，设定温度的个位自动连加。减法键每按 1 次，温度减少 0.1℃。若该按键按下未松开，温度小数位自动连减 3 次后，设定温度的个位自动连减。

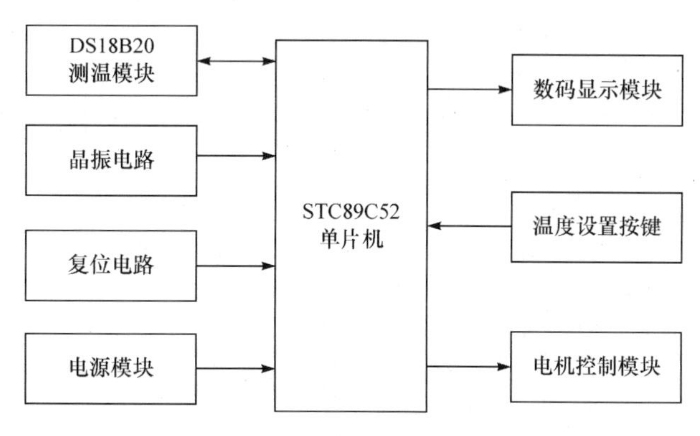

图 13.1　智能温控电风扇框图

13.3 Proteus 仿真

智能温控电风扇 Proteus 仿真原理图如图 13.2 所示，仿真图由图 13.2(a)和图 13.2(b)组成。

图 13.2(a)中，采用 PNP 管 Q1 来控制电风扇的工作，Q1 管的基极接引脚 P2.3。当引脚 P2.3 为高电平时，Q1 管截止，电风扇不工作；当引脚 P2.3 为低电平时，Q1 管导通，电风扇工作。本系统采用脉冲宽度调制(PWM)技术来控制电风扇的运行。通过控制引脚 P2.3 的高低电平作用时间，控制 Q1 管导通和截止的时间，从而控制加在电风扇高低电平的作用时间。一个周期矩形电压波形高低电平的平均值，即为平均电压的大小。在正常工作状态下，平均电压越大，电动机的转数越大，电风扇旋转越快。当风扇实际温度低于设定温度下限时，加在风扇电动机两端的电压为 0V，电风扇停止旋转。当风扇实际温度处于设定温度下限和上限之间时，矩形电压波形的占空比为 40%，电风扇转速较慢。当风扇实际温度高于设定温度上限值时，矩形电压波形的占空比为 60%，电风扇高速运转。图 13.2(b)中，

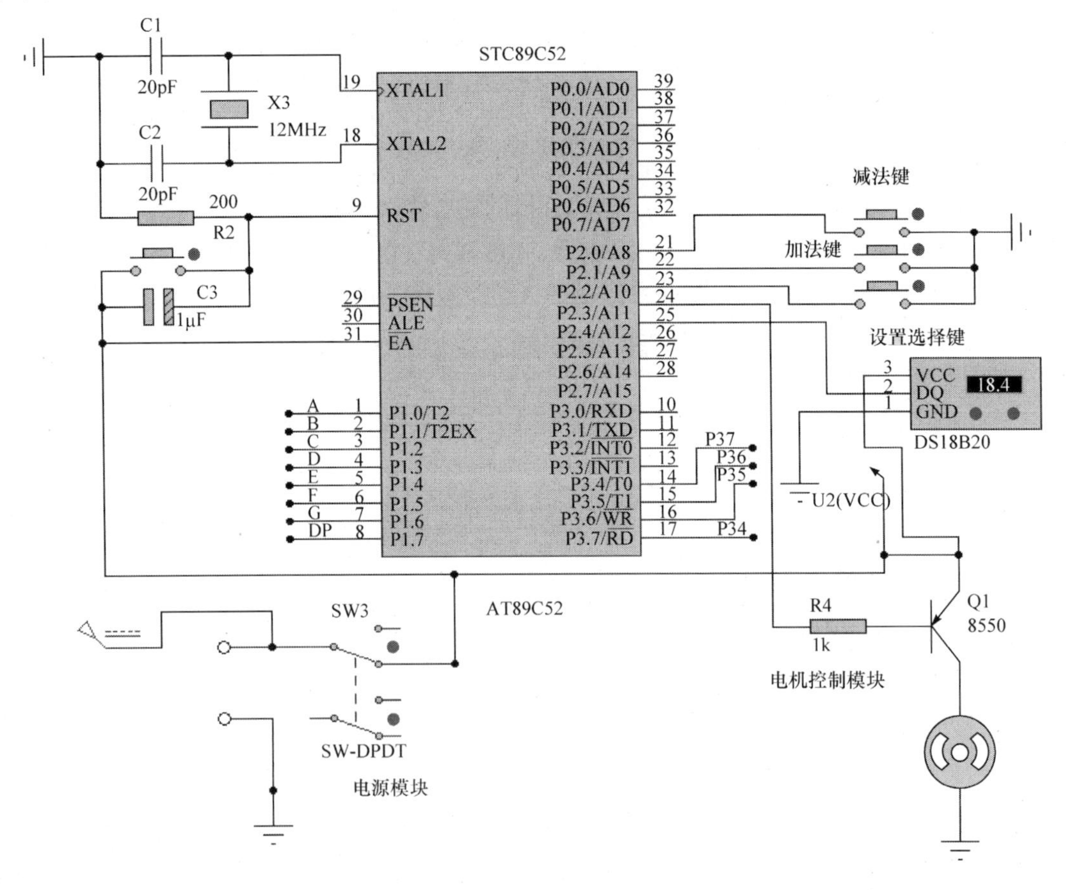

(a)

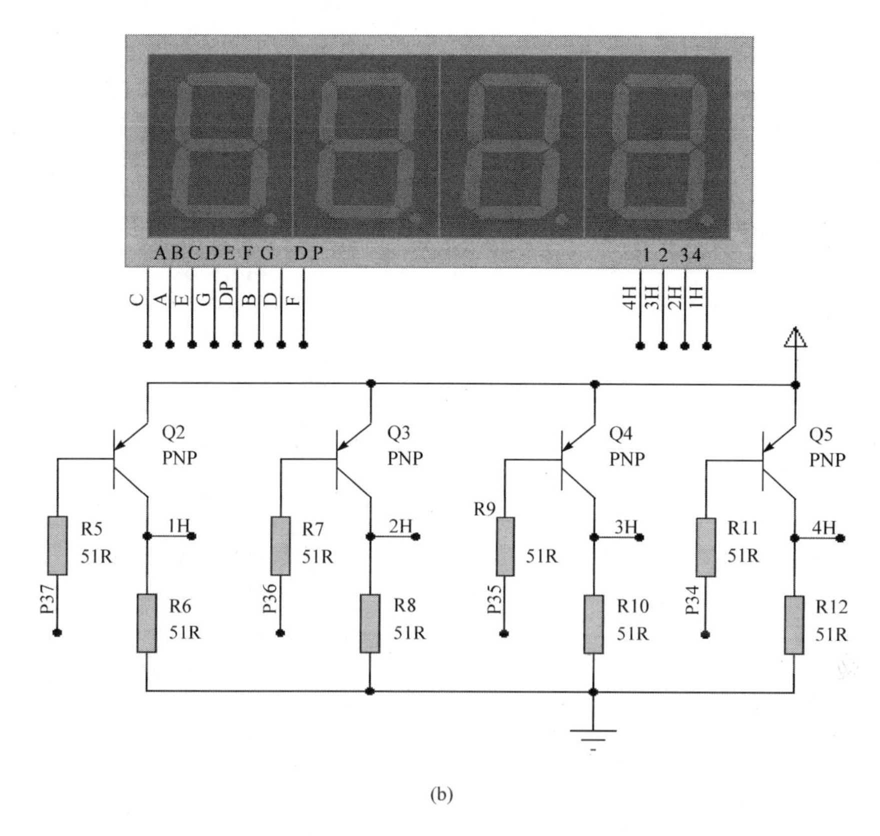

(b)

图 13.2 智能温控电风扇 Proteus 仿真原理图

4 位共阳极数码管的位选信号为高电平，位选端与 PNP 管的集电极相连，4 个 PNP 管的基极分别接引脚 P3.4、P3.5、P3.6 和 P3.7。当其中一位引脚电平为低电平时，与该引脚相连的 PNP 管导通，该 PNP 管给对应的位选端送高电平。

13.4 源 程 序

```
#include <reg52.h>
#define uchar unsigned char
#define uint  unsigned int
#include <intrins.h>
#define RdCommand 0x01                              //ISP 的操作命令
#define PrgCommand 0x02
#define EraseCommand 0x03
#define Error 1
#define Ok 0
#define WaitTime 0x01                               //CPU 的等待时间
sfr ISP_DATA=0xe2;                                  //Flash 数据寄存器地址(E2h)
sfr ISP_ADDRH=0xe3;                                 //Flash 高字节寄存器地址(E3h)
sfr ISP_ADDRL=0xe4;                                 //Flash 低字节寄存器地址(E4h)
```

```
sfr ISP_CMD=0xe5;                                    //Flash命令模式寄存器地址(E5h)
sfr ISP_TRIG=0xc6;                                   //Flash命令触发寄存器地址(E6h)
sfr ISP_CONTR=0xe7;                                  //ISP/IAP控制寄存器地址(E7h)
uchar num;
void ISP_IAP_enable(void);                           //打开 ISP、IAP 功能
void ISP_IAP_disable(void);                          //关闭 ISP、IAP 功能
void ISPgoon(void);                                  //公用的触发代码
uchar byte_read(unsigned int byte_addr);             //字节读
void SectorErase(unsigned int sector_addr);          //扇区擦除
void byte_write(unsigned int byte_addr, unsigned char original_data);
                                                     //字节写
void display();                                      //显示函数
uchar      code      smg_du[]={0x28,0xee,0x32,0xa2,0xe4,0xa1,0x21,0xea,0x20,
0xa0,0x60,0x25,0x39, 0x26,0x31,0x71,0xff};
uchar code smg_we[]={0xef,0xdf,0xbf,0x7f};           //数码管位选信号
uchar dis_smg[8] = {0xc0,0xf9,0xa4,0xb0,0x99,0x92,0x82,0xf8};
                                                     //段码
uchar smg_i = 3;                                     //显示数码管的个位
sbit dq = P2^4;                                      //DS18B20 I/O口
sbit pwm = P2^3;                                     //蜂鸣器I/O口
bit flag_lj_en;                                      //按键连加使能
bit flag_lj_3_en;                                    //按键连加3次后使能
uchar key_time,key_value;                            //连加中间变量
bit key_500ms;
uchar f_pwm_l ;
uint temperature ;
bit flag_300ms ;
uchar menu_1,a_a ;                                   //菜单设计变量
uint t_high ,t_low;                                  //温度上限、下限值
/***********************延时1ms函数**********************************/
void delay_1ms(uint q)
{
     uint i,j;
     for(i=0;i<q;i++)
          for(j=0;j<120;j++);
}
/*************************延时8微秒函数*****************************/
void delay_uint(uint q)
{
     while(q--);
}
/***********************数码显示函数**********************************/
void display()
{
```

```
    static uchar i;
    i++;
    if(i >= smg_i)
        i = 0;
    P1 = 0xff;                  //消隐
    P3 = smg_we[i];             //位选
    P1 = dis_smg[i];            //段选
}
/********************DS18B20初始化函数*******************************/
void init_18b20()
{
    bit q;
    dq = 1;                     //把总线电平拉高
    delay_uint(1);              //延时8微秒
    dq = 0;                     //把总线电平拉低
    delay_uint(80);             //延时640微秒
    dq = 1;                     //把总线电平拉高，等待
    delay_uint(10);             //延时80微秒
    q = dq;                     //读取DS18B20初始化信号
    delay_uint(20);             //延时160微秒
    dq = 1;                     //把总线电平拉高，释放总线
}
/***********************向DS18B20写数据****************************/
void write_18b20(uchar dat)
{
    uchar i;
    for(i=0;i<8;i++)
    {
        dq = 0;                 //把总线电平拉低，写时间隙开始
        dq = dat & 0x01;        //向DS18B20写数据
        delay_uint(5);          //延时40微秒
        dq = 1;                 //释放总线
        dat >>= 1;
    }
}
/**********************读取DS18B20中的数据*************************/
uchar read_18b20()
{
    uchar i,value;
    for(i=0;i<8;i++)
    {
        dq = 0;                 //把总线电平拉低，读时间隙开始
        value >>= 1;            //读数据从低位开始
        dq = 1;                 //释放总线
```

```
            if(dq == 1)          //开始读数据
            value |= 0x80;
            delay_uint(5);        //延时 40 微秒，读一个时间隙至少要保持 40 微秒时间
      }
      return value;
}
/*************************读取小数形式的温度值***************************/
uint read_temp()
{
      uint value;
      uchar low;                 //读取温度时，如果中断太频繁，应关掉中断，否则会影响
                                   DS18B20 时序
      TR1=0;                     //关掉中断
      init_18b20();              //初始化 DS18B20
      write_18b20(0xcc);         //跳过 64 位 ROM
      write_18b20(0x44);         //启动 1 次温度转换命令
      delay_uint(50);            //延时 400 微秒
      init_18b20();              //初始化 DS18B20
      write_18b20(0xcc);         //跳过 64 位 ROM
      write_18b20(0xbe);         //发出读取暂存器命令
      EA = 0;
      low = read_18b20();        //读温度低字节
      value = read_18b20();      //读温度高字节
      EA = 1;
      value <<= 8;               //把温度的高位左移 8 位
      value |= low;              //把读出的温度低位放到 value 的低 8 位中
      value *= 0.625;            //转换成小数形式温度值
      return value;
}
/***************************定时器 0 初始化******************************/
void time_init()
{
      EA = 1;                    //开总中断
      TMOD = 0x11;               //定时器 0 工作方式 1，定时器 1 工作方式 1
      ET0 = 1;                   //开定时器 0 中断
      TR0 = 1;                   //启动定时器 0 工作
      menu_1 = 0;
      ET1 = 1;                   //开定时器 1 中断
      TR1 = 1;                   //启动定时器 1 工作
}
/****************************独立按键函数******************************/
uchar key_can;                   //按键值
void key()                       //独立按键函数
{
```

```
static uchar key_new;
key_can = 20;                                            //按键值还原
P2 |= 0x07;
if((P2 & 0x07) != 0x07)                                  //按键按下
{
    if(key_500ms == 1)                                   //连加
    {
        key_500ms = 0;
        key_new = 1;
    }
    delay_1ms(1);          //按键消抖动
    if(((P2 & 0x07) != 0x07) && (key_new == 1)) //确认按键按下
    {
        key_new = 0;
        switch(P2 & 0x07)
        {
            case 0x06: key_can = 3; break;       //减法键按下
            case 0x05: key_can = 2; break;       //加法键按下
            case 0x03: key_can = 1; break;       //设置选择键按下
        }
        flag_lj_en = 1;                          //连加使能
    }
}
else
{
    if(key_new == 0)
    {
        key_new = 1;
         SectorErase(0x2e00);                    //擦除扇区命令
         byte_write(0x2e00,t_high%256);          //把温度上限 t_high 写入
                                                   扇区

         byte_write(0x2e01,t_high/256);
         byte_write(0x2e20,t_low%256);           //把温度下限 t_low 写入
                                                   扇区

         byte_write(0x2e21,t_low/256);
         byte_write(0x2e55,a_a);                 //把 a-a 值写入扇区
         flag_lj_en = 0;                         //关闭连加使能
         flag_lj_3_en = 0;                       //关闭 3s 后使能
         key_value = 0;                          //清零
         key_time = 0;
         key_500ms = 0;
    }
}
}
```

```
/***********************按键处理数码管显示函数***********************/
void key_with()
{
	if(key_can == 1)				//设置键
	{
		menu_1 ++;
		if(menu_1 >= 3)
	{
			menu_1 = 0;
			smg_i = 3;			//数码管显示 3 位
		}
	}
	if(menu_1 == 1)				//设置高温上限
	{
		smg_i = 4;				//数码管显示 4 位
		if(key_can == 2)
		{
		if(flag_lj_3_en == 0)
			t_high ++ ;			//按键按下未松开，温度小数位自动连加 3 次
		else
			t_high += 10;		//按键按下未松开，温度小数位自动连加 3 次后，
								  个位自动连加
			 if(t_high > 990)
				t_high = 990;
		}
		if(key_can == 3)
		{
		  if(flag_lj_3_en == 0)
			t_high -- ;			//按键按下未松开，温度小数位自动连减 3 次
		  else
			t_high -= 10;		//按键按下未松开，温度小数位自动连减 3 次后，
								  个位自动连减
			if(t_high <= t_low)
				t_high = t_low + 1;
		}
		dis_smg[0] = smg_du[t_high % 10];				//显示小数
		dis_smg[1] = smg_du[t_high/ 10 % 10] & 0xdf;	//显示个位
		dis_smg[2] = smg_du[t_high / 100 % 10] ;		//显示十位
		dis_smg[3] = 0x64;								//显示字符 H
	}
	if(menu_1 == 2)				//设置低温下限
	{
		smg_i = 4;				//数码管显示 4 位
		if(key_can == 2)
```

```
        {
          i0f(flag_lj_3_en == 0)
              t_low ++ ;              //按键按下未松开，温度小数位自动连加 3 次
          else
            t_low += 10;              //按键按下未松开，温度小数位自动连加 3 次后，
                                        个位自动连加
           if(t_low >= t_high)
                t_low = t_high - 1;
        }
           if(key_can == 3)
        {
           (flag_lj_3_en == 0)
            t_low -- ;                //按键按下未松开，温度小数位自动连减 3 次
          else
            t_low -= 10;              //按键按下未松开，温度小数位自动连减 3 次后，
                                        个位自动连减
            if(t_low <= 10)
                t_low = 10;
        }
        dis_smg[0] = smg_du[t_low% 10];                //显示小数
        dis_smg[1] = smg_du[t_low/ 10 % 10] & 0xdf; //显示个位
        dis_smg[2] = smg_du[t_low/ 100 % 10] ;        //显示十位
        dis_smg[3] = 0x3D;                              //显示字符 L
    }
}
/**********************风扇风速控制函数**********************/
void fengshan_kz()
{
    if(temperature >= t_high)      //风扇强风状态
    {
        f_pwm_l =40;
        TR1 = 0;
        pwm = 0;
    }
    else if((temperature < t_high)    &&(temperature >= t_low))
                                   //风扇弱风状态
    {
        f_pwm_l = 60;
        TR1 = 1;
        pwm = 0;
    }
    else if(temperature < t_low)  //关闭风扇
    {
        TR1 = 0;
```

```
            pwm = 1;
        }
}
/******************************主函数******************************/
void main()
{
        t_high=byte_read(0x2e01);        //读取 EEPROM 中设定温度上限值
        t_high <<= 8;
        t_high |= byte_read(0x2e00);
        t_low=byte_read(0x2e21);         //读取 EEPROM 中设定温度下限值
        t_low <<= 8;
        t_low |= byte_read(0x2e20);
        a_a=byte_read(0x2e55);           //程序开始运行时，读取 EEPROM 中设定温
                                           度下限值
        if(a_a!=22)                      //防止首次上电时读取出错
          {
          t_high=150;                    //第 1 次上电时，温度上限设为 15 摄氏度
          t_low=120;                     //第 1 次上电时，温度下限设为 12 摄氏度
          a_a=22;
          }
        delay_1ms(150);
        P0 = P1 = P2 = P3 = 0xff;
        temperature = read_temp();                               //读温度值
        delay_1ms(650);
        temperature = read_temp();                               //读温度值
        dis_smg[0] = smg_du[temperature % 10];                   //显示温度小数位
        dis_smg[1] = smg_du[temperature / 10 % 10] & 0xdf;       //显示温度个位
        dis_smg[2] = smg_du[temperature / 100 % 10] ;            //显示温度十位
        time_init();                                             //初始化定时器
        while(1)
        {
              key();                                             //按键扫描函数
              if(key_can < 10)
              {
                    key_with();                                  //设置温度上限和下限
              }
              if(flag_300ms == 1)                                //300ms 处理 1 次温度
                                                                   程序
              {
                    flag_300ms = 0;
                    temperature = read_temp();                   //读温度值
                    if(menu_1 == 0)
                    {
                          smg_i = 3;
```

```
                    dis_smg[0] = smg_du[temperature % 10];
                                                    //显示温度小数位
                    dis_smg[1] = smg_du[temperature / 10 % 10] & 0xdf;
                                                    //显示温度个位
                    dis_smg[2] = smg_du[temperature / 100 % 10] ;
                                                    //显示温度十位
                }
            }
            fengshan_kz();                          //风扇控制函数
        }
}
void ISP_IAP_enable(void)                           //打开 ISP、IAP 功能
{
 EA = 0;                                            //关中断
 ISP_CONTR = ISP_CONTR & 0x18;                      //ISP/IAP 控制寄存器复位
 ISP_CONTR = ISP_CONTR | WaitTime;                  //写入硬件延时
 ISP_CONTR= ISP_CONTR | 0x80;                       //ISP_CONTR.7 =1 时，命令触
                                                      发寄存器 ISP_TRIG()先写入
                                                      46h，再写入 B9h，ISP/IAP 命
                                                      令才会生效
}
void ISP_IAP_disable(void)                          //关闭 ISP、IAP 功能
{
 ISP_CONTR = ISP_CONTR & 0x7f;
 ISP_TRIG = 0x00;
 EA  =  1;                                          //开中断
}
 void ISPgoon(void)                                 //公用的触发代码
{
 ISP_IAP_enable();                                  //打开 ISP、IAP 功能
 ISP_TRIG = 0x46;                                   //触发 ISP_IAP 命令字节 1
 ISP_TRIG = 0xb9;                                   //触发 ISP_IAP 命令字节 2
 _nop_();
}
unsigned char byte_read(unsigned int byte_addr)     //读字节
{
 ISP_ADDRH = (unsigned char)(byte_addr >> 8);       //读 16 位 byte_addr
                                                      的高 8 位
 ISP_ADDRL = (unsigned char)(byte_addr & 0x00ff);   //读 16 位 byte_ addr 的低 8 位
 ISP_CMD = ISP_CMD & 0xf8;                          //清除低 3 位
 ISP_CMD = ISP_CMD | RdCommand;                     //写入读命令
 ISPgoon();                                         //触发执行
 ISP_IAP_disable();                                 //关闭 ISP、IAP 功能
 return (ISP_DATA);
```

```
}
void SectorErase(unsigned int sector_addr)          //擦除扇区
{
 unsigned int iSectorAddr;
 iSectorAddr = (sector_addr & 0xfe00);              //读取扇区地址
 ISP_ADDRH = (unsigned char)(iSectorAddr >> 8);
 ISP_ADDRL = 0x00;
 ISP_CMD = ISP_CMD & 0xf8;                          //清除低3位，清除后待机模式，
                                                      无ISP操作
 ISP_CMD = ISP_CMD | EraseCommand;                  //擦除命令
 ISPgoon();                                         //触发执行
 ISP_IAP_disable();                                 //关闭ISP、IAP功能
}
void byte_write(unsigned int byte_addr, unsigned char original_data)
                                                    //写字节
{
 ISP_ADDRH = (unsigned char)(byte_addr >> 8);       //取高8位
 ISP_ADDRL = (unsigned char)(byte_addr & 0x00ff);   //取低8位
 ISP_CMD = ISP_CMD & 0xf8;                          //清除低3位
 ISP_CMD  = ISP_CMD | PrgCommand;                   //写命令2
 ISP_DATA = original_data;                          //准备写入数据，DATA为数据寄
                                                      存器
 ISPgoon();                                         //触发执行
 ISP_IAP_disable();                                 //关闭IAP功能
}
/**************************定时器0中断服务程序**************************/
void time0_int() interrupt 1
{
      static uchar value;
      TH0 = 0xf8;                                   //定时2ms，赋初值
      TL0 = 0x30;
      display();                                    //数码管显示函数
      value++;
      if(value >= 150)
      {
            value = 0;
            flag_300ms = 1;
      }
      if(flag_lj_en == 1)                           //按下按键使能
      {
            key_time ++;
            if(key_time >= 250)
            {
                  key_time = 0;
```

```
                key_500ms = 1;
                key_value ++;
                if(key_value > 3)
                {
                    key_value = 10;
                    flag_lj_3_en = 1;  //3 次后，连加值增大，变成个位
                    连加
                }
            }
        }
}
/**********************定时器 1 模拟 PWM 调节*************************/
void Timer1() interrupt 3
{
    static uchar value_l;
    TH1=0xff;              //定时 0.5ms，赋初值
    TL1=0xec;              //定时 0.5ms，赋初值
    if(pwm==1)             //风扇两端加低电平电压
    {
        value_l+=3;
        if(value_l > f_pwm_l)
        {
            value_l=0;
            pwm=0;
        }
    }
    else                            //风扇两端加高电平电压
    {
        value_l+=3;
        if(value_l  > 100 - f_pwm_l)
        {
            value_l=0;
            pwm=1;
        }
    }
}
```

第 14 章　基于单片机的 8 路抢答器设计

14.1　设 计 目 标

设计 8 路抢答器，能显示抢答选手号码和抢答停止时间。抢答时间不足 5s 时，能够报警提示。

14.2　设 计 内 容

8 路抢答器框图如图 14.1 所示。系统由单片机控制模块、晶振电路、复位电路、电源模块、控制按键、数码显示模块、抢答电路和蜂鸣器报警模块等组成。控制按键有 3 个，具体为抢答开始键、暂停键和复位键。初始状态时，需按抢答开始键，8 位选手才能抢答。抢答过程中按暂停键，则暂停抢答。这时候需按抢答开始键，抢答继续进行。抢答一道题后，需按复位键，抢答器才能回到初始状态，准备抢答下一道题。抢答时间设置为 60s。若 60s 内无人抢答，同样需按复位键，才能进行下一道题抢答。

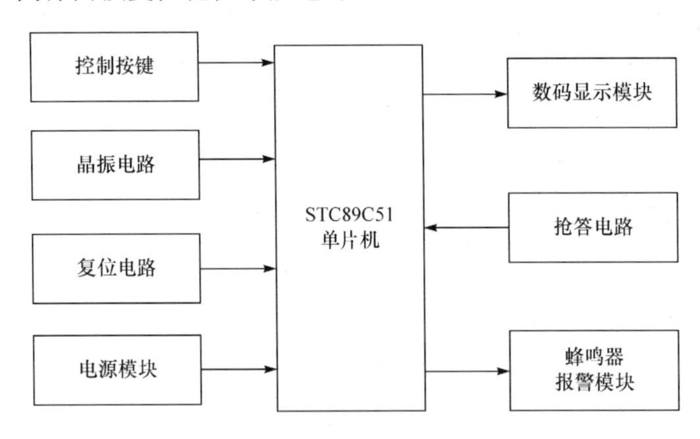

图 14.1　8 路抢答器框图

14.3　软 件 设 计

8 路抢答器的程序流程图如图 14.2 所示。

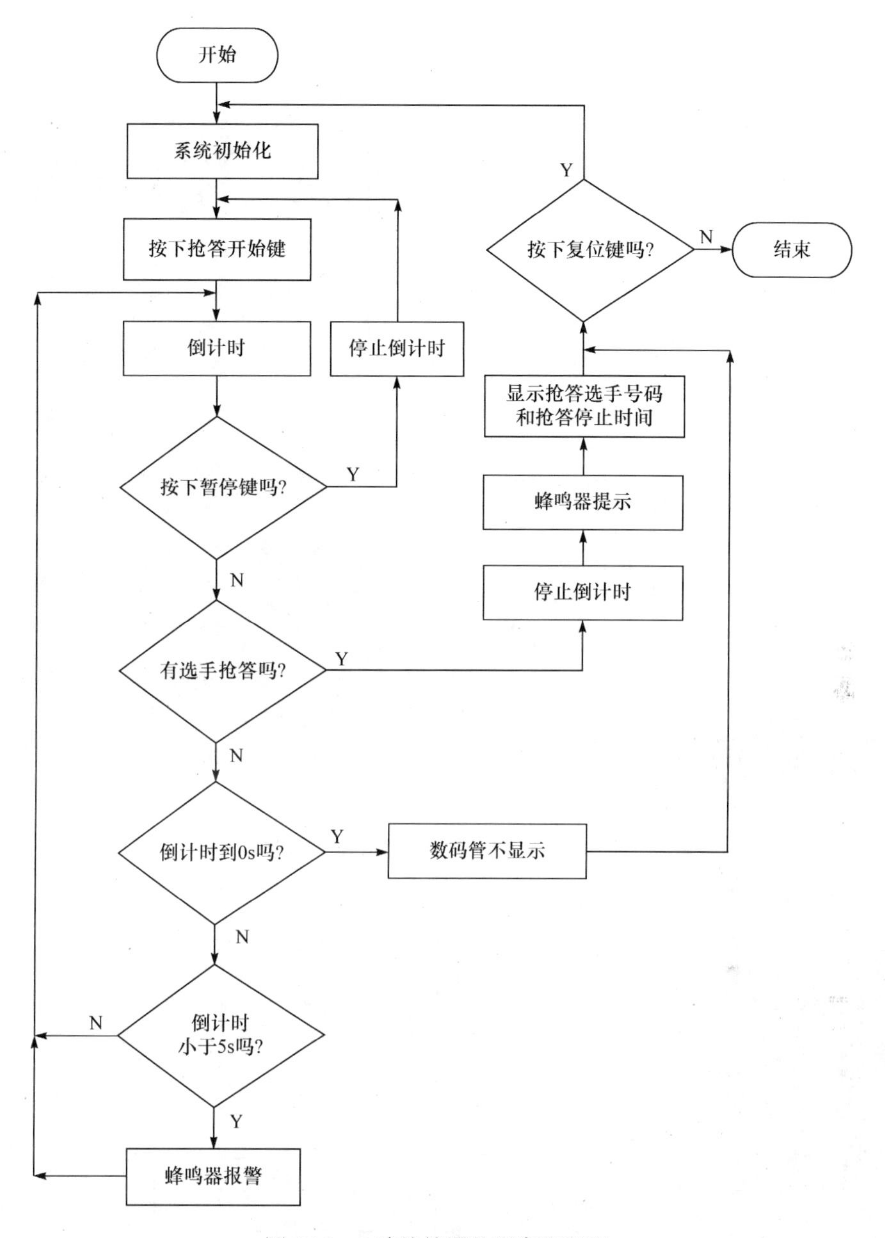

图 14.2　8 路抢答器的程序流程图

14.4　Proteus 仿真

8 路抢答器 Proteus 仿真原理图如图 14.3 所示，由图 14.3(a)和图 14.3(b)组成。

图 14.3(a)中，P0 口内部没有上拉电阻，不能输出高电平，所以要外接上拉电阻，仿真图中 P0 的每一个引脚都外接了一个电阻，电阻的阻值为 10kΩ。

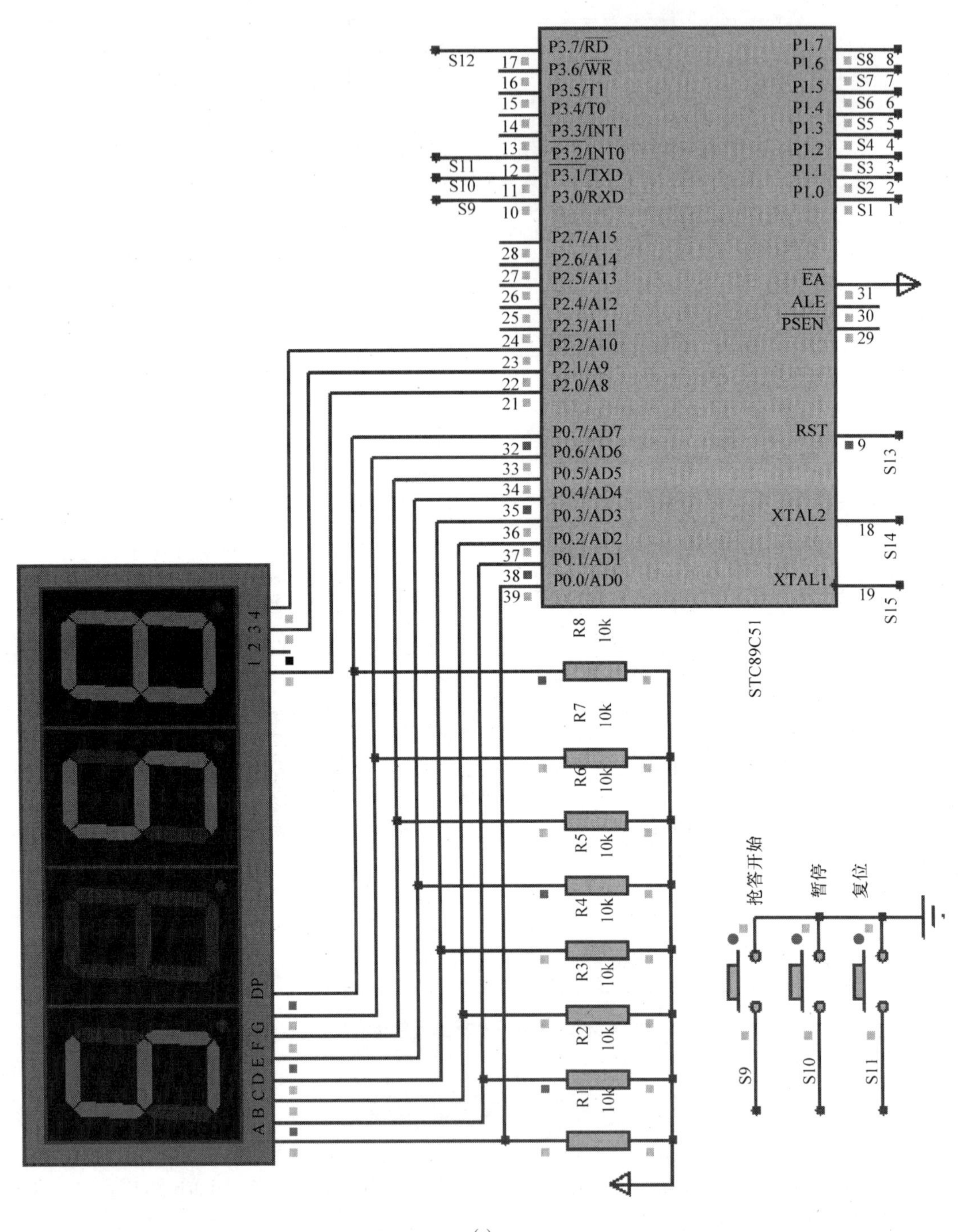

STC89C51
P3.7/RD
P3.6/WR
P3.5/T1
P3.4/T0
P3.3/INT1
P3.2/INT0
P3.1/TXD
P3.0/RXD
P2.7/A15
P2.6/A14
P2.5/A13
P2.4/A12
P2.3/A11
P2.2/A10
P2.1/A9
P2.0/A8
P0.7/AD7
P0.6/AD6
P0.5/AD5
P0.4/AD4
P0.3/AD3
P0.2/AD2
P0.1/AD1
P0.0/AD0
P1.7
P1.6
P1.5
P1.4
P1.3
P1.2
P1.1
P1.0
EA
ALE
PSEN
RST
XTAL2
XTAL1
S1
S2
S3
S4
S5
S6
S7
S8
S9
S10
S11
S12
S13
S14
S15
R1 10k
R2 10k
R3 10k
R4 10k
R5 10k
R6 10k
R7 10k
R8 10k
抢答开始
暂停
复位
A B C D E F G DP
1 2 3 4

(a)

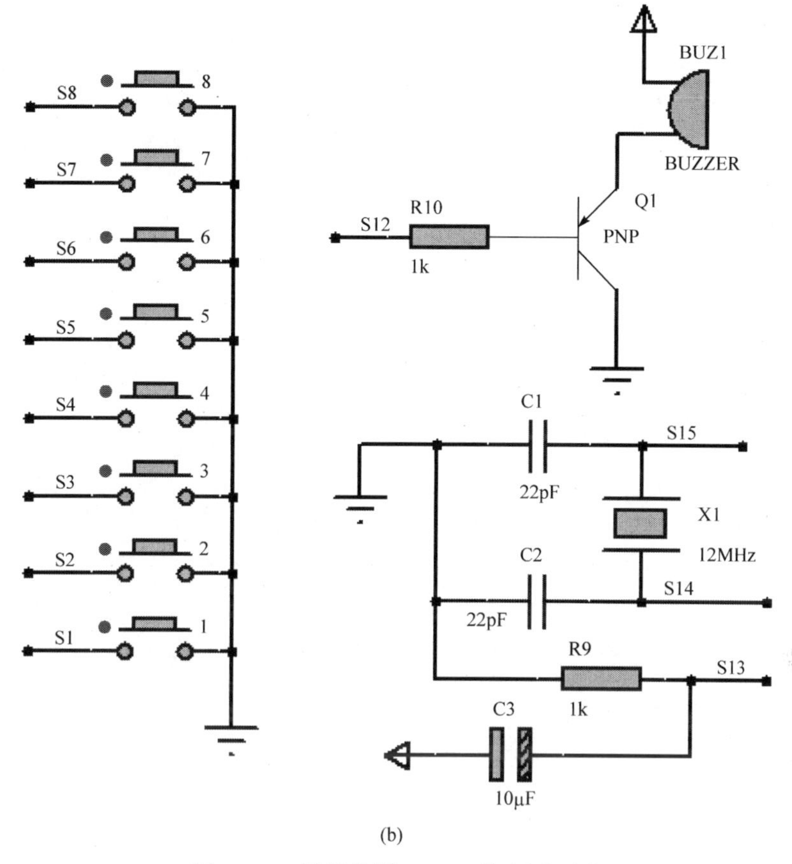

(b)

图 14.3 8 路抢答器 Proteus 仿真原理图

14.5 源 程 序

```
#include<reg51.h>
#include<intrins.h>
sbit smg1=P2^0;                     //数码管第 1 位端口
sbit smg2=P2^1;                     //数码管第 2 位端口
sbit smg3=P2^2;                     //数码管第 3 位端口
sbit keyks=P3^0;                    //开始键端口
sbit keytz=P3^1;                    //暂停键端口
sbit keyqc=P3^2;                    //复位键端口
sbit key1=P1^0;                     //1 号选手抢答按键端口
sbit key2=P1^1;                     //2 号选手抢答按键端口
sbit key3=P1^2;                     //3 号选手抢答按键端口
sbit key4=P1^3;                     //4 号选手抢答按键端口
sbit key5=P1^4;                     //5 号选手抢答按键端口
sbit key6=P1^5;                     //6 号选手抢答按键端口
sbit key7=P1^6;                     //7 号选手抢答按键端口
sbit key8=P1^7;                     //8 号选手抢答按键端口
```

```
sbit spk=P3^7;                              //蜂鸣器端口
int djs=60,js=0;                            //倒计时设置时间
int table[]={0x3f,0x06,0x5b,0x4f,0x66,0x6d,0x7d,0x07,0x7f,0x6f,0x40};
void delayms(int x)                         //延时函数
{
     char i;
     while(x--)
     {
          for(i=500;i>0;i--);
     }
}
void Timer0_init()                          //定时器 0 初始化
{
     js=0;
     TMOD=0x01;                             //工作方式 1
     TH0=0x3c;
     TL0=0xb0;
     ET0=1;
     EA=1;
}
void timer0() interrupt 1 using 1           //定时器 0 中断函数
{
     TH0=0x3c;
     TL0=0xb0;                              //赋初值
     js++;
     if(js>=20)                             //倒计时 1s
       {      js=0;
              djs--;
        }
}
void djsxs()                                //倒计时显示函数
 {   int b1,b2;
     b1=djs/10;
     b2=djs%10;                             //倒计时时间分成十位和个位
     P0=table[b1];                          //显示十位数字
     smg2=0;
     delayms(3);
     smg2=1;
     P0=table[b2];                          //显示个位数字
     smg3=0;
     delayms(3);
     smg3=1;
 }
void djsxs22()
```

```
{
      P0=0x40;
      smg1=0;
      delayms(3);
      smg1=1;                                  //第 1 位数码管显示“-”
      P0=0x40;
      smg2=0;
      delayms(3);
      smg2=1;                                  //第 3 位数码管显示“-”
      P0=0x40;
      smg3=0;
      delayms(3);
      smg3=1;                                  //第 4 位数码管显示“-”
}
void djsxs1()
 {
      P0=table[1];                             //第 1 位数码管显示 1
      smg1=0;
      delayms(3);
      smg1=1;
}
      void djsxs2()
{
      P0=table[2];                             //第 1 位数码管显示 2
      smg1=0;
      delayms(3);
      smg1=1;
}
void djsxs3()
{
      P0=table[3];                             //第 1 位数码管显示 3
      smg1=0;
      delayms(3);
      smg1=1;
}
void djsxs4()
{
      P0=table[4];                             //第 1 位数码管显示 4
      smg1=0;
      delayms(3);
      smg1=1;
}
void djsxs5()
{
```

```
        P0=table[5];                    //第1位数码管显示5
        smg1=0;
        delayms(3);
        smg1=1;
}
void djsxs6()
 {
        P0=table[6];                    //第1位数码管显示6
        smg1=0;
        delayms(3);
        smg1=1;
}
void djsxs7()
 {
        P0=table[7];                    //第1位数码管显示7
        smg1=0;
        delayms(3);
        smg1=1;
}
void djsxs8()
 {
        P0=table[8];                    //第1位数码管显示8
        smg1=0;
        delayms(3);
        smg1=1;
}
void main()
{
        int djs1=60;
        Timer0_init();                  //初始化定时器中断
        spk=1;                          //蜂鸣器不响
        djs=60;                         //倒计时赋初值
        while(1)
        {
              LOOP1:   djs=djs1;
              djsxs22();                //显示"-"
              if(key1==0)               //key1=0时，表示1号选手按下按键
              {
                    delayms(300);
                    if(key1==0)
                    {
                          while(!key1);//消抖动后，重新判断按键是否按下
                          djs=60;
                          while(1)
```

```
            {
                TR0=0;                              //定时器停止工作
                djsxs();
                if(key2==0)
                {
                        delayms(300);               //消抖动
                        if(key2==0)
                        {
                                while(!key2);
                                djs++;
                                djs1=djs;
                        }
                }
                if(key3==0)
                {
                        delayms(300);
                        if(key3==0)
                        {
                                while(!key3);
                                djs--;
                                djs1=djs;
                        }
                }
                if(key1==0)
                {
                        delayms(100);
                        if(key1==0)
                        {
                                while(!key1);
                                goto LOOP1;         //回到 LOOP1 标号处
                        }
                }
            }
        }
}
if(keyks==0)
{
        delayms(300);                               //消抖动
        if(keyks==0)
        {
                while(!keyks);                      //按下开始键
                TR0=1;                              //启动定时器，开始倒计时
                while(1)
                {
```

```
djsxs();
if(keytz==0)
{
    delayms(300);
    if(keytz==0)
    {
        while(!keytz); //按下暂停键
        TR0=0;         //定时器停止工作
    }
}
if(keyks==0)
{
    delayms(300);
    if(keyks==0)
    {
        while(!keyks); //按下复位键
        TR0=1;         //启动定时器 0 工作
    }
}
/******************** key1 表示 1 号选手，8 位选手抢答***********************/
if((key1==0)&&(TR0==1))          //1 号选手按下按键
{
    spk=0;                       //蜂鸣器响
    delayms(3);
    if(key1==0)
    {
        while(!key1);            //消抖动后，判断按键是否按下
        spk=1;                   //蜂鸣器不响
        while(1)
        {
            TR0=0;               //定时器停止工作
            djsxs1();            //显示选手编号
            djsxs();             //显示剩余倒计时的时间
            if(keyqc==0)
            {
                delayms(3);      //消抖动
                if(keyqc==0)
                {
                    while(!keyqc);
                                 //如果按下复位键，回到初始状态
                                   "- --"
                    goto LOOP1;
                                 //回到 LOOP1 标号处
                }
```

```
                }
            }
        }
    }
    if((key2==0)&&(TR0==1))
    {
        spk=0;
        delayms(3);
        if(key2==0)
        {
            while(!key2);
            spk=1;
            while(1)
            {
                TR0=0;
                djsxs2();
                djsxs();
                if(keyqc==0)
                {
                    delayms(3);
                    if(keyqc==0)
                    {
                      while(!keyqc);
                      goto LOOP1;
                    }
                }
            }
        }
    }
    if((key3==0)&&(TR0==1))
    {
        spk=0;
        delayms(3);
        if(key3==0)
        {
            while(!key3);
            spk=1;
            while(1)
            {
                TR0=0;
                djsxs3();
                djsxs();
                if(keyqc==0)
                {
```

```
                                                delayms(3);
                                                if(keyqc==0)
                                                {
                                                 while(!keyqc);
                                                 goto LOOP1;
                                                }
                                        }
                                }
                }
        }
        if((key4==0)&&(TR0==1))
        {
           spk=0;
           delayms(3);
           if(key4==0)
           {
                while(!key4);
                spk=1;
                while(1)
                {
                      TR0=0;
                      djsxs4();
                      djsxs();
                      if(keyqc==0)
                      {
                             delayms(3);
                             if(keyqc==0)
                             {
                                 while(!keyqc);
                                 goto LOOP1;
                             }
                      }
                }
           }
        }
        if((key5==0)&&(TR0==1))
        {
               spk=0;
               delayms(3);
               if(key5==0)
               {
                      while(!key5);
                      spk=1;
                      while(1)
```

```
                {
                    TR0=0;
                    djsxs5();
                    djsxs();
                    if(keyqc==0)
                    {
                        delayms(3);
                        if(keyqc==0)
                        {
                         while(!keyqc);
                         goto LOOP1;
                         }
                    }
                }
        }
}
if((key6==0)&&(TR0==1))
{
        spk=0;
        delayms(3);
        if(key6==0)
        {
                while(!key6);
                spk=1;
                while(1)
                {
                        TR0=0;
                        djsxs6();
                        djsxs();
                        if(keyqc==0)
                        {
                                delayms(3);
                                if(keyqc==0)
                                {
                                        while(!keyqc);
                                        goto LOOP1;
                                }
                        }
                }
        }
}
if((key7==0)&&(TR0==1))
{
spk=0;
```

```
            delayms(3);
            if(key7==0)
            {
                while(!key7);
                spk=1;
                while(1)
                {
                    TR0=0;
                    djsxs7();
                    djsxs();
                    if(keyqc==0)
                    {
                        delayms(3);
                        if(keyqc==0)
                        {
                            while(!keyqc);
                            goto LOOP1;
                        }
                    }
                }
            }
        }
        if((key8==0)&&(TR0==1))
        {
            spk=0;
            delayms(3);
            if(key8==0)
            {
                while(!key8);
                while(1)
                {
                    TR0=0;
                    spk=1;
                    djsxs8();
                    djsxs();
                    if(keyqc==0)
                    {
                        delayms(3);
                        if(keyqc==0)
                        {
                            while(!keyqc);
                            goto LOOP1;
                        }
```

```
                    }
                }
            }
        }
        if(djs<=5)  spk=0; //倒计时小于5s时，蜂鸣器响
        if(djs==0)         //倒计时等于0时，需按复位键复位
        {
            while(1)
            {
                if(keyqc==0)
                {
                    delayms(3);
                    if(keyqc==0)
                    {
                        while(!keyqc);
                        spk=1;
                        goto LOOP1;
                    }
                }
            }
        }
      }
    }
  }
 }
}
```

第 15 章　基于单片机的温湿度检测提示系统设计

15.1　设 计 目 标

设计温湿度检测提示系统，能对蔬菜大棚等环境的温度和湿度进行检测与提示。当环境的温度或湿度超过设定的温度或湿度阈值时，相应的 LED 灯会发光提示。

15.2　设 计 内 容

温湿度检测提示系统框图如图 15.1 所示。系统由单片机控制模块、电源模块、晶振电路、复位电路、温湿度设置模块、设定温湿度 24C02 存储模块、温湿度 DHT11 检测模块、温湿度 LED 灯显示提示模块和 1602 液晶显示模块等组成。设定的温湿度上限阈值存储在 E^2PROM 芯片 24C02 中。24C02 是一个 2K 位串行 CMOS E^2PROM，内部含有 256 个 8 位字节。24C02 有一个 16 字节页写缓冲器，通过 I^2C 总线进行读写操作。系统采用温湿度传感器 DHT11 检测温度和湿度。DHT11 是一款有已校准数字信号输出的单总线温湿度传感器，湿度检测精度为±5%RH，温度检测精度为±2℃，湿度量程范围为 20%～90%RH，温度量程范围为 0～50℃。当检测的温度或湿度超过设定的温度或湿度阈值时，温度或湿度显示提示 LED 灯就会点亮。1602 液晶显示模块显示检测温度值、设定温度上限阈值、检测湿度值和设定湿度上限阈值。

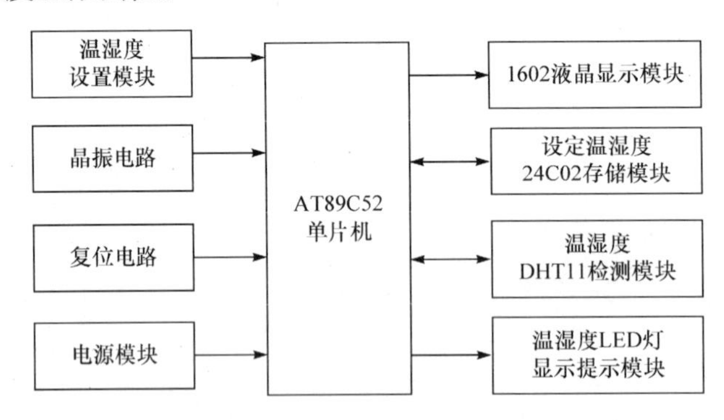

图 15.1　温湿度检测提示系统框图

15.3　Proteus 仿真

温湿度检测提示系统 Proteus 仿真原理图如图 15.2 所示，由图 15.2(a)和图 15.2(b)组成。

仿真时，温湿度 DHT11 检测模块需加载系统配置程序。

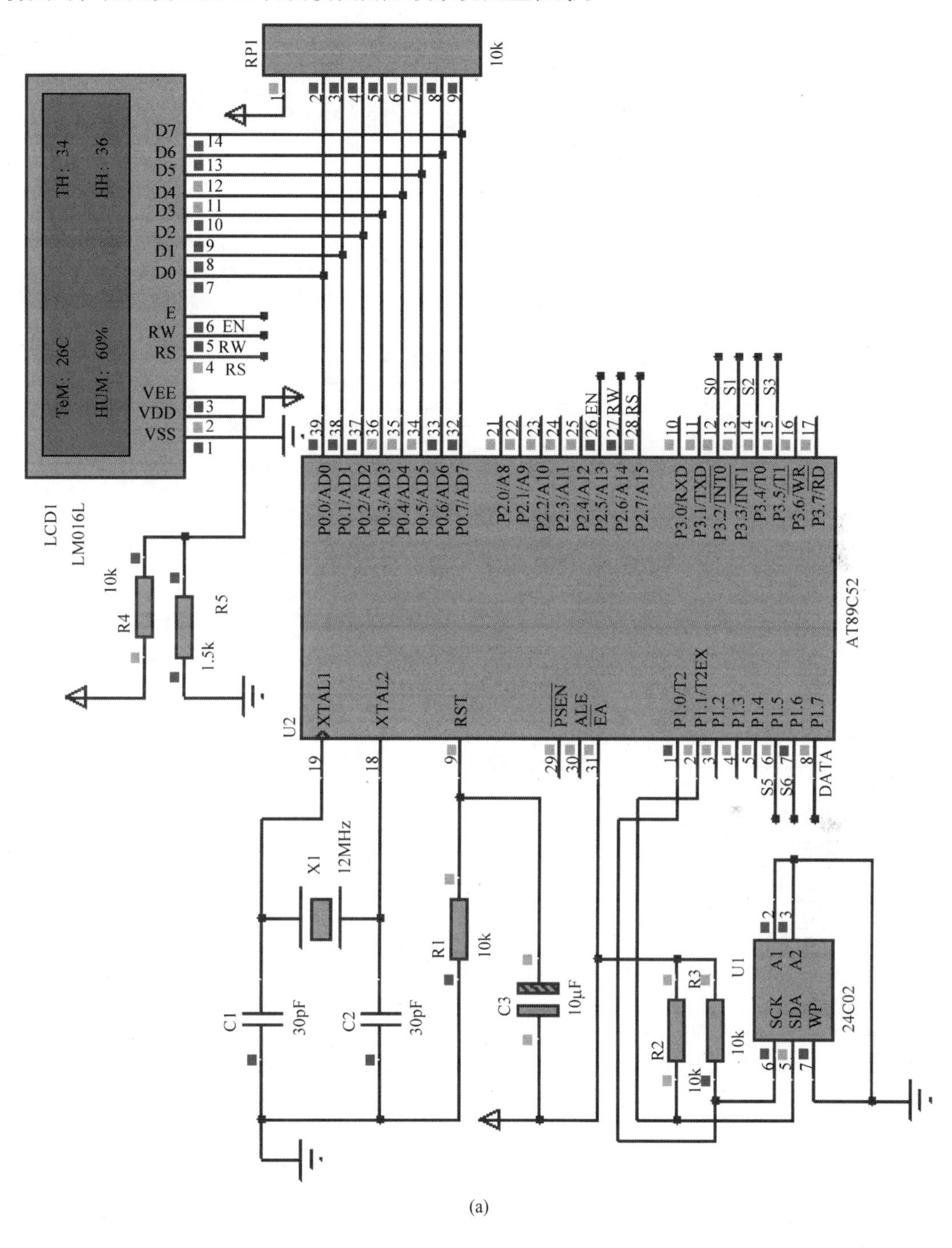

(a)

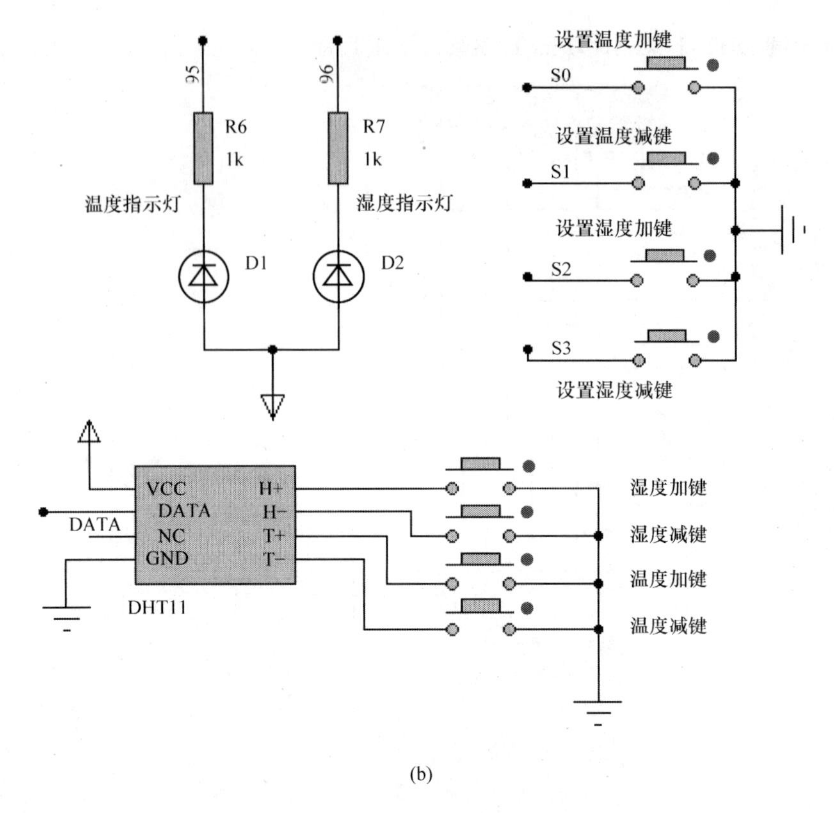

(b)

图 15.2 温湿度检测提示系统 Proteus 仿真原理图

15.4 源 程 序

1. 源文件

1) 主程序

```
#include <reg52.h>
#include "1602.h"
#include "dht.h"
#include "2402.h"
sbit Led_qushi=P1^6;                  //湿度超过设定上限，提示灯亮
sbit Led_jiangwen=P1^5;               //温度超过设定上限，提示灯亮
sbit Key_TH1 = P3^2;
sbit Key_TH2 = P3^3;
sbit Key_HH1 = P3^4;
sbit Key_HH2 = P3^5;
volatile bit FlagStartRH = 0;         //温湿度开始转换标志
volatile bit FlagKeyPress = 0;        //有键按下标志
/************************定义温湿度传感器外部变量************************/
extern U8  U8FLAG,k;
extern U8  U8count,U8temp;
```

```
extern U8  U8T_data_H,U8T_data_L,U8RH_data_H,U8RH_data_L,U8che ckdata;
extern U8  U8T_data_H_temp,U8T_data_L_temp,U8RH_data_H_temp,U8 RH_data_L_temp,
U8checkdata_temp;
extern U8  U8comdata;
extern U8  count, count_r;
U16 temp;
S16 temperature, humidity;
S16 idata TH, HH;                           //温度上限和湿度上限变量
char * pSave;
U8 keyvalue, keyTH1, keyTH2, keyHH1, keyHH2;
U16 RHCounter;
/****************************数据初始化*****************************/
void Data_Init()
{
   RHCounter = 0;
   Led_qushi = 1;
   Led_jiangwen = 1;
   TH = 40;
   HH = 85;
   keyvalue = 0;
   keyTH1 = 1;
   keyTH2 = 1;
   keyHH1 = 1;
   keyHH2 = 1;
}
/***************************定时器0初始化****************************/
void Timer0_Init()
{
     ET0 = 1;                           //允许定时器0中断
     TMOD = 0x01;                       //工作方式1
     TL0 = 0xb0;
     TH0 = 0x3c;                        //定时器赋初值
     TR0 = 1;                           //启动定时器0工作
}
/*****************************定时器0中断******************************/
void Timer0_ISR (void) interrupt 1
{
     TL0 = 0xb0;
     TH0 = 0x3c;                        //定时器赋初值
    RHCounter ++;
    if (RHCounter >= 20)                //每2s启动1次温湿度转换
    {
        FlagStartRH = 1;
         RHCounter = 0;
```

```
    }
}
/************************存储温湿度设定值*********************************/
void Save_Setting()
{
   pSave =  (char *)&TH;              //地址低位 8 位存储数据低 8 位，地址高位存储数据高
8 位
   wrteeprom(0, *pSave);              //存储温度上限值 TH 低 8 位
   DELAY(500);
   pSave ++;
   wrteeprom(1, *pSave);              //存储温度上限值 TH 高 8 位
   DELAY(500);
   pSave =  (char *)&HH;
   wrteeprom(2, *pSave);              //存储湿度上限值 RH 低 8 位
   DELAY(500);
   pSave ++;
   wrteeprom(3, *pSave);              //存储湿度上限值 RH 高 8 位
   DELAY(500);
}
/******************************载入设定值*********************************/
void Load_Setting()
{
   pSave =  (char *)&TH;
   *pSave++ = rdeeprom(0);
   *pSave = rdeeprom(1);
   pSave = (char *)&HH;
   *pSave++ = rdeeprom(2);
   *pSave = rdeeprom(3);
   if ((TH>99)||(TH<0)) TH = 40;
   if ((HH>99)||(HH<0)) HH = 85;
}
/*********************按键设定温湿度上限***********************************/
void KeyProcess(uint num)
{
    switch (num)
    {
      case 1:
          if (TH<99) TH++;
          L1602_char(1, 15, TH/10+48);
          L1602_char(1, 16, TH%10+48);
          break;
      case 2:
          if (TH>1) TH--;
          L1602_char(1, 15, TH/10+48);
```

```
            L1602_char(1, 16, TH%10+48);
            break;
        case 3:
            if (HH<99) HH++;
            L1602_char(2, 15, HH/10+48);
            L1602_char(2, 16, HH%10+48);
            break;
        case 4:
            if (HH>1) HH--;
            L1602_char(2, 15, HH/10+48);
            L1602_char(2, 16, HH%10+48);
            break;
        default:
            break;
    }
    Save_Setting();
}
/************************主函数*******************************/
void main()
{
     U16 i, j, testnum;
     EA = 0;
     Timer0_Init();                                         //定时器0初始化
     Data_Init();
     EA = 1;
     L1602_init();
     L1602_string(1,1," Welcome to T&H   ");
     L1602_string(2,1," Control System!  ");
     for (i=0;i<1000;i++)                                   //延时
          for (j=0;j<500;j++)
          {;}
     L1602_string(1,1,"                ");                 //清屏
     L1602_string(2,1,"                ");
     L1602_string(1,1,"Tem:    C  TH:");
     L1602_string(2,1,"Hum:    %  HH:");
     Load_Setting();                                        //载入温度上限和湿度上限设定值
     L1602_char(1, 15, TH/10+48);
     L1602_char(1, 16, TH%10+48);
     L1602_char(2, 15, HH/10+48);
     L1602_char(2, 16, HH%10+48);
     while(1)
     {
           if (FlagStartRH == 1)                            //温湿度转换标志检查
           {
```

```
                TR0 = 0;
                testnum = RH();
                FlagStartRH = 0;
                TR0 = 1;
                humidity = U8RH_data_H;           //读湿度值，只取整数部分
                temperature = U8T_data_H;         //读温度值，只取整数部分
                L1602_int(1,5,temperature);       //显示温度
               L1602_int(2,5,humidity);           //显示湿度
        }
        if (temperature >= TH)                    //温度指示灯显示控制
        {
            Led_jiangwen = 0;
        }
        else
        Led_jiangwen = 1;
        if (humidity >= HH)                       //湿度指示灯显示控制
        {
            Led_qushi = 0;
        }
        else Led_qushi = 1;
/*******************键盘查询，弹起时响应***************************/
        if ((Key_TH1)&&(keyTH1==0)) {FlagKeyPress = 1; keyvalue = 1;}
        else if ((Key_TH2)&&(keyTH2==0)) {FlagKeyPress = 1; keyvalue = 2;}
        else if ((Key_HH1)&&(keyHH1==0)) {FlagKeyPress = 1; keyvalue = 3;}
        else if ((Key_HH2)&&(keyHH2==0)) {FlagKeyPress = 1; keyvalue = 4;}
        if (FlagKeyPress == 1)
        {
          KeyProcess(keyvalue);
          FlagKeyPress = 0;
        }
        if (!Key_TH1) keyTH1 = 0;
        else keyTH1 = 1;
        if (!Key_TH2) keyTH2 = 0;
        else keyTH2 = 1;
        if (!Key_HH1) keyHH1 = 0;
        else keyHH1 = 1;
        if (!Key_HH2) keyHH2 = 0;
        else keyHH2 = 1;
    }
}
```

2) 1602 液晶显示源程序 1602.c

```
#include "1602.h"
#include "math.h"
void delay()                                      //延时 160 微秒左右
```

```
{
    int i,j;
    for(i=0; i<=10; i++)
    for(j=0; j<=2; j++);
}
uchar Convert(uchar In_Date)                  //P0.0～P0.7 接法与 1602 资料相反，该函数实现转换
{
   /*
   uchar i, Out_Date = 0, temp = 0;
   for(i=0; i<8; i++)
   {
      temp = (In_Date >> i) & 0x01;
      Out_Date |= (temp << (7 - i));
   }

   return Out_Date;
    */
   return In_Date;
}
void enable(uchar del)                        //1602 命令函数
{
    RS = 0;
    RW = 0;
    P0 = Convert(del);
    E = 1;
    delay();
    E = 0;
    delay();
}
void write(uchar del)                         //1602 写数据函数
{
    RS = 1;
    RW = 0;
    P0 = Convert(del);
    E = 1;
    delay();
    E = 0;
    delay();
}
void L1602_init(void)                         // 1602 初始化函数
{
    enable(0x38);
    enable(0x0c);
```

```
    enable(0x06);
    enable(0x01);
    enable(0xd0);
}
void L1602_char(uchar hang,uchar lie,char sign)              //改变液晶中某位的值
{
    uchar a;
    if(hang == 1) a = 0x80;
    if(hang == 2) a = 0xc0;
    a = a + lie - 1;
    enable(a);
    write(sign);
}
void L1602_string(uchar hang,uchar lie,uchar *p)             //改变液晶中某位的值
{
    uchar a;
    if(hang == 1) a = 0x80;
    if(hang == 2) a = 0xc0;
    a = a + lie - 1;
    enable(a);
    while(1)
    {
        if(*p == '\0') break;
        write(*p);
        p++;
    }
}
void L1602_int(uchar hang, uchar lie, int num)              //显示整型温湿度数据，占用
                                                               4位，符号位1位
{
   uint temp;
   uint gewei,shiwei,baiwei,sign;
   if (num >= 0)
   {
      sign = 0;
   }
   else
   {
      sign = 1;
   }
   temp = abs(num);
   baiwei = temp / 100;
   temp = temp - baiwei*100;
   shiwei = temp / 10;
```

```
    gewei = temp - shiwei*10;
    num = abs(num);
    if (num>=100)
    {
        if (sign == 1)                                        //负数
        {
            L1602_char(hang, lie, '-');
        }
        L1602_char(hang, lie+1, baiwei+48);
        L1602_char(hang, lie+2, shiwei+48);
        L1602_char(hang, lie+3, gewei+48);
    }
    else if (num>=10)
    {
        if (sign == 1)
        {
            L1602_char(hang, lie+1, '-');
        }
        L1602_char(hang, lie+2, shiwei+48);
        L1602_char(hang, lie+3, gewei+48);
    }
    else
    {
        if (sign == 1)
        {
            L1602_char(hang, lie+2, '-');
        }
        L1602_char(hang, lie+3, gewei+48);
    }
}
```

3) 24C02 存储源文件 2402.C

```
#include "2402.h"
void DELAY(unsigned int t)                                    //延时函数
{
    while(t!=0)
    t--;
}
void IICStart(void)                                           //IIC 总线开始发送数据
{
    SCL=0;
    DELAY(1);
    SDA=1; SCL=1; DELAY(1);
    SDA=0; DELAY(1);
    SCL=0;
```

```
}
void IICStop(void)                                  //IIC 总线停止发送数据
{
    SDA=0;SCL=1; DELAY(1);
    SDA=1; DELAY(1);
    SCL=0;
}
void SEND0(void)                                    //IIC 发送 0
{
    SDA=0;
    SCL=1;
    DELAY(1);
    SCL=0;
}
void SEND1(void)                                    //IIC 发送 1
{
    SDA=1;
    DELAY(1);
    SCL=1;
    DELAY(1);
    SCL=0;
}
bit Check_Ack(void)                                 //IIC 应答函数
{
   unsigned char errtime=250;
   DELAY(1);
   SCL=1;
   DELAY(1);
   CY=SDA;
   while(CY)
   {
       errtime--;
       CY=SDA;
       if (!errtime)
        {
              IICStop();
              return 1;
        }
 }
 DELAY(1);
 SCL=0;
 return 0;
}
void Write_byte(unsigned char dat)                  //写 1 字节数据
```

```
{
    unsigned char i;
    for(i=0;i<8;i++)
    {
        if((dat<<i)&0x80)
        SEND1();
        else
        SEND0();
    }
}
unsigned char Read_byte(void)                         //读 1 字节数据
{
    unsigned char i,temp=0;
    for(i=0;i<8;i++)
    {
        SDA=1;
        SCL=1;
        DELAY(1);
        if(SDA==1)
        {
            temp=temp<<1;
            temp=temp|0x01;
        }
        else
            temp=temp<<1;
        SCL=0;
    }
    return temp;
}
unsigned char rdeeprom(unsigned char addr)            //从 EEPROM 存储器读数据,
                                                        存储器首地址是 0x00
{
        unsigned char temp=0;
        bit flag=0;
        IICStart();
        Write_byte(0xa0);
        Check_Ack();
        Write_byte(addr);
        Check_Ack();
        IICStart();
        Write_byte(0xa1);
        Check_Ack();
        temp=Read_byte();
        SEND1();
```

```
        IICStop();
        return temp;
}
void wrteeprom(unsigned char addr,unsigned char dat)   //向EEPROM存储器写数据
{
        IICStart();
        Write_byte(0xa0);
        Check_Ack();
        Write_byte(addr);
        Check_Ack();
        Write_byte(dat);
        Check_Ack();
        IICStop();
}
```

4) 温湿度 DHT11 检测源文件

```
#include "dht.h"
U8  U8FLAG,k;
U8  U8count,U8temp;
U8  U8T_data_H,U8T_data_L,U8RH_data_H,U8RH_data_L,U8checkdata;
U8  U8T_data_H_temp,U8T_data_L_temp,U8RH_data_H_temp,U8RH_data_L_ temp,
    U8checkdata_temp;
U8  U8comdata;
U8  count, count_r=0;
void Delay1(U16 j)
{
    U8 i;
    for(;j>0;j--)
    {
        for(i=0;i<27;i++);
    }
}
void  Delay_10us(void)
{
    U8 i;
    i--;
    i--;
    i--;
    i--;
    i--;
    i--;
}
void  COM(void)
{
    U8 i;
```

```
    for(i=0;i<8;i++)
    {
         U8FLAG=2;
         while((!DATA)&&U8FLAG++);
         Delay_10us();
         Delay_10us();
         Delay_10us();
         U8temp=0;
        if(DATA)  U8temp=1;
             U8FLAG=2;
         while((DATA)&&U8FLAG++);
         if(U8FLAG==1)break;          //超时则跳出 for 循环
         U8comdata<<=1;               //判断数据位是 0 还是 1
         U8comdata|=U8temp;
    }
}
/*******************************************************************/
温度高 8 位 U8T_data_H、温度低 8 位 U8T_data_L、湿度高 8 位 U8RH_data_H、
湿度低 8 位 U8RH_data_L、校验 8 位 U8checkdata
/*******************************************************************/
U8 RH(void)
{
    DATA=0;
     Delay1(180);                     //主机拉低 38 毫秒
     DATA=1;                          //总线由上拉电阻拉高，主机延时 40 微秒
     Delay_10us();
     Delay_10us();
     Delay_10us();
     Delay_10us();
     DATA=1;                          //主机设为输入，判断从机响应信号
     if(!DATA)                        //判断从机是否有低电平响应信号，若不响应则跳出，
                                      响应则往下运行程序
     {
       U8FLAG=2;
       while((!DATA)&&U8FLAG++);      //判断从机是否发出 80 微秒低电平,响应信号是否结束
       U8FLAG=2;
           while((DATA)&&U8FLAG++);   //判断从机是否发出 80 微秒高电平,若发出则进入数据
                                      接收状态
         COM();                       //数据接收状态
         U8RH_data_H_temp=U8comdata;
         COM();
         U8RH_data_L_temp=U8comdata;
         COM();
         U8T_data_H_temp=U8comdata;
```

```
        COM();
        U8T_data_L_temp=U8comdata;
        COM();
        U8checkdata_temp=U8comdata;
    DATA=1;
U8temp=(U8T_data_H_temp+U8T_data_L_temp+U8RH_data_H_temp+U8RH_data_L_temp);
                                                            //数据校验
        if(U8temp==U8checkdata_temp)
        {
           U8RH_data_H=U8RH_data_H_temp;
           U8RH_data_L=U8RH_data_L_temp;
           U8T_data_H=U8T_data_H_temp;
           U8T_data_L=U8T_data_L_temp;
           U8checkdata=U8checkdata_temp;
        }
        return 1;
    }
    else                                                    //传感器不响应
    {
        return 0;
    }
}
```

2. 需添加的头文件

1) 1602 液晶显示头文件 1602.h

```
#include <reg52.h>
#define uchar unsigned char
#define uint  unsigned int
sbit E=P2^5;                                                //1602 使能引脚
sbit RW=P2^6;                                               //1602 读写引脚
sbit RS=P2^7;                                               //1602 数据/命令选择引脚
void delay();
uchar Convert(uchar );
void enable(uchar );
void write(uchar );
void L1602_init(void);
void L1602_char(uchar ,uchar ,char );
void L1602_string(uchar ,uchar ,uchar *);
void L1602_int(uchar, uchar, int);
```

2) 24C02 存储源文件 2402.h

```
#ifndef _2402_H_
#define _2402_H_
#include <reg52.h>
sbit SCL = P1^0;                                            //模拟 IIC 总线的引脚定义
```

```
sbit SDA = P1^1;
void DELAY(unsigned int t);                              //延时函数
void IICStart(void);                                     //IIC开始函数
void IICStop(void);                                      //IIC结束函数
void Ack(void);                                          //IIC应答函数
void NOAck(void);                                        //IIC应答非函数
bit Check_Ack(void);                                     //IIC应答检测函数
void SEND0(void);                                        //IIC发送0
void SEND1(void);                                        //IIC发送1
void Write_byte(unsigned char dat);                      //IIC发送字节函数
unsigned char Read_byte(void);                           //IIC读取字节函数
unsigned char rdeeprom(unsigned char addr);              //读AT2402函数
void wrteeprom(unsigned char addr,unsigned char dat);    //写AT2402函数
#endif                                                   //_2402_H_
```

3) 温湿度DHT11检测头文件dht.h

```
#ifndef _DHT_H_
#define _DHT_H_
#include <reg52.h>
typedef unsigned char U8;          //defined for unsigned 8-bits character
                                   variable 无符号8位字符型变量
typedef signed char S8;            // defined for signed 8-bits character
                                   variable 有符号8位字符型变量
typedef unsigned int  U16;         //defined for unsigned 16-bits integer
                                   variable 无符号16位整型变量
typedef signed  int  S16;          //defined for signed 16-bits integer
                                   variable 有符号16位整型变量
typedef unsigned long U32;         //defined for unsigned 32-bits integer
                                   variable 无符号32位整型变量
typedef signed  long S32;          //defined for signed 32-bits integer
                                   variable 有符号32位整型变量
typedef float  F32;                // single precision floating point variable
                                   (32bits) 单精度浮点数(32位长度)
typedef double F64;                //double precision floating point variable
                                   (64bits) 双精度浮点数(64位长度)
sbit DATA = P1^7;
void Delay1(U16 );
void  Delay_10us(void);
void  COM(void);
U8 RH(void);
#endif
```

第 16 章　基于单片机的直流电机转速测量与报警系统设计

16.1　设 计 目 标

设计直流电机转速测量与报警系统，能实时检测直流电机的转速。当电机实际转速超过设定的报警上限转速时，启动蜂鸣报警。

16.2　设 计 内 容

转速是电动机极为重要的参数。在很多运动系统的测控过程中，需对电机的转速进行测量。转速测量的精度直接影响系统转速控制质量。只有进行高精度转速检测，才能得到高精度的转速控制系统。直流电机转速测量与报警系统框图如图 16.1 所示。系统由单片机控制模块、电源模块、晶振电路、复位电路、报警转速设置按键、转速测量模块、1602 液晶显示模块和蜂鸣器报警模块等组成。报警转速设置按键有两个：一个是设置报警转速增加键，另一个是设置报警转速减少键。1602 液晶显示器显示直流电机报警转速和实际测量转速。当实际测量转速超过直流电机报警转速时，蜂鸣器就报警。转速测量模块采用 A3144 霍尔传感器。A3144 霍尔传感器是由稳压电源、霍尔电压发生器、差分放大器、施密特触发器和输出放大器组成的磁敏传感电路，其输入为磁感应强度，输出是一个数字电压信号。它是一种单磁极工作的磁敏电路，适合于矩形或柱形磁体下工作。测量转速的方法分为模拟式和数字式两种。模拟式采用测速发电机作为检测元件，得到的信号是模拟量。数字式通常采用光电编码器、圆光栅、霍尔元件等作为检测元件，得到的信号是脉冲信号。霍尔传感器具有构造简单、体积小、重量轻、寿命长、抗电磁干扰能力强、灵敏度高、安装方便、成本低、受外部环境(如灰尘、光线)影响小等优点。霍尔传感器是根据霍尔效应制作的一种磁场传感器，输出电压随磁场变化而变化。这种测量方法具有测量精度高、实时性好、分辨能力强、测量范围大等优点。根据数字脉冲计数实现转速测量的方法主要有 M 法(测频法)、T 法(测周期法)和 MPT 法(频率周期法)，本设计采用 M 法(测频法)。霍尔传感器要与磁铁配合使用。系统采用电机转轴外加测速转盘方法测量直流电机的转速。将两个磁铁对称地安装在测速转盘上，一个磁铁 N 极朝外，另一个磁铁 S 极朝外。这样转盘旋转一周时，霍尔元件就能检测一个正负极性交替变化的电压(脉冲)信号。根据计数器对电压脉冲信号的计数值，测量得到这些连续脉冲信号的间隔时间，就可以换算得到被测直流电机的转速。

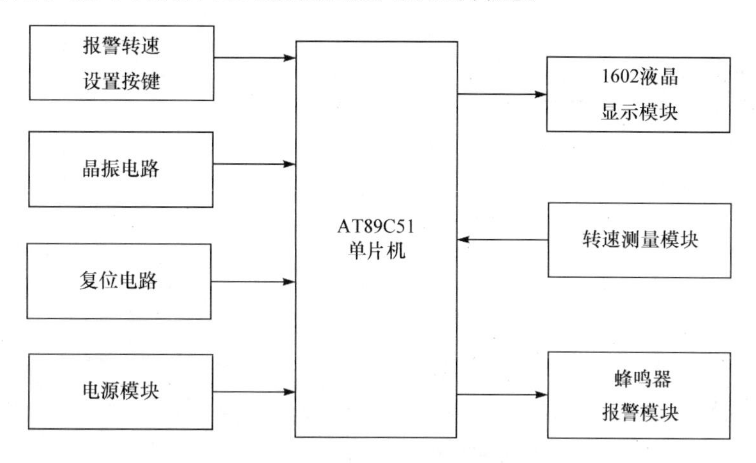

图 16.1 直流电机转速测量与报警系统框图

16.3 Proteus 仿真

直流电机转速测量与报警系统 Proteus 仿真原理图如图 16.2 所示，由图 16.2(a)和图 16.2(b)组成。在 1602 液晶显示器显示的文字中，VH 表示设定直流电机报警上限转速，RV 表示直流电机实际测量转速。直流电动机的转速 n 与加在电枢两端的电压 U 的关系的计算表达式为：$n=(U-IaRa)/Ce\phi$，其中ϕ是磁极的磁通量；Ce 是与电动机结构有关的常数；Ia 是流过电枢的电流；Ra 是电枢的电阻。由该表达式可知，加在电枢两端的电压 U 越大，直流电动机的转速 n 越大。图 16.2(a)中，采用滑动变阻器 RV1 改变电压 U 的大小，从而调节直流电动机的转速 n。

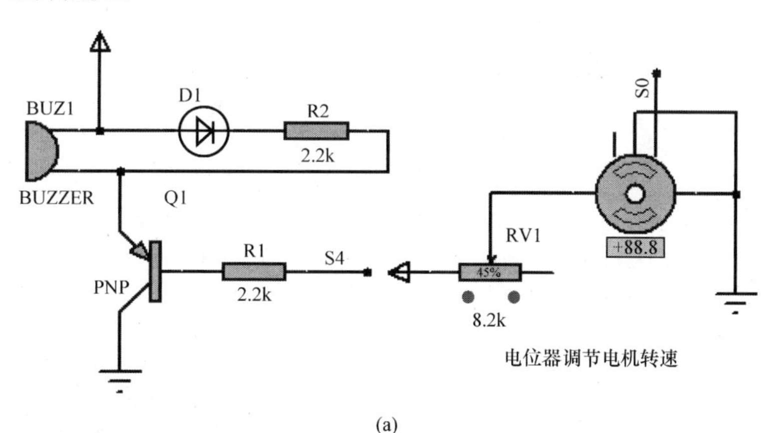

(a)

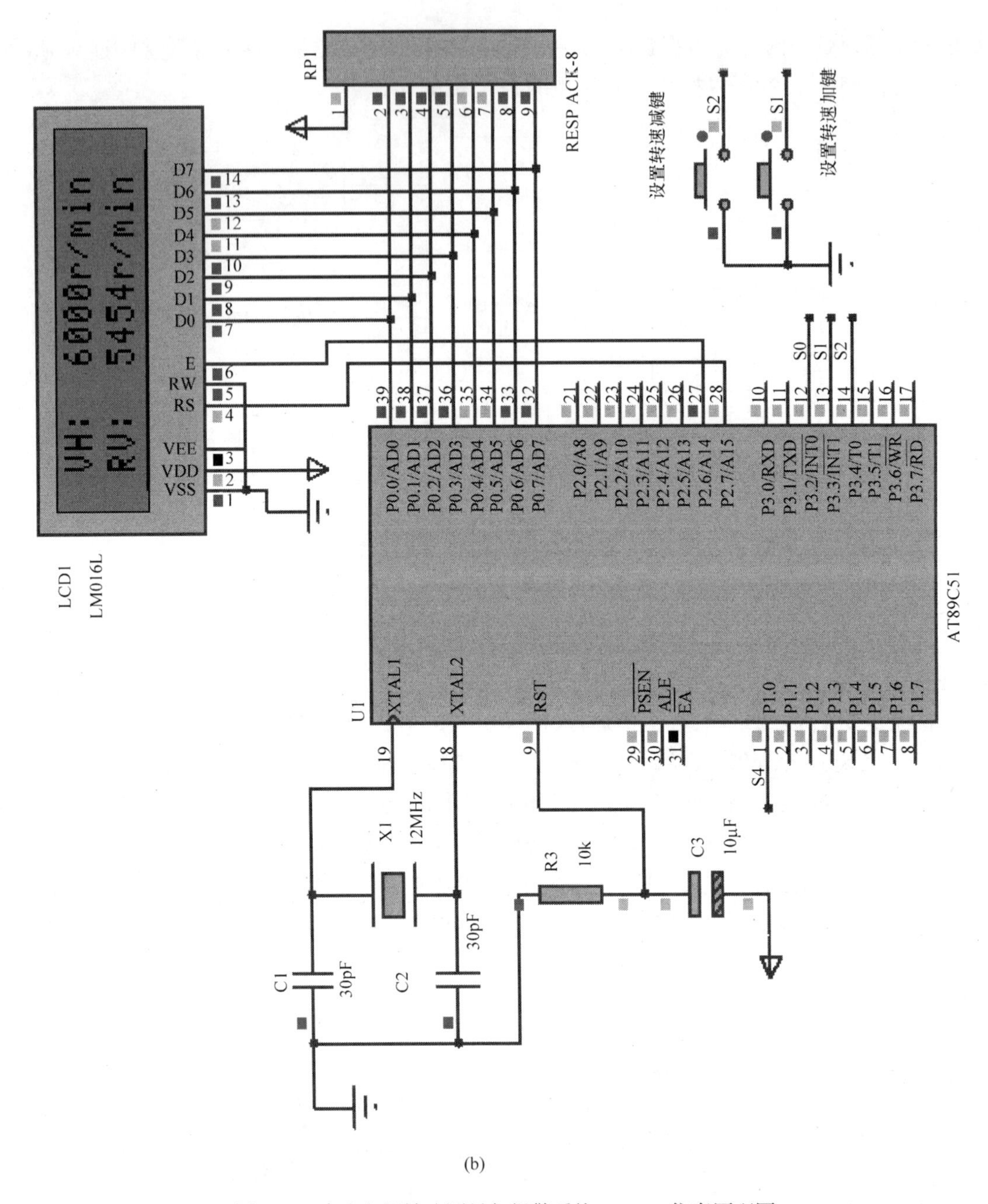

(b)

图 16.2 直流电机转速测量与报警系统 Proteus 仿真原理图

16.4 源 程 序

```
#include<reg52.h>
#define uchar unsigned char
#define uint unsigned int
sbit COUNT_IN=P3^2;
```

```
sbit rs=P2^7;                                       //1602相关管脚端口
sbit en=P2^6;
sbit add=P3^3;                                      //按键端口
sbit dec=P3^4;
sbit BUZZ=P1^0;

uint count,m,n;
unsigned long RPM;
long shangxian=10000;
bit flag;
uchar code tab1[]={" VH:      r/min "};             //设定电机转速显示
uchar code tab2[]={" RV:      r/min "};             //实际电机转速显示
void delay(uint x)                                  //延时1ms函数
{
      uint i,j;
      for(i=0;i<x;i++)
      for(j=0;j<110;j++);
}
void init()                                         //中断初始化函数
{
      IT0=1;                                        //INT0脉冲下降沿触发
      TMOD=0x01;                                    //定时器工作方式1
      TH0=0xfc;                                     //赋定时1ms初值
      TL0=0x18;
      EA=1;                                         //CPU开放所有中断
      ET0=1;                                        //开放定时器0中断
      EX0=1;                                        //开放外部中断INT0
      TR0=1;                                        //启动定时器0工作
}
void write_1602com(uchar com)                       //液晶写入指令函数
{
      rs=0;                                         //数据/指令选择指令,这里选作指令
      P0=com;                                       //送入指令
      delay(1);
      en=1;                                         //拉高使能端
      delay(1);
      en=0;                                         //使能端电平由高变低，产生下降
沿，液晶执行命令

}
void write_1602dat(uchar dat)                       //液晶写入数据函数
{
      rs=1;                                         //数据/指令选择指令,这里选作数据
      P0=dat;                                       //送入数据
      delay(1);
```

```
    en=1;                           //使能端置高电平
    delay(1);
    en=0;                           //使能端电平由高变低，产生下降沿，液晶执行命令
}
void lcd_init()                     //液晶显示初始化函数
{
    uchar a;
    write_1602com(0x38);            //设置液晶工作模式，16×2行显示，5×7点阵，8位
                                      数据
    write_1602com(0x0c);            //开显示，不显示光标
    write_1602com(0x06);            //整屏不移动，光标自动右移
    write_1602com(0x01);            //清显示
    write_1602com(0x80);            //固定符号从第1行第1个位置后开始显示
    for(a=0;a<16;a++)
    {
        write_1602dat(tab1[a]);     //向液晶屏写固定符号部分
    }
    write_1602com(0x80+0x40);       //显示固定符号写入位置，从第2个位置后开始显示
    for(a=0;a<16;a++)
    {
        write_1602dat(tab2[a]);     //写显示固定符号
    }
}
void display()                      //显示函数
{
    uchar gw,sw,bw,qw,ww;
    if(RPM<=99999)                  //在有效测量范围内，显示转速
    {
        ww=RPM/10000;
        qw=RPM%10000/1000;
        bw=RPM%1000/100;            //获得百位数字
        sw=RPM%100/10;              //获得十位数字
        gw=RPM%10;                  //获得个位数字
        write_1602com(0x80+0x40+5);
        if(ww==0)
        write_1602dat(' ');
        else
        write_1602dat(0x30+ww);
        if((ww+qw)==0)
        write_1602dat(' ');
        else
        write_1602dat(0x30+qw);
        if((ww+qw+bw)==0)
        write_1602dat(' ');
```

```
            else
            write_1602dat(0x30+bw);
            if((ww+qw+bw+sw)==0)
            write_1602dat(' ');
            else
            write_1602dat(0x30+sw);
            write_1602dat(0x30+gw);              //数字+30 得到该数字的 LCD1602 显示码
        }
        else                                     //超过范围时，显示-----
        {
             write_1602com(0x80+0x40+5);
             write_1602dat('-');
             write_1602dat('-');
             write_1602dat('-');
             write_1602dat('-');
             write_1602dat('-');
        }
}
void display_shangxian()                         //显示设定转速上限函数
{
        write_1602com(0x80+5);
        if(shangxian/10000==0)
        write_1602dat(' ');
        else
        write_1602dat(0x30+shangxian/10000);
        if((shangxian/1000)==0)
        write_1602dat(' ');
        else
        write_1602dat(0x30+shangxian%10000/1000);
        if((shangxian/100)==0)
        write_1602dat(' ');
        else
        write_1602dat(0x30+shangxian%10000%1000/100);
        if((shangxian/10)==0)
        write_1602dat(' ');
        else
        write_1602dat(0x30+shangxian%10000%1000%100/10);
        write_1602dat(0x30+shangxian%10000%1000%100%10);//数字+30 得到该数字的
                                                          LCD1602 显示码
}
void key()                                       //设置电机转速
{
        uint key_press_num;
        uchar p;
```

```
if(add==0)
{
       delay(20);
       if(add==0)
       {
              while(!add)
              {
                    key_press_num++;
                    if(key_press_num>=20)
                    {
                           key_press_num=0;
                           while(!add)
                           {
                                  shangxian=shangxian+10;
                                  if(shangxian>20000)   //设定电机转速上限为
                                                             20000r/min
                                  shangxian=0;
                                  display_shangxian();
                           }
                    }
                    display();
                    delay(10);
              }
              if(key_press_num!=0)
              {
                     key_press_num=0;
                     shangxian++;
                     if(shangxian>20000)
                     shangxian=0;
              }
       }
}
if(dec==0)
{
       delay(20);
       if(dec==0)
       {
              while(!dec)
              {
                     key_press_num++;
                     if(key_press_num>=20)
                     {
                            key_press_num=0;
                            while(!dec)
```

```
                        {
                            shangxian=shangxian-10;
                            if(shangxian<0)
                            shangxian=20000;
                            display_shangxian();
                        }
                    }
                    display();
                    delay(10);
                }
                if(key_press_num!=0)
                {
                    key_press_num=0;
                    shangxian--;
                    if(shangxian<0)
                    shangxian=20000;
                }
            }
        }
}
void alarm()                                    //蜂鸣器报警函数
{
    if(RPM>=shangxian)
    BUZZ=0;
    else
    BUZZ=1;
}
void main()                                     //主函数
{
    init();                                     //中断初始化函数
    lcd_init();                                 //液晶显示初始化函数
    while(1)
    {
        display();                              //显示函数
        display_shangxian();                    //显示设定转速上限函数
        key();                                  //设置电机转速
        alarm();                                //蜂鸣器报警函数
    }
}
void EXINT0() interrupt 0                       //外部中断 0 函数
{
    count++;
    flag=1;
    n=0;
```

```
      if(count>=10)
      {
         RPM=600000/m;                    //RPM=10(脉冲个数)×60×1000/m，m的单位为
                                          ms，故要乘以1000
         m=0;
         count=0;
      }
}
void time0() interrupt 1                  //定时器0中断函数
    {
       TH0=0xfc;
       TL0=0x18;                          //赋定时1ms初始值
       if(flag==1)
       {
            n++; m++;
            if(n==6000)
            {
           RPM=(60000*count)/m;           //实际电机转速计算公式
           m=0;
           n=0;
           count=0;
           flag=0;
        }
    }
    if(flag==0&&count==0)
    {
           n++;
           if(n==3000)
           {
                RPM=0;
                n=0;
           }
    }
}
```

第 17 章　基于单片机的多功能时钟设计

17.1　设 计 目 标

设计多功能时钟，能利用 8 段 LED 数码管显示小时、分钟和秒钟，能利用按键校正、调节 LED 数码显示的时间。多功能时钟能进行 12 小时制和 24 小时制切换。

17.2　设 计 内 容

多功能时钟系统框图如图 17.1 所示。系统由单片机控制模块、电源模块、晶振电路、复位电路、时间调节按键、LED 灯显示模块和 8 段 LED 数码显示模块等组成。系统不需要复杂的硬件电路，采用软件方法实现多功能时钟的基本功能。单片机内部存储器提供 3 字节，分别存放时钟的小时、分钟和秒种信息。利用定时器产生 1s 定时中断，每产生 1 次中断，存储器内相应的秒钟数值加 1。若秒钟数值达到 60，则将其清零，并将相应的分钟数值加 1。若分钟数值达到 60，则将分钟字节清零，并将小时数值加 1。若小时数值达到 24 或 12(两种不同小时制)，则将小时字节清零。

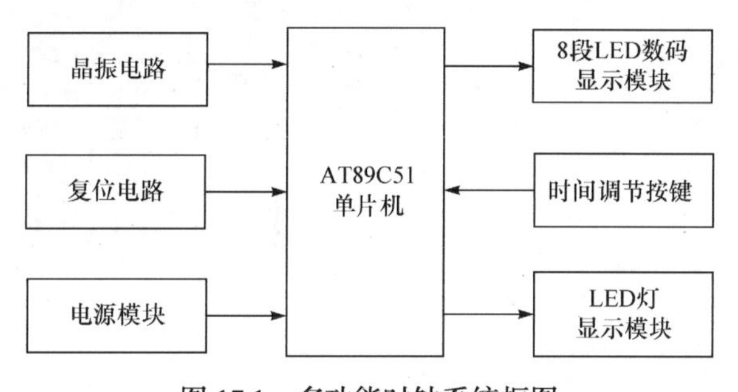

图 17.1　多功能时钟系统框图

17.3　Proteus 仿真

多功能时钟 Proteus 仿真原理图如图 17.2 所示，由图 17.2(a)和图 17.2(b)组成。图 17.2 (b)中，K0 键为二十四小时制和十二小时制设置切换键，K1 键用来调节小时，K2 键用来调节分钟，K3 键用来使秒清零。红色 LED 灯用来区分两种小时制。十二小时制时，红色 LED 灯亮；二十四小时制时，红色 LED 灯灭。黄色 LED 灯用来区分时间段。不管哪一种时制，当时间在凌晨 0 点 ~ 中午 12 点之间时，黄色 LED 灯亮。6 位 LED 数码管用来显示小时、分钟和秒钟，小时、分钟和秒钟各占 2 位，小时和分钟之间、分钟和秒钟之间都采用小数点隔开。74HC573 具有 8 路 D 型透明锁存器，P0 口经 74HC573 给 6 位 LED 数码管提供段码，P2 低 6 位提供 6 位 LED 数码管位选信号。

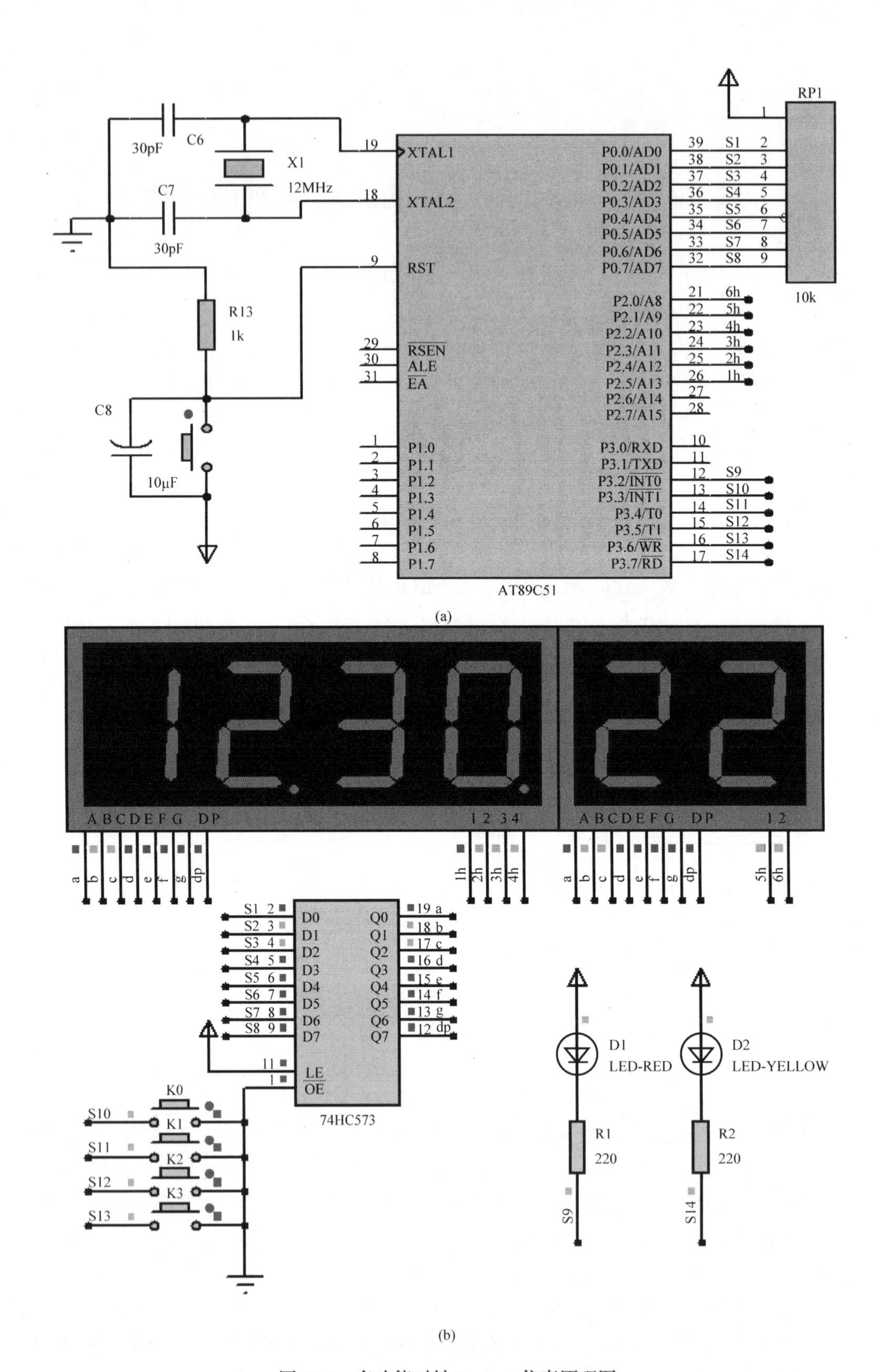

图 17.2 多功能时钟 Proteus 仿真原理图

17.4 源　程　序

```
/*************************************************************************/
作品名称：多功能时钟(12 小时制和 24 小时制可转换)
功能：6 位数码管依次显示小时、分钟和秒钟
24 小时制和 12 小时制可切换
12 小时制红灯亮，24 小时制红灯灭
当时间在凌晨 0 点～中午 12 点时，黄灯亮；此时按切换按键，数码管的显示数不会变化
制作说明：P0 经 74HC573 接数码管段选端，P2 低 6 位接数码管位选端
/*************************************************************************/
#include<reg52.h>
#define uc unsigned char
#define ui unsigned int
sbit LED=P3^2;                  //红色 LED 灯端口
sbit key0=P3^3;                 //两种小时制切换
sbit key1=P3^4;                 //调节小时
sbit key2=P3^5;                 //调节分钟
sbit key3=P3^6;                 //秒钟清零
sbit wan=P3^7;                  //黄色 LED 灯端口
uc min,hour,sec,num;
bit bdata zhi;
uc code tab[]={0x3f,0x06,0x5b,0x4f,0x66,0x6d,0x7d,0x07,0x7f,0x6f}; //共阴极七段码
void delay(ui x)                //延时 1ms 函数
{
    ui i,j;
    for(i=0;i<x;i++)
    for(j=0;j<121;j++);
}
void display()                  //显示函数
{
    P0=tab[hour/10];
    P2=0xdf;
    delay(1);
    P2=0xff;
    P0=(tab[hour%10])|0x80;     //在第 2 位后显示小数点
    P2=0xef;
    delay(1);
    P2=0xff;
    P0=tab[min/10];
    P2=0xf7;
    delay(1);
```

```
    P2=0xff;
    P0=(tab[min%10])|0x80;              //在第 4 位后显示小数点
    P2=0xfb;
    delay(1);
    P2=0xff;
    P0=tab[sec/10];
    P2=0xfd;
    delay(1);
    P2=0xff;
    P0=tab[sec%10];
    P2=0xfe;
    delay(1);
    P2=0xff;
}
void keyscan()                          //键盘扫描函数
{
    if(key0==0)                         //两种小时制切换
    {
        delay(5);
        if(key0==0)
        {
            LED=~LED;
            zhi=~zhi;
            if((hour>=12)&&(zhi==0))
            {
                hour=hour-12;
            }
            if((zhi==1)&&(wan==1))
            {
                hour=hour+12;
            }
        }
        while(!key0) display();
    }
    if(key1==0)                         //调节小时
    {
        delay(5);
        if((key1==0)&&(zhi==0))
        {
            hour++;
            if(hour==12)
            {
                hour=0;
                wan=~wan;
            }
```

```
            }
            if((key1==0)&&(zhi==1))
            {
                    hour++;
                    if(hour==24)
                     hour=0;
            }
             while(!key1) display();
    }
    if(key2==0)                                    //调节分钟
    {
            delay(5);
            if(key2==0)
            {
                  min++;
                  if(min==60)
                  min=0;
            }
            while(!key2) display();
    }
    if(key3==0)                                    //秒钟清零
    {
             delay(5);
             if(key3==0)
            {sec=0;}
             while(!key3) display();
    }
}
void init()                                        //初始化函数
{
      sec=0;                                       //通电显示12:30:00
      min=30;
      hour=12;
      LED=1;
      zhi=1;
      wan=1;
      TMOD=0x01;                                   //定时器0，工作方式1
      TH0=(65536-50000)/256;
      TL0=(65536-50000)%256;
      EA=1;
      ET0=1;
      TR0=1;
}
void shizhi()                                      //小时制函数
{
```

```
        if(hour>=12)
        wan=1;
        if((hour<12)&&(zhi==1))
        wan=0;
}
void main()                                         //主函数
{
        init();                                     //初始化函数
        while(1)
        {
              display();                            //显示函数
              keyscan();                            //键盘扫描函数
              shizhi();                             //小时制函数
        }
}
void time0() interrupt 1                            //定时器 0 中断函数
{
       TH0=(65536-50000)/256;
       TL0=(65536-50000)%256;
       num++;
       if(num==20)
       {
              num=0;
              sec++;
              if(sec==60)
              {
                     sec=0;
                     min++;
                     if(min==60)
                     {
                            min=0;
                            hour++;
                            if((hour==12)&&(zhi==0))
                            {
                                   wan=~wan;
                                   hour=0;
                            }
                            if((hour==24)&&(zhi==1))
                            {
                                   hour=0;
                            }
                     }
              }
       }
}
```

第 18 章　基于单片机的便携式酒精浓度检测仪设计

18.1　设 计 目 标

设计便携式酒精浓度检测仪，能实时检测和显示酒精浓度。当酒精浓度超过报警阈值浓度时，进行声光报警。

18.2　设 计 内 容

便携式酒精浓度检测仪框图如图 18.1 所示。系统由单片机控制模块、电源模块、晶振电路、复位电路、报警阈值设置按键、酒精浓度检测模块、1602 液晶显示模块和声光报警模块等组成。采用 MQ-3 乙醇气体传感器检测酒精浓度，MQ-3 乙醇气体传感器输出信号经信号调理电路处理，输出随乙醇浓度变化的电压信号。报警阈值设置按键有 2 个，设置浓度增加键用来增加设置的报警酒精浓度，设置浓度减少键用来减少设置的报警酒精浓度。设置的酒精报警阈值浓度存储于 STC89C51 单片机片内的 E^2PROM 中。当实际检测的酒精浓度超过酒精报警阈值浓度时，系统启动声光报警。实际检测的酒精浓度和酒精报警阈值浓度能够在 1602 液晶显示器上显示。

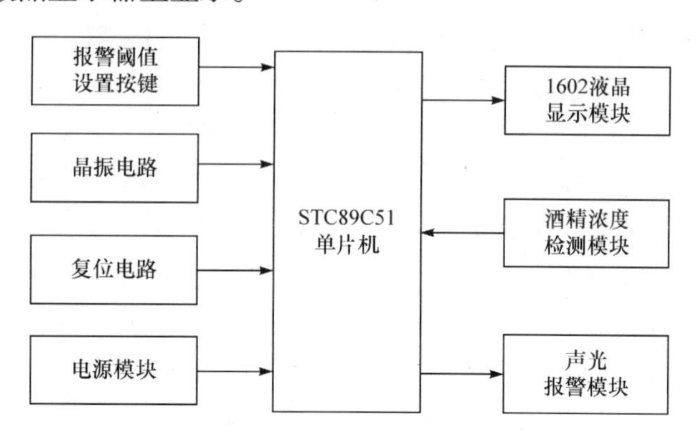

图 18.1　便携式酒精浓度检测仪框图

18.3　软 件 设 计

便携式酒精浓度检测仪的程序流程图如图 18.2 所示。

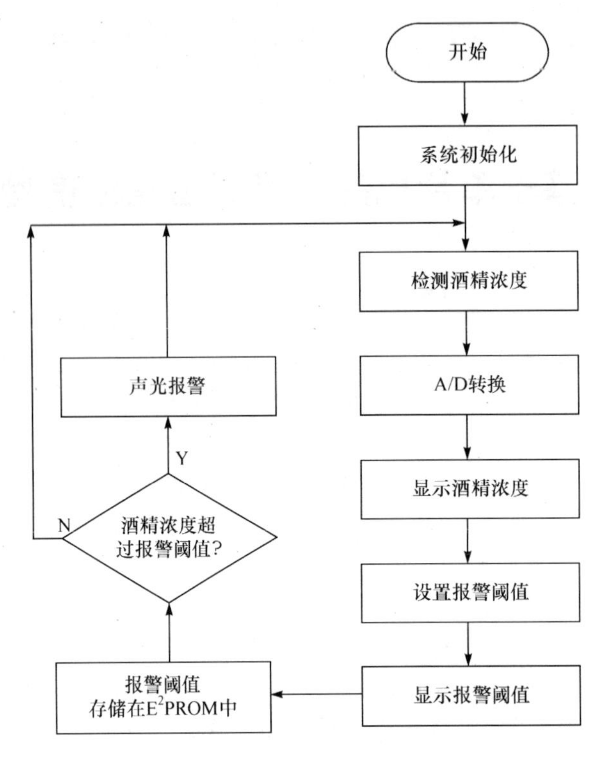

图 18.2 便携式酒精浓度检测仪的程序流程图

18.4 Proteus 仿真

便携式酒精浓度检测仪 Proteus 仿真原理图如图 18.3 所示，由图 18.3(a)和图 18.3(b)组成。仿真过程中，采用电位器的电压值模拟 MQ-3 乙醇气体传感器采集得到的电压值。

图 18.3(b)中，$\overline{CS}$是片选使能端，低电平有效。CH0 模拟输入通道 0，也可作为 IN+或 IN-使用。CH1 模拟输入通道 1，也可作为 IN-或 IN+使用。GND 是芯片参考零电位(地)。DI 是数据信号输入端，由选择通道控制输入数据。DO 是数据信号输出端，将转换数据进行输出。CLK 是芯片时钟输入端。VCC/REF 是电源输入及参考电压输入(复用)端。ADC0832 是具有多路转换开关的 8 位串行 I/O 模数转换器，转换速度较高(转换时间 32μs)，采用单电源供电，功耗较低(15mW)，适用于各种便携式智能仪表。ADC0832 是 8 脚双列直插式双通道 A/D 转换器，能分别对 2 路模拟信号实现模数转换，可在单端输入方式和差分方式下工作。ADC0832 采用串行通信方式，通过 DI 数据输入端进行通道选择、数据采集及数据传送。ADC0832 具有 8 位分辨率，最高分辨率可达 256 级，可以适应一般的模拟量转换要求。ADC0832 具有双数据输出功能，该双数据可作为校验数据，以减少 A/D 转换数据的误差。正常情况下，ADC0832 采用 4 根数据线与单片机进行通信，这 4 根数据线分别与单片机$\overline{CS}$、CLK、DO、DI 端相连。ADC0832 与单片机的通信是双向的，并且通信时 DO 端与 DI 端未同时使用。在 I/O 口硬件资源紧张时，可将 DO 和 DI 并联接在一起，采用一根数据线接到单片机一个引脚上。当 ADC0832 未工作时，$\overline{CS}$片选使能端应为高电平，此

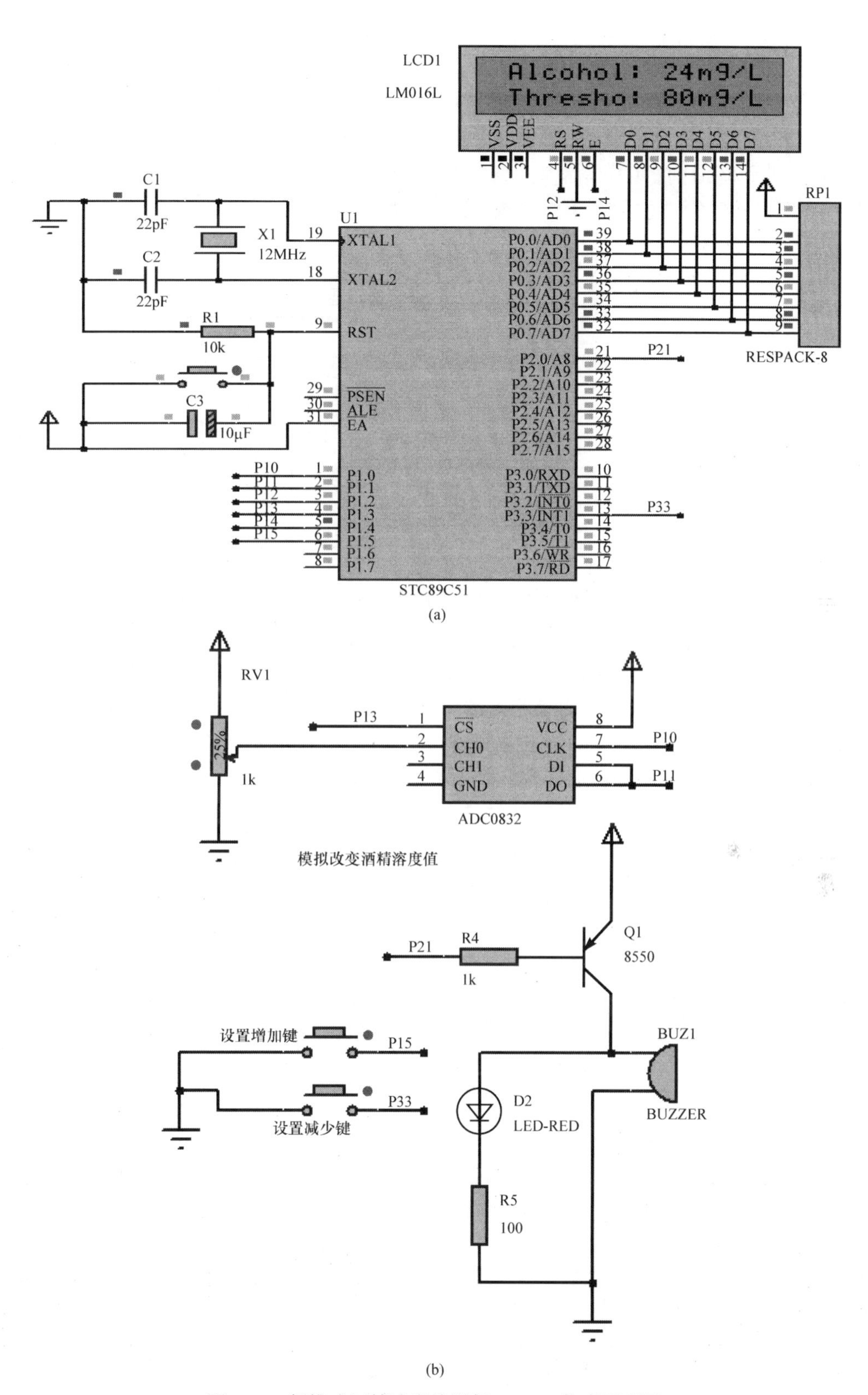

图 18.3　便携式酒精浓度检测仪 Proteus 仿真原理图

时芯片禁用，CLK 和 DO/DI 的电平可任意选择。当要进行 A/D 转换时，需将$\overline{CS}$使能端接低电平，而且低电平要保持至转换结束。ADC0832 开始转换工作时，由处理器向芯片时钟输入端 CLK 输入时钟脉冲信号，DO/DI 端通过 DI 端输入通道功能选择的数据信号。在第 1 个时钟脉冲下降沿前，DI 端需保持高电平，启动模数转换。在第 2、3 个时钟脉冲下降沿前，DI 端应输入第 2 位数和第 3 位数，这 2 位数用于选择通道功能，输入 2 位数据与选择通道功能如表 18.1 所示。

表 18.1　输入 2 位数据与选择通道功能

输入 2 位数据		选择通道功能		工作方式说明
第 1 位	第 2 位	0	1	
0	0	+	−	差分方式
0	1	−	+	
1	0	√	×	单端输入方式
1	1	×	√	

当第 2 位数、第 3 位数分别为 1、0 时，只由单通道 CH0 采集数据。当这 2 位数据分别为 1、1 时，只由单通道 CH1 采集数据。当这 2 位数据分别为 0、0 时，采用差分方式输入，将 CH0 作为正输入端 IN+，将 CH1 作为负输入端 IN−。当这 2 位数据分别为 0、1 时，采用差分方式输入，将 CH0 作为负输入端 IN−，将 CH1 作为正输入端 IN+。作为单通道模拟信号输入时，ADC0832 的输入电压是 0～5V，8 位分辨率对应的电压分辨精度为 19.53mV。若采用差分方式输入，可将电压值设定在某一个较大范围之内。对于该方式，如果 IN-端电压大于 IN+端电压，A/D 转换后的数据始终为 00H。

18.5　源　程　序

```
#include <reg52.h>
#define uchar unsigned char      //无符号字符型宏定义，变量范围 0~255
#define uint  unsigned int       //无符号整型宏定义，变量范围 0~65535
#include <intrins.h>
sbit CS=P1^3;                    //ADC0832 CS 脚端口
sbit SCL=P1^0;                   //ADC0832 SCL 脚端口
sbit DO=P1^1;                    //ADC0832 DO 脚端口
sbit beep = P2^0;                //蜂鸣器 I/O 口
long dengji,s_dengji = 50;       //酒精等级
bit flag_300ms ;
uchar key_can;
uchar menu_1;
uchar flag_clock;
sbit rs=P1^2;                    //1602 数据/命令选择引脚，H：数据，L：命令
sbit e =P1^4;                    //1602 使能引脚，下降沿触发
```

```
uchar code table_num[]="0123456789abcdefg";
void delay_uint(uint q)                          //延时函数
{
      while(q--);
}
void write_com(uchar com)                        //1602 写命令函数
{
      e=0;
      rs=0;
      P0=com;
      delay_uint(3);
      e=1;
      delay_uint(25);
      e=0;
}
void write_data(uchar dat)                       //1602 写数据函数
{
      e=0;
      rs=1;
      P0=dat;
      delay_uint(3);
      e=1;
      delay_uint(25);
      e=0;
}
***************************************************************************
名称：void write_sfm2(uchar hang,uchar add,uint date)
功能：显示 2 位十进制数，如果要让第 1 行第 5 个字符开始显示"23" ，调用该函数为：
write_sfm1(1,5,23)
输入：行，列，需要输入 1602 的数据
输出：无
***************************************************************************
void write_sfm2(uchar hang,uchar add,uint date)
{
      if(hang==1)
            write_com(0x80+add);
      else
            write_com(0x80+0x40+add);
      if(date >= 100)
      {
            write_data(0x30+date/100%10);
            write_data(0x30+date/10%10);
      }
      else
```

```
    {
        write_data(' ');
        write_data(0x30+date/10%10);
    }
    write_data(0x30+date%10);
}
```

****

名称：write_string(uchar hang,uchar add,uchar *p)

功能：改变液晶中某位的值，如果要让第 1 行第 5 个字符开始显示"ab cd ef"，调用该函数为：write_string(1,5,"ab cd ef;")

输入 ：行，列，需要输入 1602 的数据

输出 ：无

****

```
void write_string(uchar hang,uchar add,uchar *p)
{
    if(hang==1)
        write_com(0x80+add);
    else
        write_com(0x80+0x40+add);
        while(1)
        {
            if(*p == '\0')  break;
            write_data(*p);
            p++;
        }
}
void clear_1602()                                   //清除 1602 液晶显示
{
     write_string(1,0,"                ");
     write_string(2,0,"                ");
}

/**********************LCD1602 上显示特定的字符**********************/
void write_zifu(uchar hang,uchar add,uchar date)
{
    if(hang==1)
        write_com(0x80+add);
    else
        write_com(0x80+0x40+add);
    write_data(date);
}
void init_1602()                                    //初始化 1602 液晶
{
     write_com(0x38);
```

```
        write_com(0x0c);
        write_com(0x06);
        write_string(1,0," Alcohol: 00mg/L");
        write_string(2,0," Thresho: 80mg/L");
        write_sfm2(2,9,s_dengji);                       //显示酒精等级
}
uchar a_a;
/********STC89C51 扇区分布*******/
第一扇区：1000H--11FF
第二扇区：1200H--13FF
第三扇区：1400H--15FF
第四扇区：1600H--17FF
第五扇区：1800H--19FF
第六扇区：1A00H--1BFF
第七扇区：1C00H--1DFF
第八扇区：1E00H--1FFF
/*********************************/

/********STC89C52 扇区分布*******/
第一扇区：2000H--21FF
第二扇区：2200H--23FF
第三扇区：2400H--25FF
第四扇区：2600H--27FF
第五扇区：2800H--29FF
第六扇区：2A00H--2BFF
第七扇区：2C00H--2DFF
第八扇区：2E00H--2FFF
/*********************************/
#define RdCommand 0x01                                  //定义 ISP 的操作命令
#define PrgCommand 0x02
#define EraseCommand 0x03
#define Error 1
#define Ok 0
#define WaitTime 0x01                                   //定义 CPU 的等待时间
sfr ISP_DATA=0xe2;                                      //寄存器申明
sfr ISP_ADDRH=0xe3;
sfr ISP_ADDRL=0xe4;
sfr ISP_CMD=0xe5;
sfr ISP_TRIG=0xe6;
sfr ISP_CONTR=0xe7;
/**********************打开 ISP、IAP 功能**********************/
void ISP_IAP_enable(void)
{
        EA = 0;                                         //关中断
```

```
        ISP_CONTR = ISP_CONTR & 0x18;           // 00011000
        ISP_CONTR = ISP_CONTR | WaitTime;       //写入硬件延时
        ISP_CONTR = ISP_CONTR | 0x80;           // ISPEN=1
}
/***********************关闭 ISP、IAP 功能***********************/
void ISP_IAP_disable(void)
{
        ISP_CONTR = ISP_CONTR & 0x7f;           // ISPEN = 0
        ISP_TRIG = 0x00;
        EA =1;   //开总中断
}
/***********************公用的触发代码***********************/
void ISPgoon(void)
{
        ISP_IAP_enable();                       //打开 ISP、IAP 功能
        ISP_TRIG = 0x46;                        //触发 ISP_IAP 命令字节 1
        ISP_TRIG = 0xb9;                        //触发 ISP_IAP 命令字节 2
        _nop_();
}
/*****************************字节读*******************************/
unsigned char byte_read(unsigned int byte_addr)
{
        EA = 0;
        ISP_ADDRH = (unsigned char)(byte_addr >> 8);    //地址赋值
        ISP_ADDRL = (unsigned char)(byte_addr & 0x00ff);
        ISP_CMD = ISP_CMD & 0xf8;               //清除低 3 位
        ISP_CMD = ISP_CMD | RdCommand;          //写入读命令
        ISPgoon();                              //触发执行
        ISP_IAP_disable();                      //关闭 ISP、IAP 功能
        EA = 1;
        return (ISP_DATA);                      //返回读到的数据
}
/*****************************扇区擦除*****************************/
void SectorErase(unsigned int sector_addr)
{
        unsigned int iSectorAddr;
        iSectorAddr = (sector_addr & 0xfe00);   //取扇区地址
        ISP_ADDRH = (unsigned char)(iSectorAddr >> 8);
        ISP_ADDRL = 0x00;
        ISP_CMD = ISP_CMD & 0xf8;               //清除低 3 位
        ISP_CMD = ISP_CMD | EraseCommand;       //擦除命令 3
        ISPgoon();                              //触发执行
        ISP_IAP_disable();                      //关闭 ISP、IAP 功能
}
```

```
/****************************字节写******************************/
void byte_write(unsigned int byte_addr, unsigned char original_data)
{
        EA = 0;
        ISP_ADDRH = (unsigned char)(byte_addr >> 8);    //取地址
        ISP_ADDRL = (unsigned char)(byte_addr & 0x00ff);
        ISP_CMD = ISP_CMD & 0xf8;                       //清除低3位
        ISP_CMD  = ISP_CMD | PrgCommand;                //写命令2
        ISP_DATA = original_data;                       //写入数据准备
        ISPgoon();                                      //触发执行
        ISP_IAP_disable();                              //关闭ISP、IAP功能
        EA =1;
}
/**********************延时1ms函数******************************/
void delay_1ms(uint q)
{
        uint i,j;
        for(i=0;i<q;i++)
              for(j=0;j<120;j++);
}
/*****************把数据保存到单片机内部eeprom中******************/
void write_eeprom()
{
      SectorErase(0x2000);
      byte_write(0x2001, s_dengji);
      byte_write(0x2060, a_a);
}
/*****************把数据从单片机内部eeprom中读出来****************/
void read_eeprom()
{
      s_dengji  = byte_read(0x2001);
      a_a       = byte_read(0x2060);
}
/*************************开机自检eeprom初始化******************/
void init_eeprom()
{
      read_eeprom();                                    //读eeprom数据
      if(a_a != 2)                                      //初始化单片机内存eeprom
      {
            s_dengji = 80;
            a_a = 2;
            write_eeprom();
      }
}
```

```
/*************************读数模转换数据************************************/
/*请先了解 ADC0832 模数转换的串行协议，再读本函数，主要是对应时序图来理解，本函数是模拟
ADC0832 的串行协议进行的，1  0  0 通道，1  1  1 通道*/
unsigned char ad0832read(bit SGL,bit ODD)
{
     unsigned char i=0,value=0,value1=0;
          SCL=0;
          DO=1;
          CS=0;                          //开始
          SCL=1;                         //第 1 个上升沿
          SCL=0;
          DO=SGL;
          SCL=1;                         //第 2 个上升沿
          SCL=0;
          DO=ODD;
          SCL=1;                         //第 3 个上升沿
          SCL=0;                         //第 3 个下降沿
          DO=1;
          for(i=0;i<8;i++)
          {
               SCL=1;
               SCL=0;                    //开始从第 4 个下降沿接收数据
               value<<=1;
               if(DO)
                value++;
          }
          for(i=0;i<8;i++)               //接收校验数据
          {
               value1>>=1;
               if(DO)
                    value1+=0x80;
               SCL=1;
               SCL=0;
          }
          CS=1;
          SCL=1;
          if(value==value1)              //与校验数据比较，正确就返回数据，否则返回 0
                return value;
     return 0;
}
/*************************定时器 0 初始化函数****************************/
void time_init()
{
     EA = 1;                             //开总中断
```

```
	TMOD = 0X01;                                  //定时器0，工作方式1
	ET0 = 1;                                      //开定时器0中断
	TR0 = 1;                                      //启动定时器0定时
}
/************************按键处理显示函数***************************/
void key_with()
{
	if(key_can == 1)
	{
		s_dengji ++ ;                             //酒精浓度设置数加1
		if(s_dengji > 999)
			s_dengji = 999;
	}
	if(key_can == 2)
	{
			s_dengji -= 1;                        //酒精浓度设置数减1
		if(s_dengji <= 1)
			s_dengji = 1 ;
	}
	write_sfm2(2,9,s_dengji);                     //显示酒精等级
	write_eeprom();                               //保存数据
}
/************************独立按键函数******************************/
uchar key_can;                                    //按键值
sbit key1=P1^5;
sbit key2=P3^3;
void key()                                        //独立按键函数
{
	static uchar key_new;
	key_can = 20;                                 //按键值还原
	key1 = 1;
	key2 = 1;
	if((key1==0)||(key2==0))                      //按键按下
	{
		delay_1ms(1);                             //按键消抖动
		if(((key1==0)||(key2==0)) && (key_new == 1))   //确认按键按下
		{
			key_new = 0;
			if(key1==0) key_can = 1;
			if(key2==0) key_can = 2;
		}
	}
	else
		key_new = 1;
```

```
}

/**************************报警函数*****************************/
void clock_h_l()
{
    static uchar value;
    if(dengji >= s_dengji )                    //报警
    {
        value ++;
        if(value >= 2)
        {
            value = 10;
            beep = ~beep;                      //蜂鸣器报警
        }
    }else
    {
        if(dengji < s_dengji)                  //取消报警
        {
            value = 0;
            beep = 1;
        }
    }
}
/**************************主函数*****************************/
void main()
{
    beep = 0;                                  //开机长响一声
    delay_1ms(150);
    P0 = P1 = P2 = P3 = 0xff;                  //单片机 I/O 口初始化为 1
    init_eeprom();                             //读 eeprom 数据
    time_init();                               //初始化定时器
    init_1602();
    while(1)
    {
        key();                                 //独立按键函数
        if(key_can < 10)
        {
            key_with();                        //按键处理显示函数
        }
        if(flag_300ms == 1)
        {
            flag_300ms = 0;
            clock_h_l();                       //报警函数
            dengji = ad0832read(1,0);
```

```
            dengji = dengji * 450 / 255.0;
            dengji = dengji - 100;          //首先减去零点漂移，一般是 1V
            if(dengji < 0)
                    dengji = 0;
            dengji = dengji * 2;            //将 mV 转变成 mg/L，系数需要校准
        /*电压每升高 0.1V，实际被测气体的浓度增加 20ppm
        1ppm=1mg/kg=1mg/L=1×10-6 常用来表示气体浓度或者溶液浓度*/
            write_sfm2(1,9,dengji);         //显示酒精浓度
        }
    }
}
/***********************定时器 0 中断服务程序***************************/
void time0_int() interrupt 1
{
    static uchar value;
    TH0 = 0x3c;
    TL0 = 0xb0;                                     //赋定时 50ms 初值
    value ++;
    if(value % 6 == 0)                              //定时 300ms
    {
        flag_300ms = 1;
        value = 0;
    }
}
```

第 19 章　基于单片机的音乐限时倒数计时器设计

19.1　设 计 目 标

设计音乐限时倒数计时器，能设置倒计时的时间，液晶显示器能显示倒计时的分钟和秒钟。倒计时过程中，工作指示灯闪烁。计时结束后，扬声器播放音乐。

19.2　设 计 内 容

在演讲、知识抢答竞赛、考试、辩论赛、趣味活动、限时发言会议等大型场合中，需要倒数计时器。音乐限时倒数计时器的框图如图 19.1 所示。系统由单片机控制模块、晶振电路、复位电路、电源模块、限时设置按键、1602 液晶显示模块、倒计时工作指示灯模块和扬声器播放音乐模块等组成。限时设置按键共有 5 个键，K2 键设置的时间为 5min，K3 键设置的时间为 10min，K4 键设置的时间为 20min。K1 键用来设置 0～60min 内某一时间，此时 K2 键不再作为 5min 时间设置键，K3 键不再作为 10min 时间设置键，K2 键和 K3 键作为设置时间调节键。每按一下 K2 键，时间增加 1min；每按一下 K3 键，时间减少 1min。设置好时间后，按下时间设置确认键 K5 键后，系统开始倒计时，倒计时工作指示 LED 灯闪烁。当倒数计时到 0s 时，倒计时工作指示 LED 灯熄灭，扬声器循环播放音乐“哆来咪发嗦拉西哆”，直到复位重新倒计时。1602 液晶显示器用来显示倒计时过程的时间。

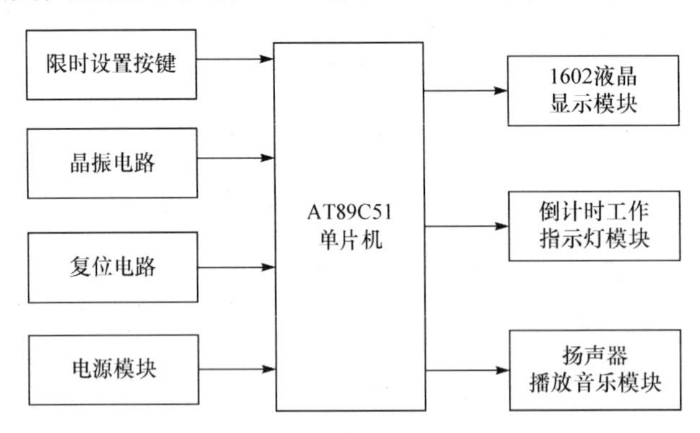

图 19.1　音乐限时倒数计时器的框图

19.3　软 件 设 计

音乐限时倒数计时器的程序流程图如图 19.2 所示。

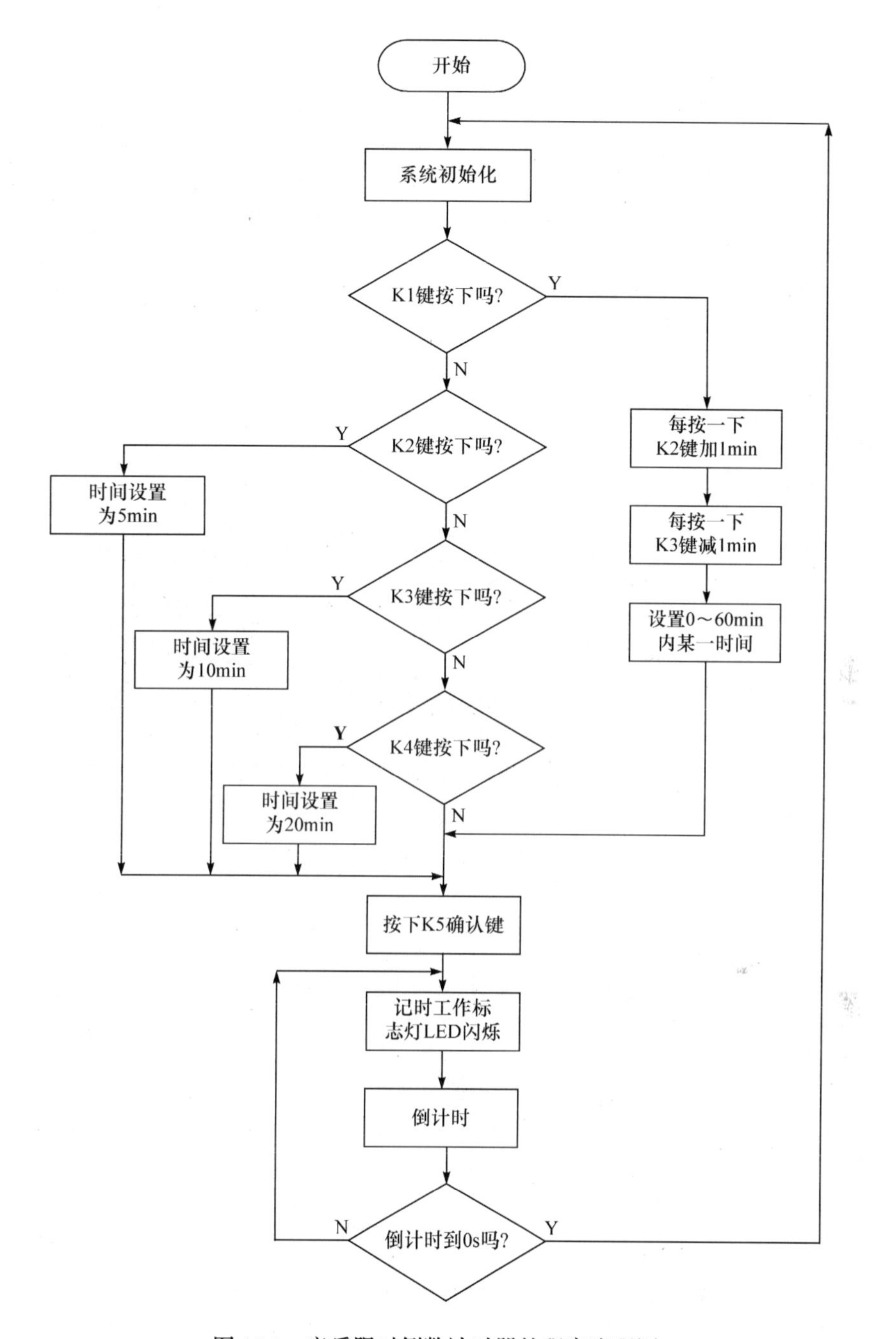

图 19.2　音乐限时倒数计时器的程序流程图

19.4　Proteus 仿真

音乐限时倒数计时器 Proteus 仿真原理图如图 19.3 所示。

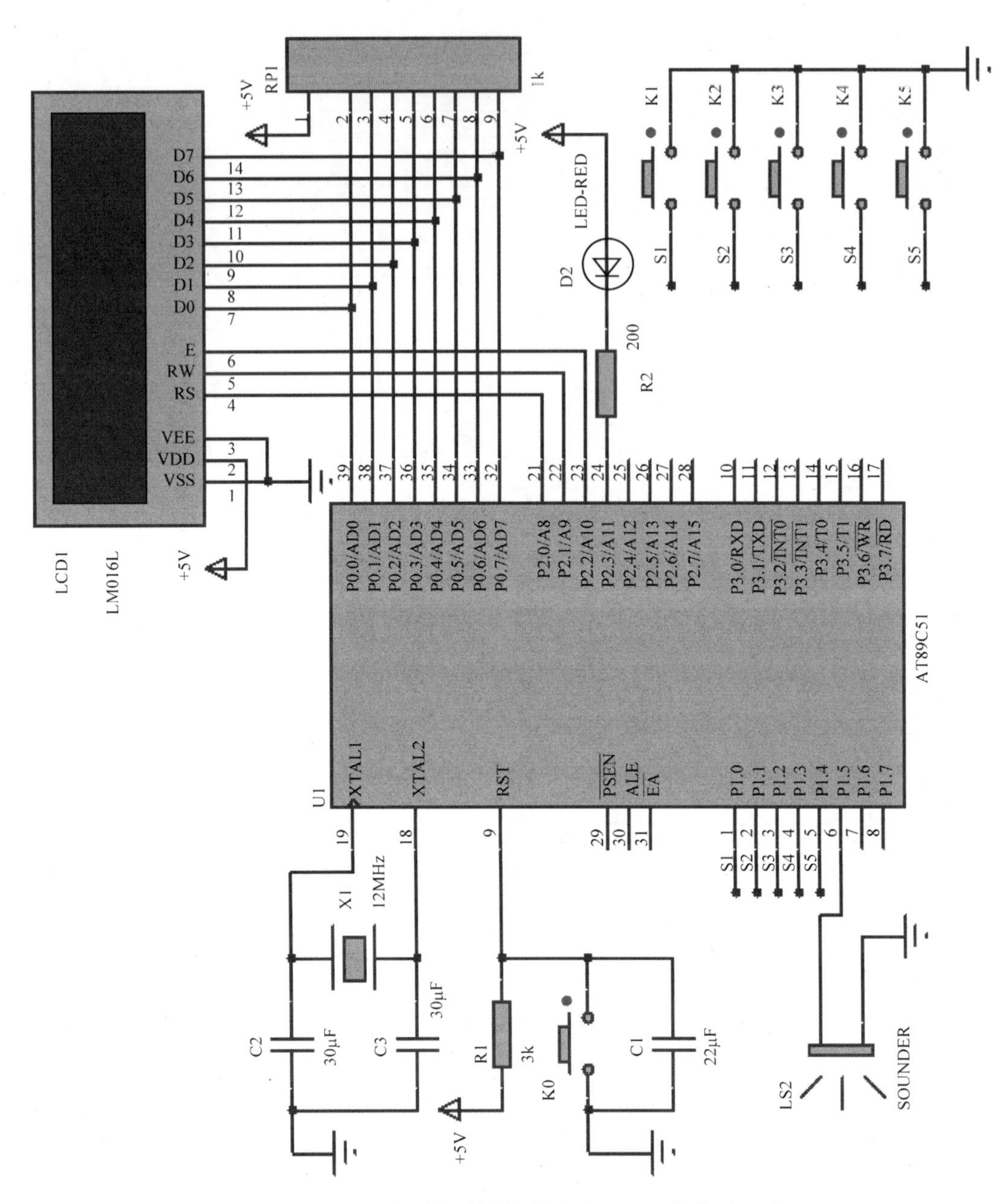

图19.3 音乐限时倒数计时器Proteus仿真原理图

图 19.3 音乐限时倒数计时器 Proteus 仿真原理图

19.5 源 程 序

```
#include<reg52.h>
#include<intrins.h>
#define time 100
#define uint unsigned int
#define uchar unsigned char
uint t,flag,flag0,flag1,flag2,flag3,flag4,flag5,minute,second=60;
uchar num,j,i,k=0;
uchar code table[]="TIME   00:00";
uint code table1[]={64580,64684,64777,64820,64898,64968,65030, 65058};
                              // 音符“哆来咪发嗦拉西哆”的编码
sbit key1=P1^0;               //0～60min 内某一时间设置键
sbit key2=P1^1;               // 5min 设置键；当设置为 0～60min 时，该键为增加 1min 键
sbit key3=P1^2;               //10min 设置键；当设置为 0～60min 时，该键为减少 1min 键
sbit key4=P1^3;               //20min 设置键
sbit key5=P1^4;               //时间设置确认键
sbit P1_5=P1^5;               //扬声器端口
sbit RS=P2^0;
sbit RW=P2^1;
sbit E=P2^2;
sbit led_red=P2^3;            //倒计时工作标志
void write_time(uint addr,uint date);
void delay(uint z)            //延时 z ms 函数
{
      uint x,y;
      for(x=z;x>0;x--)
            for(y=110;y>0;y--);
}
void delay1(void)             //延时 1s 函数
{
    uchar a,b,c;
    for(c=13;c>0;c--)
        for(b=247;b>0;b--)
            for(a=142;a>0;a--);
}
void write_com(uchar com)    //1602 写命令函数
{
      RS=0;
      P0=com;
      delay(5);
      E=1;
```

```
        delay(10);
        E=0;
}
void write_date(uchar date)                    //1602写数据函数
{
        RS=1;
        P0=date;
        delay(5);
        E=1;
        delay(10);
        E=0;
}
void KEY1()                                    //按键1处理函数
{
        while(flag1)
        {
            if(key2==0)
            {
                delay(time);
                if(key2==0)
                {
                    if(minute<60)
                        minute=minute+1;
                    write_time(7,minute);
                }
            }
            if(key3==0)
            {
                delay(time);
                if(key3==0)
                {
                    if(minute>0)
                    minute=minute-1;
                    write_time(7,minute);
                }
            }
            if(key4==0||key5==0)
            {
                delay(150);
                if(key4==0||key5==0)
                {
                    flag1=0;
                    flag =1;
                    TR0=1;
```

```
                }
            }
        }
}
void KEY2()                                            //按键 2 处理函数
{
        minute=5;
         write_time(7,minute);
         while(flag2)
         {
              if(key5==0)
                   {
                          delay(time);
                           if(key5==0)
                           {
                                    flag2=0;
                                     flag =1;
                                     TR0=1;
                           }
                    }
         }
}
void KEY3()                                            //按键 3 处理函数
{
        minute=10;
         write_time(7,minute);
         while(flag3)
         {
              if(key5==0)
                   {
                          delay(time);
                           if(key5==0)
                           {
                                  flag3=0;
                                   flag =1;
                                   TR0=1;
                           }
                   }
         }
}
void KEY4()                                            //按键 4 处理函数
{
        minute=20;
         write_time(7,minute);
```

```
    while(flag4)
    {
        if(key5==0)
            {
                delay(150);
                if(key5==0)
                {
                    flag4=0;
                    flag =1;
                    TR0=1;
                }
            }
    }
}
void write_time(uint addr,uint date)                //写时间函数
{
    uint ge,shi;
    ge=date%10;
    shi=date/10;
    write_com(0x80+addr);
    write_date(0x30+shi);
    write_date(0x30+ge);
    if(addr==7&&date==0)
        j=1;
    if(j==1&&addr==10&&date==0)
    {
        flag0=1;
        TR0=0;
        TR1=1;
        flag5=1;
    }
}
void init()                                          //初始化函数
{
    P1=0xff;
    RW=0;
    write_com(0x38);
    write_com(0x0c);
    write_com(0x06);
    write_com(0x80);
    TMOD=0x11;
    TH0=(65536-50000)/256;
    TL0=(65536-50000)%256;
    TH1=0xfc;
```

```
	TL1=0x44;
	ET1=1;
	ET0=1;
	EA=1;
	flag0=1;
	for(num=0;num<12;num++)
	{
		write_date(table[num]);
		delay(20);
	}
}
void start()                                              //启动函数
{
	if(key1==0)
	{
		delay(time);
		if(key1==0)
		{
			flag0=0;
			flag1=1;
			KEY1();
		}
	}
	if(key2==0)
	{
		delay(time);
		if(key2==0)
		{
			flag0=0;
			flag2=1;
			KEY2();
		}
	}
	if(key3==0)
	{
		delay(time);
		if(key3==0)
		{
			flag0=0;
			flag3=1;
			KEY3();
		}
	}
	if(key4==0)
```

```
	{
		delay(150);
		if(key4==0)
		{
			flag0=0;
			flag4=1;
			KEY4();
		}
	}
}
void write_time0()                                //写时间函数
{
	minute=minute-1;
	write_time(7,minute);
	write_time(10,59);
	flag=0;
}
void counter()                                    //倒计时函数
{
	if(t==20)
	{
		led_red=led_red^1;                        //输出状态取反
		if(flag==1)
			write_time0();
		t=0;
		second=second-1;
		write_time(10,second);
		if(k==1&&second==59)
		{
			if(minute>0)
				minute=minute-1;
			write_time(7,minute);
		}
		if(second==0)
		{
			k=1;
			second=60;
		}
	}
}
int main()                                        //主函数
{
	init();
	while(1)
```

```
    {
        while(flag0)
            start();
        counter();
        while(flag5)
        {
            delay1();
            i++;
            if(i>7)
                i=0;
        }
    }
    return 0;
}
void inter0()  interrupt 1                          //定时器/计数器 0 溢出中断函数
{
    TH0=(65536-50000)/256;
    TL0=(65536-50000)%256;
    t++;
}
void initer1() interrupt 3                          //定时器/计数器 1 溢出中断函数
{
    TH1=table1[i]/256;
    TL1=table1[i]%256;
    P1_5=~P1_5;
    if(key5==0)
    {
        delay(100);
        if(key5==0)
        {
            TR1=0;
            flag5=0;
            k=0;
            j=0;
        }
    }
}
```

第 20 章　基于单片机的温控直流电机转速系统设计

20.1　设 计 目 标

设计温控直流电机转速系统，通过测量的温度来控制直流电动机的启动、停止、加速正转、全速正转、加速反转和全速反转。

20.2　设 计 内 容

温控直流电机转速系统的框图如图 20.1 所示。系统由单片机控制模块、1602 液晶显示模块、晶振电路、复位电路、电源模块、DS18B20 温度测量模块、L298N 电机驱动模块和直流电动机等组成。直流电动机采用基于电动机驱动模块 L298N 的 PWM 方法进行调速。L298N 驱动模块可用来驱动直流电动机或步进电机，内含两个全桥式驱动电路。通过控制电动机电枢电压接通与断开时间，控制电枢电压波形的占空比，从而改变平均电压的大小，实现电动机转速的控制。当测量温度大于等于 45℃时，电动机加速正转。当测量温度小于等于 10℃时，电动机加速反转。当温度上升到 75℃时，电动机全速正转；当温度下降到 0℃时，电动机全速反转。温度界于 10～45℃，电动机逐渐减速，直到停止旋转。

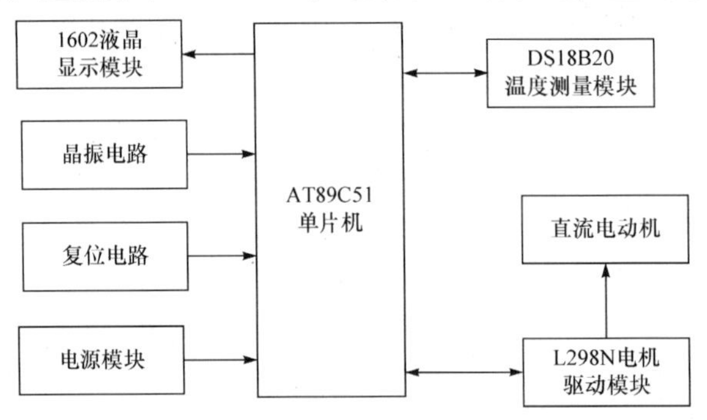

图 20.1　温控直流电机转速系统的框图

20.3　Proteus 仿真

温控直流电机转速系统 Proteus 仿真原理图如图 20.2 所示，由图 20.2(a)和图 20.2(b)组成。图 20.2(b)中，AT89C51 的引脚 P1.2 与 L298N 的 A 相 H 桥式电路使能端 ENA 相连，使能端 ENA 高电平有效。通过控制引脚 P1.2 的电平，控制 L298N 的 A 相 H 桥式电路正常工作。通过控制延时时间，控制有效时间范围内高电平和低电平的作用时间，从而控制 L298N 的 A 相 H 桥式电路 OUT1、OUT2 端输出不同占空比的 PWM 波形，得到不同平均电压值的电压信号，有效地控制直流电动机的转速。

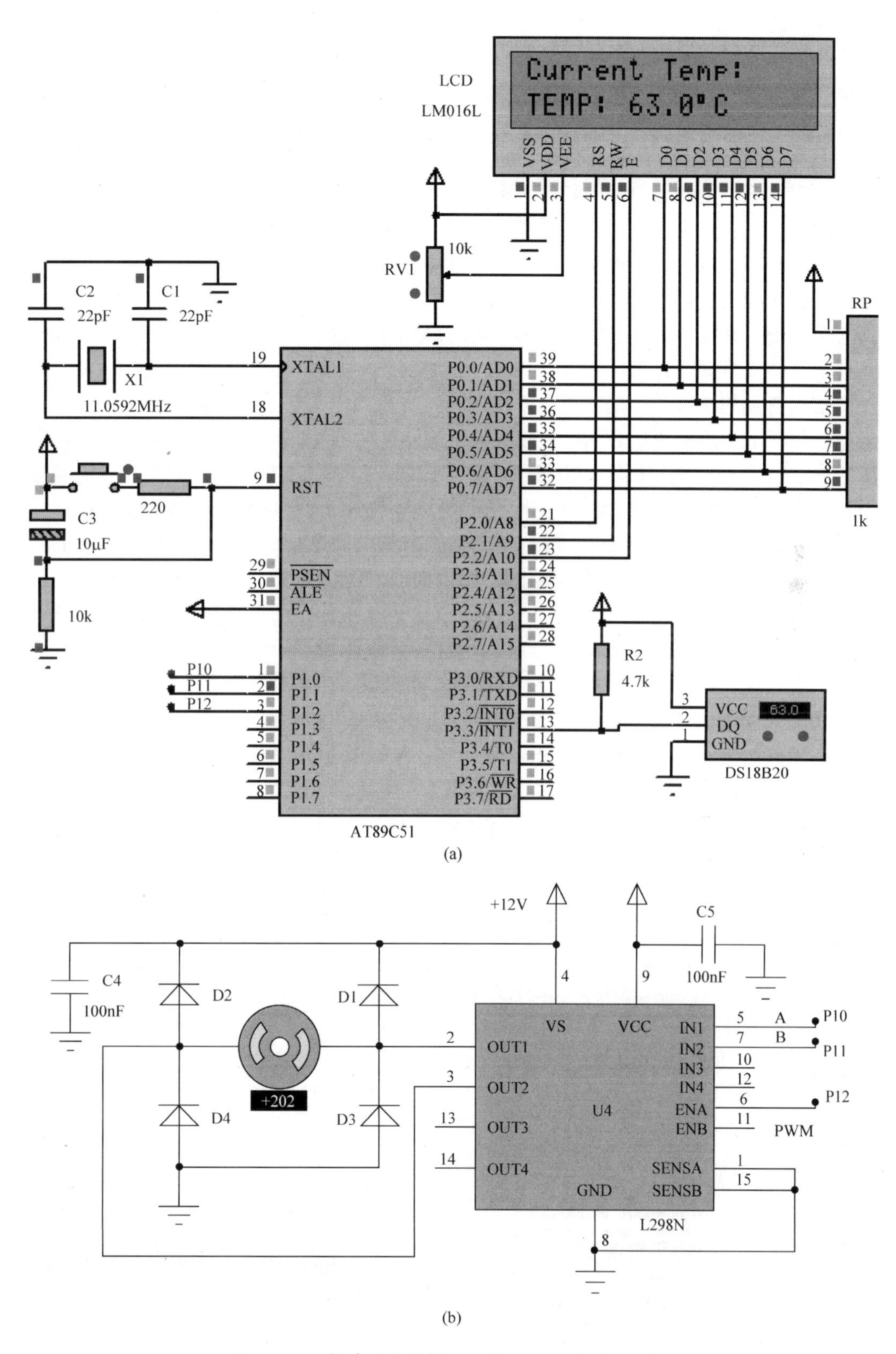

图 20.2　温控直流电机转速系统 Proteus 仿真原理图

脉冲宽度调制使电机电枢电压频繁地接通或断开。电机电枢电压断开瞬间，线圈两端会出现与外加电压 U 极性相反的反电势。这个反电势由反向电动势 E 和自感电动势 e_L 组成。当电动机电枢两端外加电压 U 时，镶嵌在转子槽中的线圈就会受到电磁力的作用，电磁力的方向可根据左手定则进行判定。以一个线圈为例进行说明，上边槽中线圈部分与下边槽中线圈部分受力的方向刚好相反，电磁力对转子轴心产生的力矩就是电磁转矩，上边槽中线圈部分电磁转矩的方向与下边槽中线圈部分电磁转矩的方向刚好相反。这一对方向相反的电磁转矩就可以使电动机的转子旋转起来。另外，上边槽中线圈部分与下边槽中线圈部分在磁场中又会切割磁力线，上边槽中线圈部分与下边槽中线圈部分就会感应电动势。根据右手定则，感应电动势 E 的极性的方向与线圈外加电压 U 的极性的方向刚好相反。因此，通常将感应电动势称为反向电动势 E。$E=\mathrm{Ce}\phi n$，其中，ϕ 是磁极的磁通量；Ce 是与电动机结构有关的常数；n 是直流电动机的转速。反向电动势是由电机旋转产生的，其大小与电机旋转的速度成正比。断电时刻，电机旋转产生的反向电动势 E 的大小接近于电源电压 U 的大小。直流电动机转子中镶嵌了许多线圈，这些线圈呈电感性。电感性负载会阻碍电流的变化，产生的自感电动势 $e_L=-L(\mathrm{d}i/\mathrm{d}t)$，其大小与电流的变化率成正比。在断电瞬间，线圈电流突然由运行电流变为零，所产生的自感电动势非常大，自感电动势 e_L 的极性与外加电压 U 的极性相反。在断电瞬间，由反向电动势 E 和自感电动势 e_L 组成的反电势取值非常大。图 20.2(b)中，二极管 D1、D2、D3 和 D4 的作用是：在断电瞬间进行续流，为取值较大的反电势提供释放回路。直流电动机正转时，由二极管 D2 和 D3 组成反电势释放回路。直流电动机反转时，由二极管 D1 和 D4 组成反电势释放回路。L298N 的 A 相 H 桥式电路由 4 个 NPN 管组成。如果没有 D1、D2、D3 和 D4 组成的 H 桥式电路，断电瞬间产生的极高反电势就没有释放回路，就会击穿 A 相 H 桥式电路中 NPN 管。所以，该电路能有效地保护 A 相 H 桥式电路中 NPN 管。

20.4 源 程 序

```
/***********************************************************
名称：温度控制直流电机转速
说明：大于等于 45℃时，加速正转；小于等于 10℃时，加速反转
上升到 75℃时，全速正转；下降到 0℃时，全速反转
温度处于 10～45℃范围内，电机逐渐停止转动
***********************************************************/
#include <reg51.h>
#include <intrins.h>
#include <stdio.h>
#define INT8U  unsigned char
#define INT16U unsigned int
extern INT8U Temp_Value[];                  //DS18B20 将测量温度转换成 2 字节数据
extern INT8U Read_Temperature();            //读温度函数
extern void delay_ms(INT16U x);
extern void LCD_Initialise();
```

```
extern void LCD_ShowString(INT8U, INT8U,INT8U *) reentrant;
sbit MA = P1^0;                                //电机方向控制端(MA,MB)
sbit MB = P1^1;
sbit PWM1 = P1^2;                              //PWM 调整控制端
INT8U Back_Temp_Value[] = {0xFF,0xFF};         //温度数据备份
char Temp_Disp_Buff[17];                       //显示缓冲
float f_Temp = 35.0;                           //浮点数温度值
/***************************************************************
T0 定时器溢出中断函数控制电机正/反转，输出 PWM 信号控制转速
***************************************************************/
void T0_INT() interrupt 1
{
     static INT8U t_Count = 0;
     TH0=(INT16U)(-11.0592/12*500)/256;
     TL0=(INT16U)(-11.0592/12*500)%256;
     if (++t_Count==100)                       //每 50ms 读取 1 次温度值
     {
          t_Count =0;
          if  (Read_Temperature())             //读取的温度不同，则刷新显示
           {
             if(Temp_Value[0]!=Back_Temp_Value[0]||
                 Temp_Value[1]!=Back_Temp_Value[1])
                 {
                  Back_Temp_Value[0]=Temp_Value[0];      //备份当前温度
                    Back_Temp_Value[1]=Temp_Value[1];
           f_Temp=(int)(Temp_Value[1]<<8|Temp_Value[0])*0.0625;
                                               //计算浮点数温度
           sprintf(Temp_Disp_Buff,"TEMP:%5.1f\xDF\x43",f_Temp);
                                               //输出字符串
           LCD_ShowString(1,0,Temp_Disp_Buff);
           }
       }
}
if (f_Temp>=75) f_Temp=75;
if (f_Temp<=0) f_Temp=0;
if (f_Temp>=45)                                //加速正转
{
   MA=1;MB=0;
if (f_Temp==44)
   {
  PWM1=0;delay_ms(30);return;                  //PWM 波形占空比为 0%
   }
  else if (f_Temp==75)
   {
```

```
    PWM1=1;delay_ms(30);return;               //PWM 波形占空比为 100%
  }
  PWM1=1;delay_ms(f_Temp-45);               //PWM 波形占空比为 0%~100%,随温度增大而增大
  PWM1=0;delay_ms(75-f_Temp);
  }
  else if(f_Temp<=10)                       //加速反转
  {
     MA=0;MB=1;
      if (f_Temp==11)
      {
         PWM1=0;delay_ms(10);return;        //PWM 波形占空比为 0%
     }
     else if(f_Temp==0)
     {
         PWM1=1;delay_ms(10);return;        //PWM 波形占空比为 100%
     }
     PWM1=1;delay_ms(10-f_Temp);        //PWM 波形占空比为 0%~100%，随温度增大而增大
     PWM1=0;delay_ms(f_Temp);
     }
    else{MA=0;MB=0;}                        //电机不正转，也不反转，逐渐停止
  }
/******************************主函数*********************************/
void main()
{
      LCD_Initialise();                          //初始化 LCD
      LCD_ShowString(0,0,"Current Temp:"); //显示标题
      Read_Temperature();delay_ms(800);      //读取温度
      TMOD=0x01;                                 //工作方式 1
      TH0=(INT16U)(-11.0592/12*500)/256;    //定时 500 微秒，赋初值
      TL0=(INT16U)(-11.0592/12*500)%256;
      IE=0x82; TR0=1;                           //配置中断寄存器控制字，启动定时器 0
      while(1);
}
/**************** 1-Wire 总线温度传感器 DS18B20 驱动程序******************/
#include <reg51.h>
#include <intrins.h>
#include <stdio.h>
#define INT8U  unsigned char
#define INT16U unsigned int
sbit DQ = P3^3;                                   //器件引脚定义
/*DS18B20 读取数据中，前 2 字节为温度数据；为了进行 CRC 检验，需读取所有字节*/
INT8U Temp_Value[9];
INT8U uCRC8;                                      //CRC 校验变量
extern void delay_ms(INT16U x);
```

```
#define delay4us() {_nop_();_nop_();_nop_();_nop_();};   //延时
void delay_ms(INT16U x){INT8U i;while(x--)for(i=0;i<120;i++);}
void DelayX(INT16U x) { while (--x); }
/*********************************************************************
初始化DS18B20，对于选定的振荡器频率11.0592MHz，设置符合要求的与时序
相应的延时
*********************************************************************/
INT8U Init_DS18B20()
{
        INT8U status;
         DQ=1; DelayX(8);              //DQ置高电平，并短暂延时
         DQ=0; DelayX(70);             //主机拉低DQ至少480微秒
         DQ=1; DelayX(5);              //主机写1释放总线，至少等待15~60微秒
         status=DQ; DelayX(70);        //读取在线脉冲，延时至少480微秒
         return status;                //读取0时正常，否则失败
}
/*****************************读1字节数据********************************/
INT8U ReadOneByte()
   {
    INT8U i,dat=0x00;
     for (i=0x01;i!=0x00;i<<=1)
     {
        DQ=0; _nop_();                 //主机下拉DQ=0，读时隙开始
         DQ=1; _nop_();                //主机释放DQ，准备读
         if (DQ) dat|=i;               //在大于1us后，主机开始读取1位数据，读取1位
                                       数据至少要60~120微秒

         DelayX(8);
    }
    return dat;
   }
/*****************************写1字节数据********************************/
void WriteOneByte(INT8U dat)
{
  INT8U i;
for (i=0;i<8;i++)                      //主机拉低DQ，通过位移操作输出先进入PSW的CY位
  {
      DQ=0; dat>>=1;
      /*1us后，DQ=CY，如果CY为0，则主机继续拉低，DQ输出0，
      否则主机置DQ=1，释放总线，上拉电阻提供高电平，DQ输出1
      整个过程60~120us*/
      DQ=CY;DelayX(8);
      DQ=1;                            //确保主机释放总线
    }
}
```

```
/***************************************************************
  CRC8 检验: CRC8-Dallas/Maxim 生成多项式 G(x) = x^8 + x^5 + x^4 + 1
  逆序 16 进制表示为 0x8C
***************************************************************/
void CRC8(INT8U d)
{  INT8U i,uCRC8;
   uCRC8=0;
   for(i=0;i<8;i++)
   {if (((uCRC8^d)&0x01))
   {uCRC8^=0X18;
    uCRC8 >>1;
   uCRC8|=0X80;
   }
   else
   uCRC8>>=1;
   d>>=1;
   }
}
/*******************************读取温度值********************************/
INT8U Read_Temperature()
{
    if (Init_DS18B20()==1)return 0;          //DS18B20 故障
    else
    {
        WriteOneByte(0xCC);                  //跳过序列号
         WriteOneByte(0x44);                 //启动温度转换
         Init_DS18B20();                     // DS18B20 再次初始化
         WriteOneByte(0xCC);                 //跳过序列号
         WriteOneByte(0xBE);                 //读取温度寄存器
         Temp_Value[0]=ReadOneByte();        //读取温度低 8 位
         Temp_Value[1]=ReadOneByte();        //读取温度高 8 位
         return 1;
     }
 }
/**************************液晶控制与显示程序*****************************/
#include <reg51.h>
#include <intrins.h>
#define INT8U  unsigned char
#define INT16U unsigned int
sbit RS = P2^0;                              //寄存器选择线
sbit RW = P2^1;                              //读/写控制线
sbit EN = P2^2;                              //使能控制线
/*********************************忙等待*********************************/
void Busy_Wait()
```

```
{
     INT8U LCD_Status;                    //液晶屏状态字节变量
     do
       {
        P0=0XFF;                          //液晶屏端口初始置高电平
        EN=0;RS=0;RW=1;                   //LCD 禁止，选择状态寄存器，准备读
        EN=1;LCD_Status=P0;               //LCD 使能，从 P0 端口读取液晶屏状态字节
        EN=0;                             //LCD 禁止
       }
    while (LCD_Status &0x80);             //液晶屏忙继续循环
}
/*******************************写 LCD 命令**********************************/
void Write_LCD_Command(INT8U cmd)
{
  Busy_Wait();                            //LCD 忙等待
  EN=0;RS=0;RW=0;                         //LCD 禁止，选择命令寄存器，准备写
  P0=cmd;                                 //命令字节放到 LCD 端口
  EN=1;_nop_();EN=0;                      //使能 LCD，写入后禁止 LCD
}
/*******************************发送数据**********************************/
void Write_LCD_Data(INT8U dat)
{
    Busy_Wait();                          //LCD 忙等待
    EN=0;RS=1;RW=0;                       //LCD 禁止，选择数据寄存器，准备写
    P0=dat;                               //数据字节放到 LCD 端口
    EN=1;_nop_();EN=0;                    //使能 LCD，写入后禁止 LCD
}
/***************************** LCD 初始化**********************************/
void LCD_Initialise()
{
    Write_LCD_Command(0x38);delay_ms(1);//设置为 8 位接口，2 行显示，5×7 文字大小
    Write_LCD_Command(0x01);delay_ms(1);//清屏
    Write_LCD_Command(0x06);delay_ms(1);//字符进入模式：屏幕不动，字符后移
    Write_LCD_Command(0x0C);delay_ms(1);//显示开，关光标
}
/*********************显示字符串(定义为可重入)*****************************/
void LCD_ShowString(INT8U r, INT8U c,INT8U *str) reentrant
{
   INT8U i=0;
   code INT8U DDRAM[]={0x80,0xc0};        //LCD1602 两行的起始 DDRAM 地址
   Write_LCD_Command(DDRAM[r]|c);         //设置显示起始位置
   for (i=0;str[i]&& i<16;i++)
   Write_LCD_Data(str[i]);                //输出字符串
}
```

第 21 章　基于单片机的煤气泄漏检测及报警系统设计

21.1　设 计 目 标

设计煤气泄漏检测及报警系统，能设置报警煤气浓度，能显示检测的煤气浓度和报警煤气浓度。当检测的煤气浓度高于报警煤气浓度时，启动声光报警和风扇工作。

21.2　设 计 内 容

煤气泄漏检测及报警系统的框图如图 21.1 所示。系统由单片机控制模块、晶振电路、复位电路、电源模块、报警煤气浓度设置按键、煤气浓度检测模块、LED 指示灯模块、风扇控制模块、液晶显示模块和声音报警模块等组成。报警煤气浓度设置按键包括设置键、设置报警煤气浓度增加键和减少键。管道煤气的主要成分是一氧化碳，煤气浓度检测采用 MQ-7 气体传感器。MQ-7 气体传感器具有成本低、寿命长和对一氧化碳气体有良好的灵敏度等特点。MQ-7 气体传感器采用高低温循环检测方式。低温(1.5V 加热)检测一氧化碳，传感器的电导率随空气中一氧化碳气体浓度增加而增大，高温(5.0V 加热)清洗低温时吸附的杂散气体。MQ-7 气体传感器使用简单的电路，即可将电导率的变化转换为与该气体浓度相对应的电压输出信号。报警煤气浓度和当前检测的煤气浓度采用 1602 液晶显示屏显示。当检测的煤气浓度高于报警煤气浓度时，红色 LED 灯闪烁，蜂鸣器报警；风扇转动控制模块工作，黄色 LED 灯点亮。当检测的煤气浓度低于报警煤气浓度时，只有绿色 LED 灯闪烁。

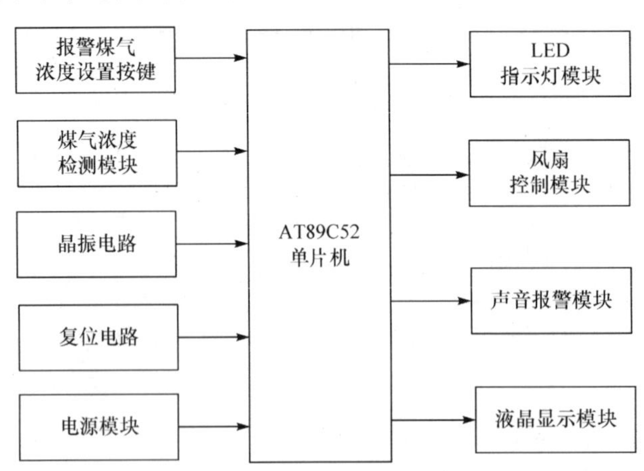

图 21.1　煤气泄漏检测及报警系统的框图

21.3　Proteus 仿真

煤气泄漏检测及报警系统 Proteus 仿真原理图如图 21.2 所示，由图 21.2(a)和图 21.2(b)组成。

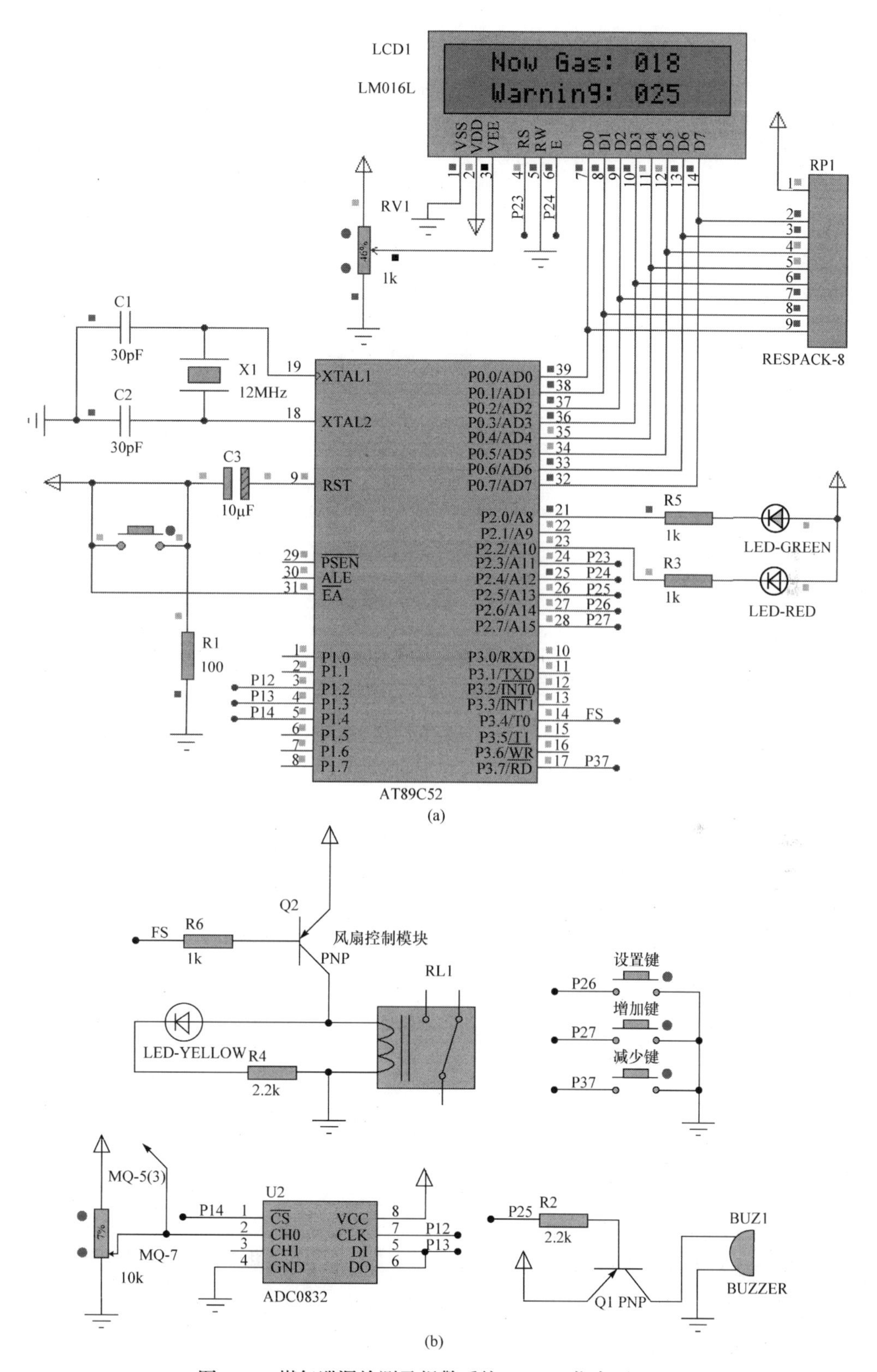

图 21.2　煤气泄漏检测及报警系统 Proteus 仿真原理图

图 21.2(b)中，风扇控制模块工作状况由 P3.4 引脚的电平控制。当引脚 P3.4 的电平是高电平时，风扇控制模块不工作；反之，PNP 管 Q2 导通，黄色 LED 灯点亮，继电器的线圈带电，由继电器控制的风扇旋转。蜂鸣器是否蜂鸣报警，由 P2.5 引脚的电平控制。当引脚 P2.5 的电平是低电平时，PNP 管 Q1 导通，蜂鸣器进行蜂鸣报警。

21.4 源 程 序

1. 主程序

```
#include <reg52.h>
#include <intrins.h>
#include <display.h>
#define uint unsigned int
#define uchar unsigned char
#define Data_ADC0809 P1
sbit LED_R= P2^2;                                   //红色 LED 灯端口
sbit LED_G= P2^0;                                   //绿色 LED 灯端口
sbit FENG = P2^5;                                   //蜂鸣器端口
sbit san=P3^4;                                      //控制风扇(选配) 端口
sbit CS = P1^4;                                     //ADC0832 引脚连接端口
sbit clk = P1^2;
sbit DATI = P1^3;
sbit DATO = P1^3;
sbit Key1=P2^6;                                     //设置键端口
sbit Key2=P2^7;                                     //增加键端口
sbit Key3=P3^7;                                     //减少键端口
bit bdata flag;                                     //报警标志位
uchar set;                                          //设置状态
unsigned char dat = 0;                              //A/D 转换结果
unsigned char CH=0;                                 //通道变量
unsigned int sum=0;                                 // AD 值累加之和
unsigned char m=0;
extern uchar ADC0809();
extern void Key();
uchar temp=0;                                       //实际煤气检测浓度
uchar WARNING=25;                                   //设置报警煤气浓度
unsigned char adc0832(unsigned char CH)             // A/D 转换函数
{
      unsigned char i,test,adval;
      adval = 0x00;                                 //初始化
      test = 0x00;
      clk = 0;
      DATI = 1;
      _nop_();
```

```
CS = 0;
_nop_();
clk = 1;
_nop_();
if ( CH == 0x00 )                        //通道选择
{
        clk = 0;
        DATI = 1;                        //通道 0 的第 1 位
        _nop_();
        clk = 1;
        _nop_();
        clk = 0;
        DATI = 0;                        //通道 0 的第 2 位
        _nop_();
        clk = 1;
        _nop_();
}
else
{
        clk = 0;
        DATI = 1;                        //通道 1 的第 1 位
        _nop_();
        clk = 1;
        _nop_();
        clk = 0;
        DATI = 1;                        //通道 1 的第 2 位
        _nop_();
        clk = 1;
        _nop_();
}
clk = 0;
DATI = 1;
for( i = 0;i < 8;i++ )                   //读取前 8 位数据
{
       _nop_();
       adval <<= 1;
       clk = 1;
       _nop_();
       clk = 0;
       if (DATO)
       adval |= 0x01;
       else
       adval |= 0x00;
}
```

```
      for (i = 0; i < 8; i++)                  //读取后 8 位数据
      {
              test >>= 1;
              if (DATO)
              test |= 0x80;
              else
              test |= 0x00;
              _nop_();
              clk = 1;
              _nop_();
              clk = 0;
      }
      if (adval == test)                       //比较前 8 位与后 8 位数据，若不相同，则舍去
      dat = test;
      nop_();
      CS = 1;                                  //释放 ADC0832
      DATO = 1;
      clk = 1;
      return dat;
}
void init()                                    //初始化函数
{
      TMOD=0x01;                               //工作方式 1
      TL0=0xb0;
      TH0=0x3c;                                //定时 50ms，赋初值
      EA=1;                                    //打开中断总开关
      ET0=1;                                   //打开定时器 0 中断允许开关
      TR0=1;                                   //启动定时器 0 工作
}
void main()
{
      Init1602();                              //初始化显示
      init();                                  //初始化定时器
      while(1)
      {
            for(m=0;m<50;m++)                  //读 50 次 AD 值
            sum = adc0832(0)+sum;              //将读到的 AD 值累加到 sum
            temp=sum/50;                       //sum 平均值即为实际检测的煤气浓度
            sum=0;                             //总数 sum 清零
            if(set==0)                         //非设置状态时，显示实时浓度值
            Display_1602(temp,WARNING);
            if(temp<WARNING&&set==0)           //实际检测煤气浓度小于设置报警煤气浓度
            {
                  flag=0;                      //报警标志位置 0，不报警
```

```
            }
            else if(temp>WARNING&&set==0)  //实际检测煤气浓度大于设置报警煤气浓度
            {
                flag=1;                    //报警标志位置 1
            }
              Key();                       //扫描按键
       }
}
void Key()                                 //按键扫描函数
{
       if(Key1==0)                         //设置键按下
       {
            while(Key1==0);                //检测按键是否释放
            FENG=0;                        //蜂鸣器鸣响
            set++;                         //设置状态对应数字增加
            flag=0;                        //停止报警
            san=1;                         //风扇停止转动(选配)
            TR0=0;                         //定时器停止
       }
       if(set==1)                          //设置状态
       {
            write_com(0x38);               //屏幕初始化
            write_com(0x80+0x40+13);       //选中报警煤气浓度的位置
            write_com(0x0f);               //光标开始闪烁
            write_com(0x06);               //读或写 1 个字符后，地址指针加 1
            FENG=1;                        //蜂鸣器停止鸣响
       }
       else if(set>=2)                     //再按一下设置键，退出设置状态
       {
            set=0;                         //设置状态清零
            write_com(0x38);               //屏幕初始化
            write_com(0x0c);               //打开显示，无光标闪烁
            FENG=1;                        //蜂鸣器停止鸣响
            flag=1;                        //报警标志位置 1
            TR0=1;                         //启动定时器 0 工作
       }
       if(Key2==0&&set!=0)                 //设置状态，按下增加键
       {
            while(Key2==0);                //按键释放
            FENG=0;                        //蜂鸣器鸣响
            WARNING++;                     //设置报警煤气浓度递增
            if(WARNING>=255)               //报警煤气浓度最大可设置为 255
            WARNING=0;                     //报警煤气浓度清零
            write_com(0x80+0x40+11);       //在相应显示位置处写入报警煤气浓度
```

```
            write_data('0'+WARNING/100);    //显示百位
            write_data('0'+WARNING/10%10); //显示十位
            write_data('0'+WARNING%10);     //显示个位
            write_com(0x80+0x40+13);        //选中报警煤气浓度的位置
            FENG=1;                         //蜂鸣器停止鸣响
        }
        if(Key3==0&&set!=0)                 //设置状态，按下减少键
        {
            while(Key3==0);
            FENG=0;
            WARNING--;
            if(WARNING<=0)
            WARNING=255;
            write_com(0x80+0x40+11);
            write_data('0'+WARNING/100);
            write_data('0'+WARNING/10%10);
            write_data('0'+WARNING%10);
            write_com(0x80+0x40+13);
            FENG=1;
        }
}
void  time0_int(void) interrupt 1          //定时器 0 中断函数
{
        uchar count;
        TL0=0xb0;
        TH0=0x3c;                           //重新赋初值
        count++;                            //计数变量递加
        if(count==10)                       //一次定时时间为 50ms，计数 10 次， 定时
                                            时间为 500ms，报警则灯亮和蜂鸣器鸣响
        {
            if(flag==0)                     //报警标志为 0
            {
                LED_G=0;                    //绿灯亮
                LED_R=1;                    //红灯灭
                FENG=1;                     //蜂鸣器不响
                san=1;                      //风扇不转(选配)
            }
            if(flag==1)                     //报警标志位为 1
            {
                LED_G=1;                    //绿灯灭
                LED_R=0;                    //红灯亮
```

```
                FENG=0;                           //蜂鸣器响
                san=0;                            //风扇转动(选配)
            }
        }
        if(count==20)                             //计数20次，定时1000ms(1s)。报警时，灯灭，产生闪烁的效果；蜂鸣器不响，得到断续的蜂鸣声
        {
            count=0;                              //计到1s时，count清零，准备重新计数
            if(flag==0)
            {
                LED_G=1;                          //全部关闭
                LED_R=1;
                FENG=1;
                san=1;
            }
            if(flag==1)
            {
                LED_G=1;
                LED_R=1;
                FENG=1;
                san=0;                            //报警时，风扇(选配)一直转动
            }
        }
}
```

2. 需添加的头文件 display.h

```
#define uint unsigned int
#define uchar unsigned char
sbit LCDRS = P2^3;                                //LCD管脚声明
sbit LCDEN= P2^4;
/************************初始化显示内容************************* */
uchar code Init1[]=" Now Gas: 000  ";         //第1行初始化显示信息
uchar code Init2[]=" Warning: 000  ";         //第2行初始化显示信息
void LCDdelay(uint z)                             // LCD延时，延时时间大约为80z微秒
{
   uint x,y;
   for(x=z;x>0;x--)
      for(y=10;y>0;y--);
}
void write_com(uchar com)                         //写命令函数
{
  LCDRS=0;                                        //RS置低(此引脚为低电平时，写命令)
```

```
    P0=com;                          //将命令数据写入 P0 口
    LCDdelay(5);                     //稍作延时
    LCDEN=1;                         //EN 拉高
    LCDdelay(5);                     //延时后
    LCDEN=0;                         //EN 拉低
}
void write_data(uchar date)          //写数据函数
{
    LCDRS=1;                         //RS 拉高(此引脚是高电平时，写数据)
    P0=date;                         //将数据写入 P0 口
    LCDdelay(5);                     //延时 400 微秒
    LCDEN=1;                         //EN 拉高
    LCDdelay(5);                     //延时 400 微秒
    LCDEN=0;                         //EN 拉低
}
void Init1602()                      //1602 初始化函数
{
    uchar i=0;
    write_com(0x38);                 //屏幕初始化
    write_com(0x0c);                 //打开显示，无光标闪烁
    write_com(0x06);                 //读或写 1 个字符后，地址指针加 1
    write_com(0x01);                 //清屏
    write_com(0x80);                 //设置位置
    for(i=0;i<16;i++)
    {
            write_data(Init1[i]);    //显示第 1 行信息
    }
     write_com(0x80+0x40);           //设置位置
     for(i=0;i<12;i++)
     {
            write_data(Init2[i]);    //显示第 2 行信息
    }
}
void Display_1602(uchar NOW_NUM,uchar SET_NUM)
{
       write_com(0x80+11);           //第 1 行显示当前检测煤气浓度值
       write_data('0'+NOW_NUM/100);  //液晶内部的数字码：0x30+5 就显示 5；0x30 正好是 0
                                       的码，此处可写成 0x30+NOW_NUM/100
       write_data('0'+NOW_NUM/10%10);
      write_data('0'+NOW_NUM%10);
       write_com(0x80+0x40+11);      //第 2 行显示设置的报警煤气浓度
       write_data('0'+SET_NUM/100);
       write_data('0'+SET_NUM/10%10);
       write_data('0'+SET_NUM%10);
}
```

第 22 章　基于单片机的恒温箱控制显示系统设计

22.1　设 计 目 标

设计恒温箱控制显示系统，使系统处于设定温度范围之内。若系统温度高于上限报警温度或低于下限报警温度，则进行声光报警，并启动相应的继电器工作。系统能设置上限报警温度和下限报警温度。系统能显示测量温度、设置的上限报警温度和下限报警温度。

22.2　设 计 内 容

恒温箱常用于育种、发酵、微生物培养、各种恒温试验、环境试验、物质变性试验，以及培养基、血清、药物等物品的储存等。恒温箱控制显示系统的框图如图 22.1 所示。系统由单片机控制模块、晶振电路、复位电路、电源模块、温度设置按键、DS18B20 测温模块、加热模块、制冷模块、数码显示模块和声光报警模块等组成。温度设置按键包括设置键、设置温度增加键和设置温度减少键。通过设置键的切换，系统可分别采用正常测温模式、设置上限报警温度模式和设置下限报警温度模式运行。设置上限报警温度或下限报警温度时，增加键可增加设置的温度，减少键可减少设置的温度。最大上限报警温度设置为 99℃，最小下限报警温度设置为 0℃。测量温度和设置温度采用 4 位数码管显示。正常测温时，前 3 个数码管显示温度，测量温度带 1 位小数；最后 1 个数码管显示字符“C”，表示摄氏度。显示上限报警温度时，第一个数码管显示字符“H”，中间两个数码管显示设置温度，最后 1 个数码管显示字符“C”。显示下限报警温度和显示上限报警温度类似，只是第一个数码管显示字符“L”。DS18B20 将测量温度转换成 2 字节的数据。本设计设定后 12 位为测量数据，前 5 位为符号位，测量温度分辨率为 0.0625℃。DS18B20 的温度漂移误差设为 0.5℃。当测量温度低于下限报警温度时，蜂鸣器报警，低温提示 LED 灯点亮，加热继电器工作。当测量温度高于上限报警温度时，蜂鸣器报警，高温提示 LED 灯点亮，制冷继电器工作。当测量温度在下限报警温度和上限报警温度之间时，LED 灯熄灭，蜂鸣器不报警，系统处于正常的保温状态。

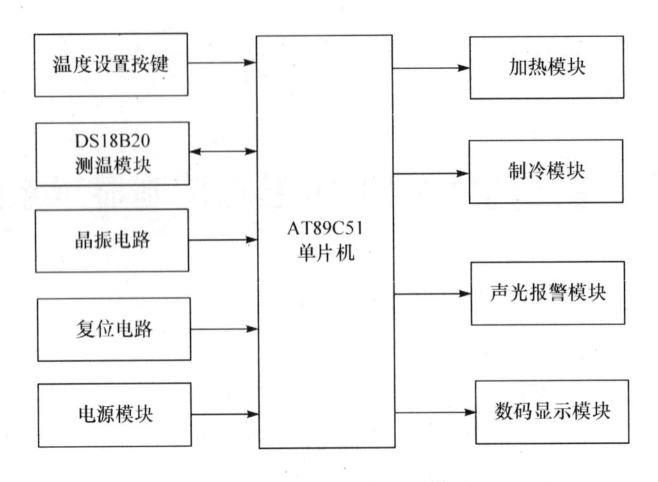

图 22.1　恒温箱控制显示系统的框图

22.3　Proteus 仿真

恒温箱控制显示系统 Proteus 仿真原理图如图 22.2 所示，由图 22.2(a)、图 22.2(b)和图 22.2(c)组成。

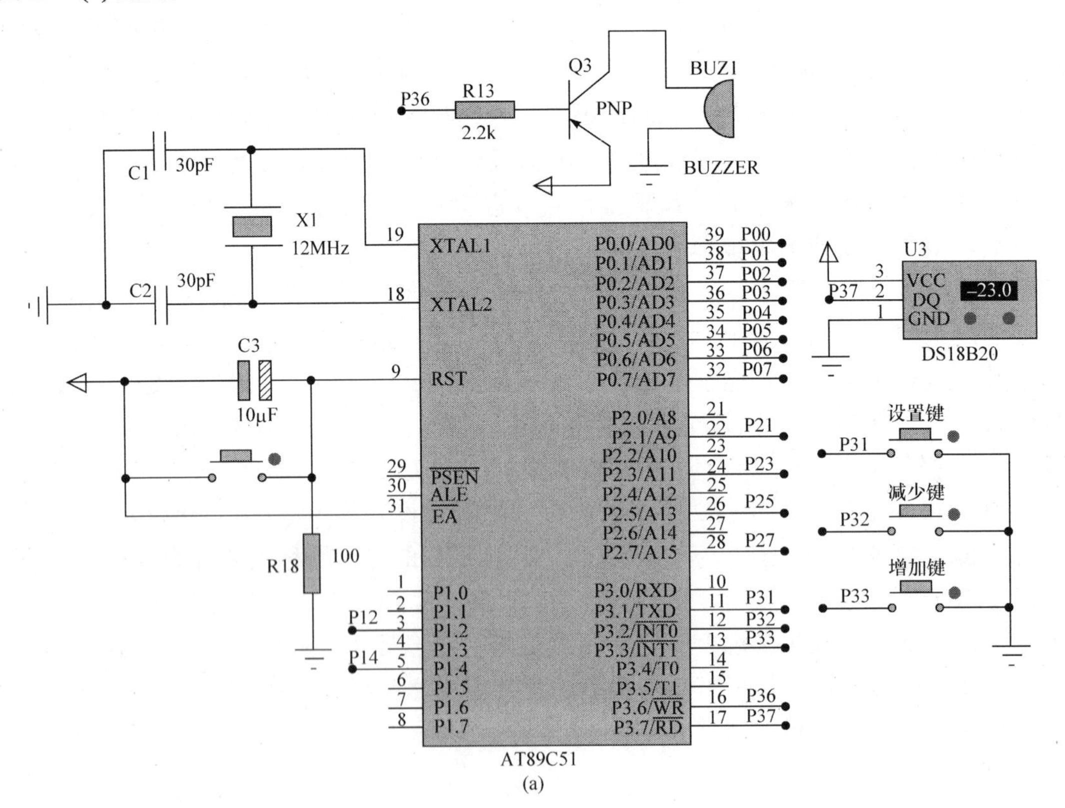

(a)

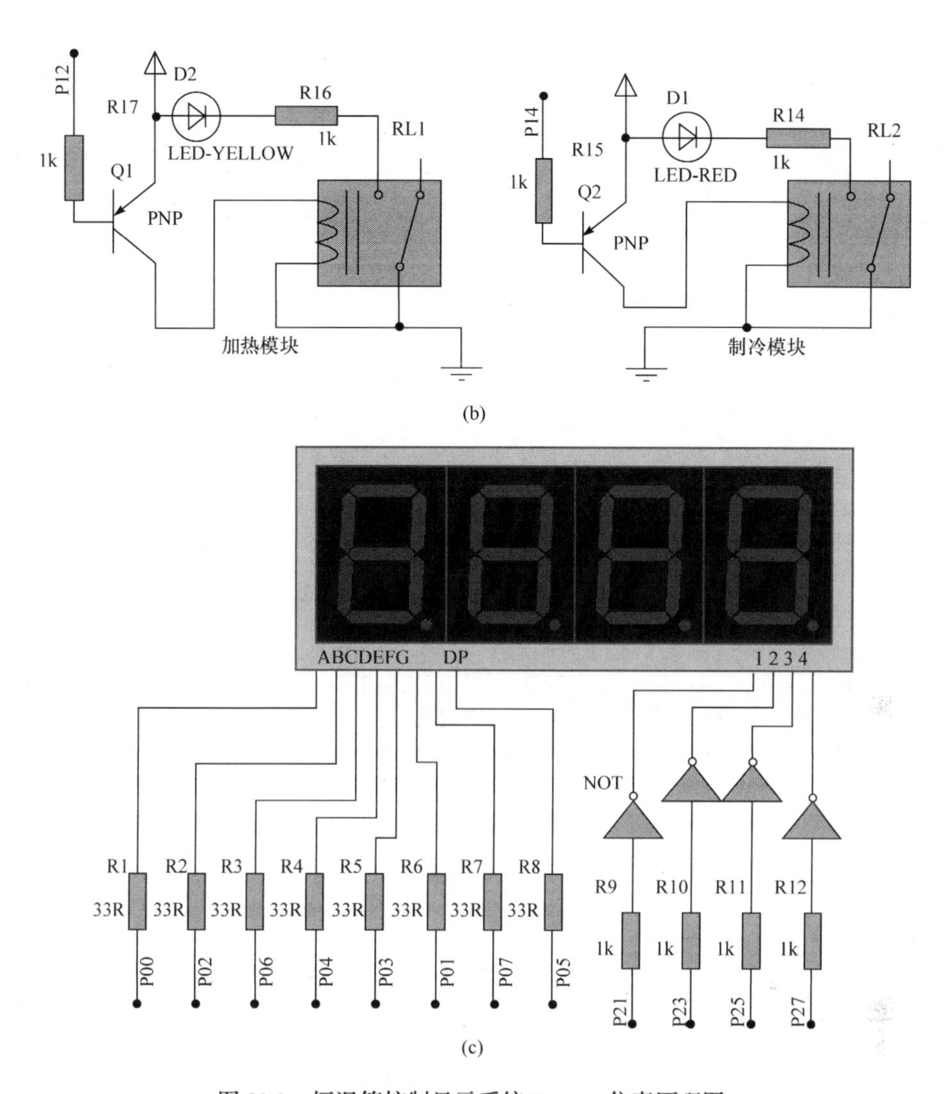

图 22.2　恒温箱控制显示系统 Proteus 仿真原理图

图 22.2(b)中，加热模块工作状况由 P1.2 引脚的电平控制，制冷模块工作状况由引脚 P1.4 的电平控制。当引脚 P1.2 的电平是低电平时，PNP 管 Q1 导通，继电器的线圈带电，继电器的常开触点闭合，加热模块工作，黄色 LED 灯点亮。制冷模块工作原理与加热模块类似。仿真时，选用共阳极 4 位数码管，由 P0 口提供段码，P0 外接上拉电阻的阻值选用 33Ω。数码管的位码与 P2 口提供，当某个数码管的位码为高电平时，该数码管能够正常显示。

22.4　源　程　序

```
#include <reg51.h>
#define uint unsigned int
#define uchar unsigned char
```

```
sbit SET=P3^1;                    //温度设置键端口
sbit DEC=P3^2;                    //温度减少键端口
sbit ADD=P3^3;                    //温度增加键端口
sbit BEEP=P3^6;                   //蜂鸣器端口
sbit ALAM=P1^4;                   //制冷继电器端口
sbit ALAM1=P1^2;                  //加热继电器端口
sbit DQ=P3^7;                     //DS18B20 总线 I/O 端口
bit shanshuo_st;                  //指示灯点亮标志
bit beep_st;                      //蜂鸣器工作标志
sbit DIAN = P0^5;                 //小数点端口
uchar x=0;
signed char m;
uchar n;
uchar set_st=0;                   //设置状态标志
signed char shangxian=38;         //上限报警温度，默认值为 38 摄氏度
signed char xiaxian=5;            //下限报警温度，默认值为 5 摄氏度
uchar code LEDData[]={0x5F,0x44,0x9D,0xD5,0xC6,0xD3,0xDB,0x47,0xD F,0xD7,0xCF,
0xDA, 0x9B,0xDC,0x9B,0x8B};       //数码管显示代码
/************************** DS18B20 延时函数***************************/
void Delay_DS18B20(int num)       //延时 num×8 微秒
{
 while(num--) ;
}
/**************************DS18B20 初始化*****************************/
void Init_DS18B20(void)
{
  unsigned char x=0;
  DQ = 1;                         //DQ 复位
  Delay_DS18B20(8);               //延时 64 微秒
  DQ = 0;                         //DQ 电平拉低
  Delay_DS18B20(80);              //延时大于 640 微秒
  DQ = 1;                         //拉高总线
  Delay_DS18B20(14);              //延时大于 112 微秒
  x = DQ;                         //x=0，初始化成功；x=1，初始化失败
  Delay_DS18B20(20);
}
/**************************读 1 字节数据*******************************/
unsigned char ReadOneChar(void)
{
 unsigned char i=0;
 unsigned char dat = 0;
 for (i=8;i>0;i--)                //读 1 字节数据，循环 8 次
 {
   DQ = 0;                        //产生上升沿
```

```
    dat>>=1;                        //dat 右移 1 位
    DQ = 1;
    if(DQ)
    dat|=0x80;                      //按位或运算后再赋值
    Delay_DS18B20(4);               //延时 32 微秒
   }
 return(dat);
}
/**************************写 1 字节数据****************************/
void WriteOneChar(unsigned char dat)
{
  unsigned char i=0;
  for (i=8; i>0; i--)               //写 1 字节数据，循环 8 次
   {
     DQ = 0;
     DQ = dat&0x01;
     Delay_DS18B20(5);
     DQ = 1;
    dat>>=1;                        //dat 右移 1 位
    }
}
/**************************读取温度*******************************/
unsigned int ReadTemperature(void)
{
   unsigned char a=0;
   unsigned char b=0;
   unsigned int t=0;
   float tt=0;
   Init_DS18B20();
   WriteOneChar(0xCC);              //跳过读序号列号的操作
   WriteOneChar(0x44);              //启动温度转换
   Init_DS18B20();
   WriteOneChar(0xCC);
   WriteOneChar(0xBE);              //读取温度寄存器
   a=ReadOneChar();                 //读低 8 位
   b=ReadOneChar();                 //读高 8 位
   t=b;                             //将高 8 位数据存入变量 t 中
     t<<=8;                         //t 左移 8 位
     t=t|a;                         //t 与 a 按位进行或运算，产生一个 16 位温度数据
     tt=t*0.0625;                   //最低位表示 0.0625 摄氏度，乘以 0.0625 得到实际温度
     t= tt*10+0.5;                  //温度放大 10 倍，可得到小数部分，输出四舍五入
     return(t);                     //返回得到的温度值
}
```

```
/***************************延时函数*********************************/
void Delay(uint num)              //延时 num×8 微秒
{
  while( --num );
}
/*************************初始化定时器 0*******************************/
void InitTimer(void)
{
  TMOD=0x01;                     //工作方式 1
  TH0=0x3c;
  TL0=0xb0;                      //定时 50ms，赋初值
}
/***************************读取温度*********************************/
void check_wendu(void)
{
  uint a,b,c;
  c=ReadTemperature()-5;         //测量的温度值减去 DS18B20 的温度漂移误差
  a=c/100;                       //得到十位数字
  b=c/10-a*10;                   //得到个位数字
  m=c/10;                        //得到整数位数字
  n=c-a*100-b*10;                //得到小数位数字
  if(m<0){m=0;n=0;}
  if(m>99){m=99;n=9;}
}
/***************************显示初始化*******************************/
void Disp_init(void)
{
   P0 = ~0x80;                   //显示"----"
   P2 = 0x7F;                    //动态显示，提供位选信号
   Delay(200);                   //延时 1600 微秒
   P2 = 0xDF;
   Delay(200);
   P2 = 0xF7;
   Delay(200);
   P2 = 0xFD;
   Delay(200);
   P2 = 0xFF;                    //关闭显示
}
/***************************显示温度函数*****************************/
void Disp_Temperature(void)
{
  P0 = ~0x98;                    //显示 C，C 表示摄氏度
  P2 = 0x7F;                     //位选
  Delay(400);                    //延时 3200 微秒
```

```
    P2 = 0xff;                      //消影
    P0=~LEDData[n];                 //显示小数位
    P2 = 0xDF;
    Delay(400);
    P2 = 0xff;
    DIAN = 0;                       //显示小数点
    P0 =~LEDData[m%10];             //显示个位
    P2 = 0xF7;
    Delay(400);
    P2 = 0xff;
    P0 =~LEDData[m/10];             //显示十位
    P2 = 0xFD;
    Delay(400);
    P2 = 0xff;
}
/**************************显示报警温度函数***************************/
void Disp_alarm(uchar baojing)
{
    P0 =~0x98;                      //显示C，C表示摄氏度
    P2 = 0x7F;                      //位选
    Delay(200);
    P2 = 0xff;                      //消影
    P0 =~LEDData[baojing%10];       //显示个位
    P2 = 0xDF;
    Delay(200);
    P2 = 0xff;
    P0 =~LEDData[baojing/10];       //显示十位
    P2 = 0xF7;
    Delay(200);
    P2 = 0xff;
    if(set_st==1)P0 =~0xCE;         //设置上限时，显示H
    else if(set_st==2)P0 =~0x1A; //设置下限时，显示L
    P2 = 0xFD;
    Delay(200);
    P2 = 0xff;
}
/********************************报警函数*******************************/
void Alarm()
{
    if(x>=10){beep_st=~beep_st;x=0;} //LED灯点亮控制，每定时50ms，x加1，500ms定
                                      时需定时10次
    if(m>=shangxian)                //检测温度大于上限
{
          ALAM=0;                   //制冷继电器工作
```

```
        ALAM1=1;                              //加热继电器不工作
        if(beep_st==1)
            BEEP=0;                           //蜂鸣器报警
       else
            BEEP=1;                           //蜂鸣器停止报警
      }
else if(m<xiaxian)                            //检测温度小于下限
{
            ALAM1=0;                          //加热继电器工作
            ALAM=1;                           //制冷继电器不工作
           if(beep_st==1)
               BEEP=0;
            else
               BEEP=1;
     }
       else                                   //温度在上限和下限之间
          {
          BEEP=1;                             //蜂鸣器不响
          ALAM=1;                             //制冷继电器不工作
          ALAM1=1;                            //加热继电器不工作
          }
}
/******************************主函数**********************************/
void main(void)
{
   uint z;
   InitTimer();                               //初始化定时器
   EA=1;                                      //CPU 开放中断
   TR0=1;                                     //启动定时器工作
   ET0=1;                                     //允许定时器/计数器 0 溢出中断
   IT0=1;                                     //外部中断 0 中断采用脉冲下降沿触发方式
   IT1=1;                                     //外部中断 1 中断采用脉冲下降沿触发方式
   check_wendu();
   check_wendu();                             //连续检测两次温度，防止开机时继电器误动作
   for(z=0;z<300;z++)
     {
         Disp_init();                         //显示初始化
      }
 while(1)
      {
          if(SET==0)                          //判断设置键是否按下
            {
              Delay(2000);                    //延时消抖动
              do{}while(SET==0);              //若按键未松开，循环执行该语句
```

```
            set_st++;x=0;shanshuo_st=1;          //设置变量加 1,LED 灯点亮标志位置 1
            if(set_st>2)set_st=0;                //设置完成时，退出设置
          }
          if(set_st==0)                          //测量温度工作状态
           {
             EX0=0;                              //关闭外部中断 0
             EX1=0;                              //关闭外部中断 1
             check_wendu();
             Disp_Temperature();                 //检测温度
             Alarm();                            //超过上限或下限，启动报警
            }
            else if(set_st==1)                   //设置检测温度上限
             {
               BEEP=1;                           //关闭蜂鸣器
               ALAM=1;                           //制冷继电器不工作
               ALAM1=1;                          //加热继电器不工作
               EX0=1;                            //开放外部中断 0
               EX1=1;                            //开放外部中断 1
               if(x>=10){shanshuo_st=~shanshuo_st;x=0;}
               if(shanshuo_st) {Disp_alarm(shangxian);}
             }
             else if(set_st==2)                  //设置下限
              {
                BEEP=1;
                ALAM=1;
                ALAM1=1;
                EX0=1;
                EX1=1;
                if(x>=10){shanshuo_st=~shanshuo_st;x=0;}
                if(shanshuo_st) {Disp_alarm(xiaxian);}
             }
        }
}
/**************************定时器 0 中断函数********************************/
void timer0(void) interrupt 1
{
  TH0=0x3c;
  TL0=0xb0;                                      //定时 50ms，赋初值
x++;
}
/************************外部中断 0 中断函数*******************************/
void int0(void) interrupt 0
{
   EX0=0;                                        //关闭外部中断 0
   if(DEC==0&&set_st==1)                         //设置上限时，按下减少键
```

```
        {
          do
             {
              Disp_alarm(shangxian);                          //显示设置温度上限
             }
          while(DEC==0);
          shangxian--;          //将上限值减少 1
          if(shangxian<=xiaxian)shangxian=xiaxian+1; //上限值至少比下限值大 1
       }
else if(DEC==0&&set_st==2)                            //设置下限时，按下减少键
     {
         do
           {
             Disp_alarm(xiaxian);
            }
          while(DEC==0);
          xiaxian--;                                   //下限值减 1
          if(xiaxian<0)xiaxian=0;                      //减到 0 时，不再减少
       }
}
/************************外部中断 1 中断函数*****************************/
void int1(void) interrupt 2
{
   EX1=0;                                             //关闭外部中断 1
   if(ADD==0&&set_st==1)                              //设置上限时，按下增加键
     {
        do
          {
            Disp_alarm(shangxian);
           }
        while(ADD==0);
        shangxian++;                                  //上限值加 1
        if(shangxian>99)shangxian=99;                 //最大加到 99
     }
else if(ADD==0&&set_st==2)                            //设置下限时，按下增加键
      {
        do
          {
           Disp_alarm(xiaxian);
           }
        while(ADD==0);
        xiaxian++;                                    //下限值加 1
        if(xiaxian>=shangxian)xiaxian=shangxian-1;  //下限值至少比上限值小 1
      }
}
```

参 考 文 献

陈朝大, 李杏彩, 2015. 单片机原理及应用: Keil C 和虚拟仿真技术[M]. 北京：化学工业出版社.
陈石胜, 2012. 单片机技术“做中学”案例教程[M]. 北京：国防工业出版社.
陈忠平, 2011. 基于 Proteus 的 AVR 单片机 C 语言程序设计与仿真[M].北京：电子工业出版社.
郭天祥, 2015. 新概念 51 单片机 C 语言教程[M]. 北京：电子工业出版社.
贺洪, 谢健庆, 2013. 单片机应用技术典型项目教程[M]. 北京：机械工业出版社.
黄智伟, 2007. 凌阳单片机课程设计指导[M]. 北京：北京航空航天大学出版社.
姜志海, 赵艳雷, 陈松, 2015. 单片机的 C 语言程序设计与应用——基于 Proteus 仿真[M]. 北京：电子工业出版社.
刘波, 2014. 51 单片机应用开发典型范例: 基于 Proteus 仿真[M]. 北京：电子工业出版社.
欧伟明, 何静, 凌云, 等, 2009. 单片机原理与应用系统设计[M]. 北京：电子工业出版社.
秦龙, 2005. MSP430 单片机应用系统开发典型实例[M]. 北京：中国电力出版社.
沈红卫, 2005. 基于单片机的智能系统设计与实现[M]. 北京：电子工业出版社.
王春阳, 2015. 单片机系统设计仿真与开发技术[M]. 北京：国防工业出版社.
魏芬, 戴丽佼, 李红霞, 2015. 基于 Proteus 的单片机实验与课程设计[M]. 北京：清华大学出版社.
吴险峰, 但唐仁, 刘德新, 等, 2016. 51 单片机项目教程(C 语言版)[M]. 北京：人民邮电出版社.
夏明娜, 高玉芝, 2015. 单片机系统设计及应用[M]. 北京：北京理工大学出版社.
徐爱钧, 2015. Keil C51 单片机高级语言应用编程技术[M]. 北京：电子工业出版社.
张靖武, 周灵彬, 2010. 单片机系统的 Proteus 设计与仿真[M]. 北京：电子工业出版社.
张毅刚, 杨智明, 付宁, 2012. 基于 Proteus 的单片机课程的基础实验与课程设计[M]. 北京：人民邮电出版社.
周金治, 赵海霞, 2013. 基于 MSP430 的嵌入式系统开发与应用[M]. 北京：化学工业出版社.
周润景, 张丽娜, 丁莉, 2010. 基于 Proteus 的电路及单片机设计与仿真[M]. 2 版. 北京：北京航空航天大学出版社.